智能制造与装备制造业转型升级丛书

MACHINE INTELLIGENCE

ARTIFICIAL AFFECTIVE COMPUTING

机器智能

人工情感

解仑　王志良／编著

机械工业出版社
CHINA MACHINE PRESS

本书面向人工心理和情感机器人等前沿领域，讨论了情感机器人表情控制和机械结构设计的理论、技术及其应用的若干方面，主要包括机器人的起源及发展、情感机器人研究历程及相关理论和关键技术、机械头及身躯设计、表情控制模式、电动机控制、机器视觉、人机交互与合作、软件集成、数据库及知识库技术、情感模型和机器学习等方面的研究理论、技术与应用方法，取材新颖，内容深入浅出，材料丰富，理论与实际紧密联系，具有较好的创新性和学术参考价值。

本书可以作为高等院校相关专业高年级本科生或研究生的教材及参考用书，也可供从事计算机、自动化、电子信息、模式识别、智能科学、人机交互技术等领域的教师和科研工作者参考。

图书在版编目（CIP）数据

机器智能：人工情感/解仑，王志良编著. —2 版. —北京：机械工业出版社，2017.7
（智能制造与装备制造业转型升级丛书）
ISBN 978-7-111-57500-9

Ⅰ.①机… Ⅱ.①解…②王… Ⅲ.①人工智能-研究 Ⅳ.①TP18

中国版本图书馆 CIP 数据核字（2017）第 177955 号

机械工业出版社（北京市百万庄大街 22 号 邮政编码 100037）
策划编辑：罗 莉 责任编辑：罗 莉
责任印制：孙 炜 责任校对：胡艳萍
北京振兴源印务有限公司印刷
2017 年 8 月第 2 版·第 1 次印刷
184mm×260mm·14.5 印张·349 千字
0 001—3 000 册
标准书号：ISBN 978-7-111-57500-9
定价：79.00 元

凡购本书，如有缺页、倒页、脱页，由本社发行部调换

电话服务
服务咨询热线：010-88361066
读者购书热线：010-68326294
010-88379203

网络服务
机 工 官 网：www.cmpbook.com
机 工 官 博：weibo.com/cmp1952
金 书 网：www.golden-book.com
教育服务网：www.cmpedu.com

前　　言

随着计算机科学、脑科学、心理学、认知科学的蓬勃发展，以及人们日益增长的物质文化生活需求，越来越多的交叉学科引起了科研工作者的重视。特别是在国务院发布的《国家中长期科学和技术发展规划纲要（2006—2020 年）》中，强调“以人为中心”的信息技术发展需要，自此，大量科研工作者便投身到人工心理、情感机器人以及虚拟现实的交叉合作领域之中。针对以上学科发展需求，本书较为全面地介绍了情感机器人的基本概念、主要内容和应用领域，并对其研究方法和相关技术进行了讨论。以国内外研究发展前沿为基础，重点探讨了情感机器人的总体体系结构及相关的软硬件设计，并给出智能家居系统、虚拟管家系统和服务机器人的具体应用实例。

本书的研究内容具有典型的交叉性，涉及心理学、认知科学、智能科学、自动控制、计算机智能、机械设计等多个学科领域。全书共分 11 章。第 1 章介绍了机器人及情感机器人的起源、发展研究历程及其相关理论和关键技术；第 2 章介绍了机器头及身躯的设计与实现技术；第 3、4 章介绍了机器人的表情控制模式和电控设计；第 5 章 ~ 第 10 章探讨了与情感机器人相关的多种软件技术及其相关的智能技术；第 11 章分析了情感机器人应用的若干实例。

本书的学术观点较为先进，内容新颖，材料丰富，理论与实际应用紧密联系，结构合理，从基础理论与技术向应用方法逐步深入，具有一定的理论价值与实际应用意义。读者既可以从中把握本领域的前沿进展，也可以选择需要的研究方向进行深入学习。

在此感谢北京科技大学提供的科研和工作条件，使我们顺利地完成了其中的科研工作。我们尤其要感谢韩晶、李敏嘉研究生为本书贡献了重要的研究成果。

感谢国家自然科学基金项目（课题编号：61672093、61432004）、国家重点研发计划重点专项课题（课题编号：2016YFB1001404）等的支持和资助。

本书内容涉及多个学科前沿，知识面较为广泛，作者的认识领悟能力有限，书中有些观点和见解难免有不妥之处，敬请各位专家及广大读者给予批评指正。

作　者

于北京科技大学

目　录

第1章 绪 论

人工情感（Artificial Emotion，AE）是指以人类学、心理学、脑科学、认知科学、信息科学、人工智能（Artificial Intelligence，AI）等学科为理论基础，利用信息科学的手段对人类情感过程进行模拟、识别和理解，使机器能够产生类人情感，并与人类进行自然和谐的人机交互的研究领域。因此，我们可以将具有人工情感的机器人称为情感机器人。作为机器人研究领域的新兴热点，情感机器人（Emotional Robot）既是人工情感的重要研究和应用对象，也是研究开发人工情感的高效实验和演示平台。

研究情感机器人的价值功能具体体现在界面友好性、智能效率性、行为灵活性、决策自主性、思维创造性和人际交往性等方面。同时，情感机器人的研究也具有较大的社会影响。如在经济结构的调整方面，当情感机器人能够参与社会事务和人际交往以后，就会在越来越多的社会管理领域、生产领域和生活服务领域取代人类，成为一支日趋庞大的“劳动主力军”，从而机器人的机体制造厂、软件开发公司、程序调整中心、医院、美容店、餐馆、俱乐部、学校、托儿所、职介所等将会迅速发展起来，社会生产结构和经济结构将会出现重大调整。此外，情感机器人的发展对伦理观念的变迁、生活方式的变更和人机一体化的发展都有着重大影响。

目前，有关情感机器人的研究已成为机器人研究的重点方向之一，在国内外众多学术网站以及图书中均能查到相关参考资料，有兴趣的读者可以从以下提示或链接中找到更多的信息与资料。

国外相关系列图书：

◆ 美国麻省理工学院（MIT）Minsky 的专著《The Society of Mind（意识社会）》；

◆ 美国 MIT 媒体实验室 R. Picard 的专著《Affective Computing（情感计算）》；

◆ Tom M. Mitchell 编著的《Machine Learning（机器学习）》；

◆ 由 A. Ortony、G. Clore、A. Collins 编著的《情感的认知结构》；

◆ Paul Ekman 的《Telling Lies》；

◆ 苏联教育部批准的心理学教科书《普通心理学》，由彼得罗夫斯基编著。

国内相关系列图书：

◆ 北京科技大学王志良教授编写的包括《人工心理》《人工情感》和《人脸工程学》等在内的“人工心理与数字人技术丛书”；

◆ 史忠植研究员编写的《人工智能》；

◆ 心理学家曹日昌编写的《普通心理学》等。

相关的网站或网页：

◆ MIT 媒体实验室网站：http：//www. media. mit. edu/；

◆ 有关 Kismet 的相关资料可以在 MIT 的该项目网站上查到：http：//www. ai. mit. edu/projects/humanoid- robotics- group/kismet/kismet. html；

◆ 史忠植研究员的个人网址：http：//www. intsci. ac. cn/shizz/；

◆ Tom M. Mitchell 的个人网址：http：//www. cs. cmu. edu/ ~tom/；

◆ 提出 FACS 理论的 Paul Ekman 的个人网址：http：//www. paulekman. com/，以及《面部动作编码系统使用手册》的网址：http：//www. face-and-emotion. com/dataface/facs/description. jsp 等。

1.1 机器人的起源与发展史

1.1.1 机器人的起源

机器人的历史可以追溯到我国的西周时期，一名叫做偃师的能工巧匠制造了一个能歌善舞的偶人，这是有据可查的第一个“机器人”。在汉朝，张衡造出了记里鼓车。三国时期的诸葛亮发明了木牛流马，用来运送粮草。在国外，公元前 2 世纪亚历山大时期，古希腊人制造出了“自动机”——以空气、水、蒸汽压力为动力的会动的雕像。这些都可以看成是广义上的机器人。

1920 年，一名捷克剧作家发表了一部名叫《罗萨姆的万能机器人》的剧本，剧本中叙述了一个叫罗萨姆的公司把机器人作为人类生产的工业品推向市场，让它充当劳动力代替人类劳动的故事，引起了人们的广泛关注。后来，这个故事就被当成为机器人在科幻和文学作品中的起源。但真正机器人的出现，则是在 1959 年，当时美国人英格伯格和德沃尔制造出了世界上第一台工业机器人，标志着机器人的正式诞生。

英格伯格和德沃尔供职于同一家汽车公司，他们认为，汽车工业最适合于机器人干活，这样不仅可以替代工人简单重复的劳动，更重要的是，它们不需要吃饭，不知疲倦，不需要报酬，而且始终任劳任怨。于是，他们分工进行研制，由英格伯格负责设计机器人的“手”“脚”“身体”，德沃尔设计“头脑”“神经系统”“肌肉系统”。这台机器人研制出来后，只有手臂功能与人相似，外形像坦克的炮塔，基座上有一个大机械臂，大臂上又伸出一个可以伸缩转动的小机械臂，能够代替人类做一些如抓放零件的简单工作。它的诞生，开创了机器人研究的新纪元。

此后，英格伯格和德沃尔创办了世界上第一家机器人制造工厂，并生产出一批名叫“尤尼梅特（UNIMATE）”的工业机器人，从而把科幻剧本中的罗萨姆万能机器人公司从虚幻变成现实，他们也因此获得“世界工业机器人之父”的殊荣。1984 年，当英格伯格离开从事了 20 多年研究的机器人公司时，他说，如有可能，他还要改造他的“尤尼梅特”机器人，使它们能够擦地板、做饭、走到门外去洗刷汽车和进行安全检查等。

50 多年过去了，现在全世界已装备了数百万台工业机器人，它们在许多领域得到了广泛的应用，为人类的生产和生活带来了极大的方便。

机器人专家美国麻省理工学院教授约翰·菲尼克斯预言：“21 世纪人类将真正进入机器人时代，人类创造的每一份财富都将包含着机器人的功劳！”

1.1.2 机器人的发展史

直到 1959 年美国的英格伯格和德沃尔制造出世界上第一台工业机器人，现代机器人的历史才真正开始。

英格伯格在大学攻读伺服理论，这是一种研究运动机构如何才能更好地跟踪控制信号的理论。德沃尔曾于1946年发明了一种系统，可以“重演”所记录的机器的运动。1954年，德沃尔又获得可编程机械手专利，这种机械手臂按程序进行工作，可以根据不同的工作需要编制不同的程序，具有良好的通用性和灵活性，英格伯格和德沃尔都在研究机器人，认为汽车工业最适于用机器人干活，因为是用重型机器进行工作，且生产过程较为固定。

1959年，英格伯格和德沃尔联手制造出第一台工业机器人。由英格伯格负责设计机器人的“手”“脚”“身体”，即机器人的机械部分和完成操作部分；由德沃尔设计机器人的“头脑”“神经系统”“肌肉系统”，即机器人的控制装置和驱动装置。它成为世界上第一台真正的实用工业机器人。

这种机器人外形有点像坦克炮塔，基座上有一个大机械臂，大臂可绕轴在基座上转动，大臂上又伸出一个小机械臂，它相对大臂可以伸出或缩回。小臂顶有一个腕子，可绕小臂转动，进行俯仰和侧摇。腕子前头是手，即操作器。这个机器人的功能和人的手臂功能相似，如图1-1所示。

图1-1　世界上第一台工业机器人“尤尼梅特”正在生产线上工作

它成为世界上第一台真正的实用工业机器人。此后英格伯格和德沃尔成立了“Unimation”公司，兴办了世界上第一家机器人制造工厂，第一批工业机器人被称为“尤尼梅特（UNIMATE）”，意思是“万能自动”，他们也因此被称为世界工业机器人之父。1962年美国机械与铸造公司也制造出工业机器人，称为“沃尔萨特兰（VERSTRAN）”，意思是“万能搬动”。“尤尼梅特”和“沃尔萨特兰”就成为世界上最早的、至今仍在使用的工业机器人。

机器人的发展史主要分为三大阶段，如图1-2所示。

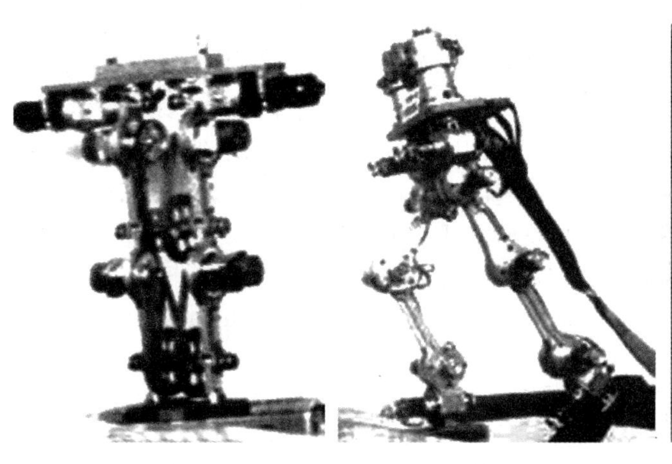

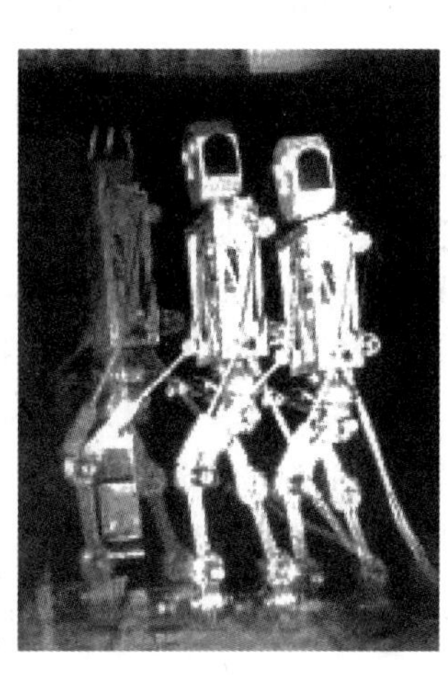

a)　　b)　　c)

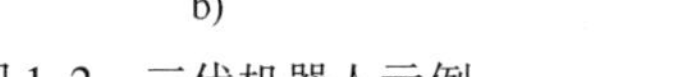

图1-2　三代机器人示例

a）第一代机器人（机械臂）　b）第二代机器人　c）第三代机器人

1. 第一代机器人

第一代是示教再现型机器人，“尤尼梅特”和“沃尔萨特兰”这两种最早的工业机器人是示教再现型机器人的典型代表。它由人操纵机械手做一遍应当完成的动作或通过控制器发出指令让机械手臂动作，在动作过程中机器人会自动将这一过程存入记忆装置。当机器人工作时，能再现人教给它的动作，并能自动重复地执行。这类机器人不具有外界信息的反馈能力，很难适应变化的环境。英格伯格和德沃尔制造的工业机器人是第一代机器人，属于示教再现型，即人手把着机械手，把应当完成的任务做一遍，或者人用“示教控制盒”发出指令，让机器人的机械手臂运动，一步一步完成它应当完成的各个动作。

2. 第二代机器人

第二代是有感觉的机器人，它们对外界环境有一定感知能力，并具有听觉、视觉、触觉等功能。机器人工作时，根据感觉器官（传感器）获得的信息，灵活调整自己的工作状态，保证在适应环境的情况下完成工作。如有触觉的机械手可轻松自如地抓取鸡蛋，具有嗅觉的机器人能分辨出不同的饮料和酒类。

3. 第三代机器人

第三代机器人是智能机器人，它不仅具有感觉能力，而且还具有独立判断和行动的能力，并具有记忆、推理和决策的能力，能够完成更加复杂的动作。中央电脑控制手臂和行走装置，使机器人的手完成作业，脚完成移动，机器人能够用自然语言与人对话。智能机器人的“智能”特征就在于它具有与外部世界——对象、环境和人相适应、相协调的工作机能。从控制方式看，智能机器人不同于工业机器人的“示教、再现”，不同于遥控机器人的“主—从操纵”，而是以一种“认知—适应”的方式自主地进行操作。

智能机器人在发生故障时，通过自我诊断装置能自我诊断出故障部位，并能自我修复。如今，智能机器人的应用范围已经极大地扩展了，除工农业生产外，机器人还应用到很多行业，已具备了人类的特点。机器人向着智能化、拟人化方向发展的道路，是没有止境的。

1.2 情感机器人研究历程

情感机器人（Emotional Robotics）是指用人工的方法和技术，模仿、延伸和扩展人的情感，使机器具有识别、理解和表达情感的能力。具有情感的机器人必须具有智能化的特点，那就需要具备以下几种特殊的能力：即学习知识的能力；使用知识的能力；运算知识的能力。情感机器人是近年来机器人研究领域兴起的一个新的研究热点。情感机器人既是人工心理和人工情感的重要研究和应用对象，也是研究开发人工情感的高效实验和演示平台。情感机器人的研究方向主要可以分为两大类，一类是研究具有情感的物理机器人，另一类是研究具有情感的虚拟机器人。这两种研究方向的理论与技术相辅相成，共同促进情感机器人向着广、深、远的方向发展。

1.2.1 物理机器人的发展现状

世界各国的实验室都在这一领域展开研究，如日内瓦大学 Klaus Scherer 领导的情感研究实验室、布鲁塞尔自由大学 D. Canamero 领导的情感机器人研究小组及英国伯明翰大学 A. Sloman 领导的 Cognition and Affect Project（认知与情感研究项目）等。我国对这一领域的研究始于 20 世纪 90 年代，主要针对人工情感单元理论与技术实现开展研究，如多功能感知机器人，主要包括表情识别、人脸识别、人脸检测与跟踪、手语识别、表情合成、唇读等基于人工情感的机器人控制体系结构的研究。图 1-3 所示为对国内外具有情感的物理机器人的研究之路的梳理。

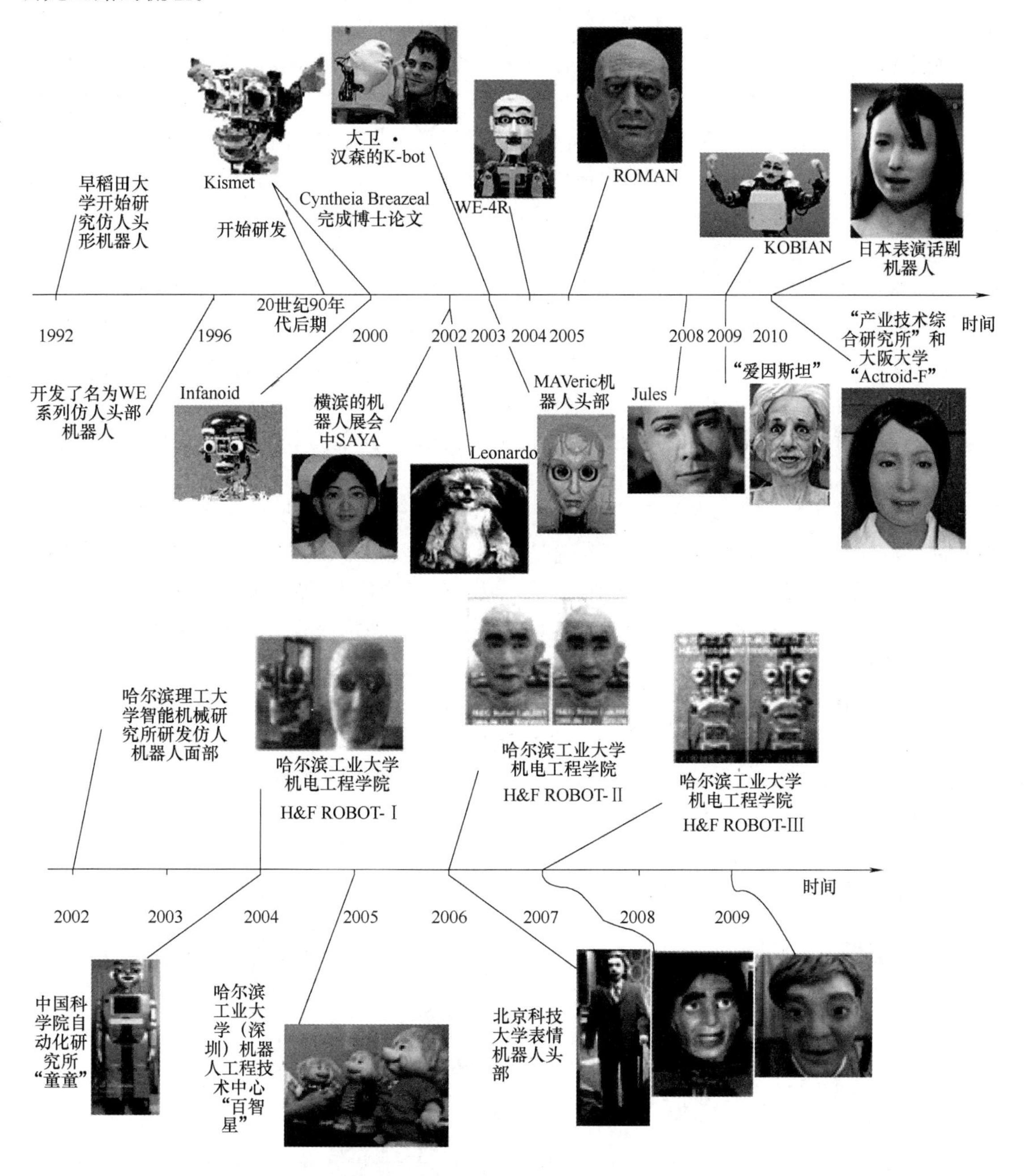

图 1-3　国内外情感机器人的发展过程

从图 1-3 可以发现，日本、美国的大学和研究所的研究开展较早，且多集中在早稻田大学和麻省理工学院，发展较快；德国与英国近期也开始进行相关研究；我国自 2002 年开始发展对表情机器人的研究。目前国内比较先进的机器人有哈尔滨工业大学研制的“百智星”幼教机器人，中国科学院自动化研究所研制的“童童”机器人，北京科技大学研制的情感机器人头部。下面对几种情感机器人进行简单介绍。

日本早稻田大学理工部高西研究室于1992年开始研究仿人头形机器人，从1996年起开始开发名为WE系列的仿人头部机器人，至今已研制出了四个版本的WE系列仿人头部机器人，并以多种传感器作为感觉器官。例如，WE-4型机器人在眼球中安装彩色CCD（Charge Coupled Device，电耦合元件）摄像头采集视觉信息并进行颜色识别；在耳部安装微型传声器，采集声音信息；在机器人的面颊、前额和头部两侧安装力敏电阻作为触觉器官，识别不同触觉行为（如推、打和抚摸）；采用热敏电阻传感器感受温度；用4个半导体气体传感器作为嗅觉器官，识别酒精、氨水和香烟的气味。

美国麻省理工学院人工智能实验室的计算机专家辛西娅·布雷齐尔（Cyntheia Breazeal）从婴儿与看护者之间的交流方式中得到启发，开发了一个名为“Kismet”的婴儿机器人。目前它只有头部与计算机相连，面部特征具有15个自由度，分布于眉毛、耳朵、眼球、眼睑、嘴唇等部位，每只眼睛装有一个5.6mm焦距的彩色CCD摄像机，耳部装有微型传声器，使它具有视觉和听觉。“Kismet”具有与人类婴儿相似的行为方式和能力，如模仿父母与孩子之间表达情感的反馈方式，婴儿向父母表达需求和愿望的方式，以及婴儿自我学习与人和环境交流的方式等。

2002年在日本横滨举行的机器人展会上，东京理科大学的展台上坐着一个身穿白色连衣裙的“姑娘”，长头发、大眼睛。她就是小林宽司教授研制的仿人机器人SAYA（见图1-4），它能扫描注视者的表情，比较其眼、口、鼻、眉的距离，与记忆库中自然表情的面孔对比，识别出该表情所表达的某种情绪，然后由人工肌肉带动并协调18个面部关键点的运动，展示出相应的喜悦、生气、惊讶等逼真表情。这项计划通过优化机器人的表情，来改善人与机器人的关系。人们尤其是老人不接受机器人，机器人就无法为人类服务，因此，我们需要尝试制造能被老人接受的机器人。SAYA只是面部机器人，但她面部五官齐全，有皮肤，与真人十分接近。小林宽司教授的下一个目标是让机器人能够开口说话，当前他已开始着手研发有舌头的说话机器人。相信在不久的将来，感情丰富、行动自如的SAYA一定会走到我们面前。

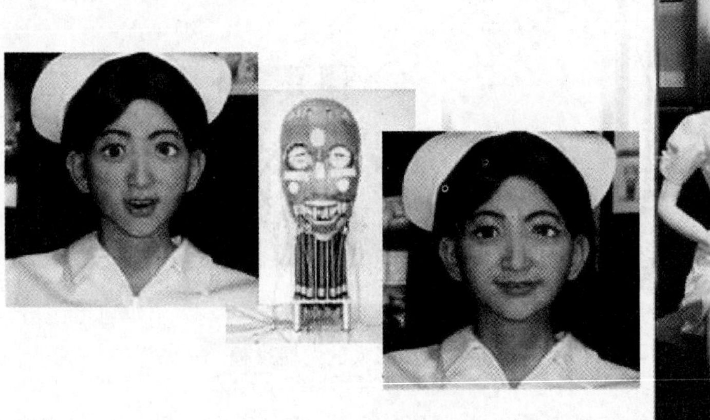
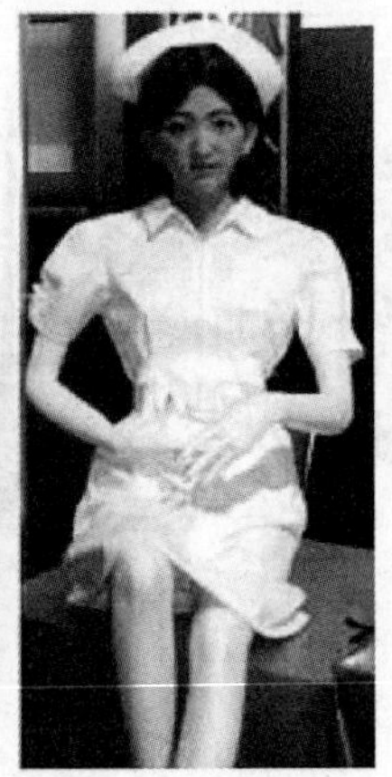

图1-4 东京理科大学的SAYA机器人

另外，东京理科大学还研制了机器人 AH I（见图 1-5）。其外观上是一个女性的头部，装有假牙、硅胶皮肤和假发，形象与人类十分接近。AHI 由微型气压柔性驱动器驱动面部 18 个控制点，可以实现人的喜、怒、厌、悲、恐、惊六种基本表情。塑料的眼球后面装有 18mm 的 CCD 微型摄像机，用来采集目标面部图像数据，并由大脑的分层神经网络进行面部表情的实时识别，可以识别人的喜、怒、厌、悲、恐、惊 6 种基本表情。SAYA 和 AH I 两个机器人都采用基于 Ekman 和 Friesen 的分析方法，把 6 种基本表情分解成 14 个面部运动单元（AU）的组合，通过对面部 18 个特征点的控制，实现各运动单元，进而组合出各种表情。

由 RIKEN 脑科学学会实验室、南加利福尼亚大学计算机学习及电机控制实验室以及 SARCOS 公司合作开发的名为 MAVeric 的机器人头部（见图 1-6），具有 7 个自由度。其运动是通过在计算机上编写软件程序来实时控制的。MAVeric 可以在发出声音的同时伴随产生嘴部运动，该运动通过计算机传输的指令经 RS232 串行接口输送到一个串行控制电路板、由 VB 程序编写的活动窗口控制。

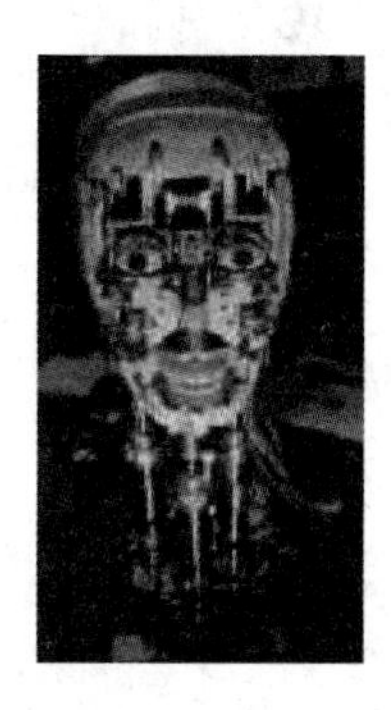
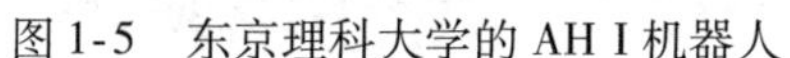
图 1-5　东京理科大学的 AH I 机器人

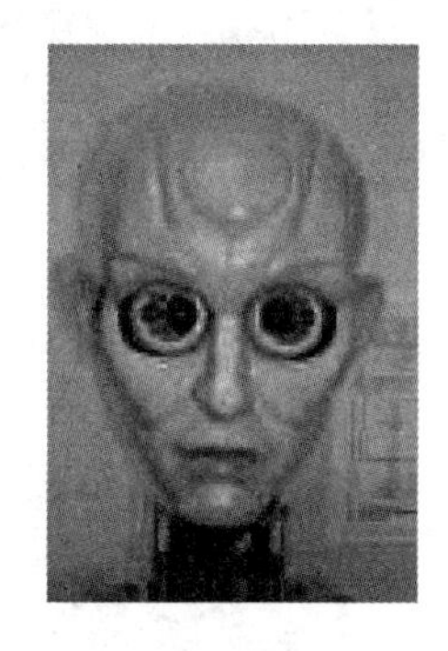
图 1-6　MAVeric 机器人头部

以上是几个具有代表性的（仿人）头部机器人研究成果。此外，还有美国得州大学达拉斯分校的博士生大卫·汉森发明的“K-bot”头部机器人，日本京都通讯研究室开发的婴儿机器人“Infanoid”，美国卡内基·梅隆大学开发的“Beardsley”，日本早稻田大学开发的“ISHA”、中国香港模型屋公司制造的头部机器人，美国加州大学研制的机器人头部，德国帕德伯恩大学 C 实验室的 Mexi，美国卡内基·梅隆大学的 4 目头部机器人，MarkMedonis 的 MAXWELL 等。日本本田公司的“阿西莫（Asimo）”，NEC 公司开发的伴侣机器人“PaPe-Ro”，Sony 公司的“SKR24X”机器人，日本仿人机器人财团的“小 IF”，以及世嘉玩具公司的人形机器人玩具“世博（C2BOT）”等，也具有一定的表情识别和通过表情表达情感的功能。

我国对这一领域的研究始于 20 世纪 90 年代，大部分研究工作是针对人工情感单元理论与技术实现的。中国工程院院士蔡鹤皋教授也曾在 1996 年研制出一款具有讲演技能的仿人演讲机器人，该机器人头部兼具眼球运动、嘴巴讲话带动面部肌肉运动等机能。哈尔滨工业大学类人与类人猿机器人研究室于 2004 年在国内首次研制成功具有 8 种基本面部表情（包括自然表情、严肃、高兴、微笑、悲伤、吃惊、恐惧、生气）的仿人头像机器人 H&F ROBOT-Ⅰ，该机器人具有 14 个自由度，其中机器人头部具有 7 个自由度，实现了对人体头部器官运动和基本面部表情的模仿。

1.2.2 虚拟机器人的发展现状

虚拟机器人即虚拟人（Virtual Human），又称 Humanoid，与 Avatar（替身、化身）意思相近，涵盖各种计算机系统中虚拟的人类基本特性，包括其外观几何特性、动作特性、行为和情感特性等。情感虚拟人（Affective Virtual Human）就是使虚拟人具有特定的个性和情感交互（情感识别和表达）能力，具有特定的人工心理数学模型和情感识别及情感表达方式，是人在计算机生成空间（虚拟环境）中的几何特性与行为特性的表示，是多功能感知与情感计算的研究内容，是人工心理理论在虚拟现实领域的具体应用。

虚拟人技术有良好的应用前景，它一直是近年来计算机领域中的热点课题之一，已取得许多令人瞩目的成果，图 1-7 简单概括了国内外具有情感的虚拟机器人的发展历程。

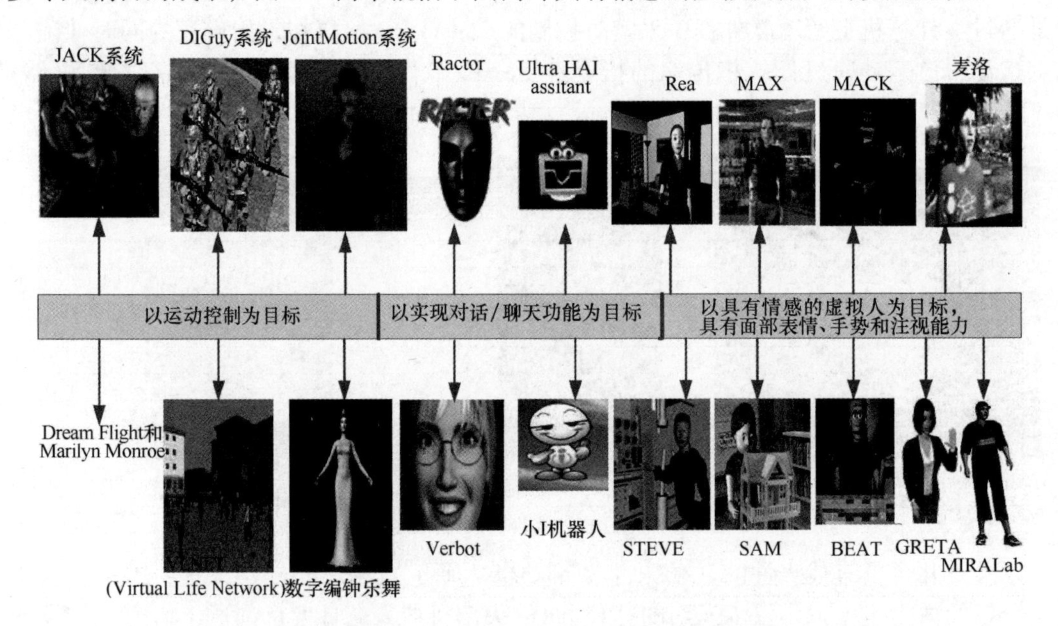

图 1-7　国内外具有情感的虚拟机器人的发展历程

国外一些发达国家对情感虚拟人的研究开展较早，发展也较快。我国对情感虚拟人研究开始的时间虽然比国外要晚些，但是也取得了丰硕的成果。本书将情感虚拟人技术分为以下三类：

1）主要以实现运动控制为目标的情感虚拟人技术，如 JACK 系统、Dream Flight 和 Marilyn Monroe、DIGuy 系统和 JointMotion 系统。Dream Flight 和 Marilyn Monroe 代表了 20 世纪计算机拟人技术的较高水平。中科院计算技术研究所数字化技术研究室开发的 Joint Motion 系统采用的动作捕获方法控制虚拟人的动作，可以达到很逼真的效果，其他院校如哈尔滨工业大学、浙江大学、北京科技大学等在这方面也都有所成就。

2）以实现对话/聊天功能为目标的情感虚拟人技术，如小 I 机器人，它一经推出便受到 MSN 聊天用户的喜爱。

3）以实现面部表情、手势和注视能力为目标的情感虚拟人技术，如 REA（MIT 研究）、BEAT（MIT 研究）、STEVE、MAX、MACK（MIT 研究）、Sam（MIT 研究）、Greta、MIRALab 和麦洛等。其中由 Peter Molyneux 设计的虚拟男孩麦洛，不仅会跟用户对话，逐渐学习成长，而且用户也能直接用语音下达命令，甚至如果用户在纸上写字然后用摄像机来拍，麦洛还会读纸上的字。从虚拟人技术发展的历程来看，这种和谐自然的交互方式已经成为未来研究的重要方向。

1.3 相关理论及关键技术

1.3.1 情感计算、感性工学及人工心理

1. 情感计算

学术界较早对情感进行系统研究的是美国 MIT 媒体实验室的 R. Picard。1997 年，R. Picard 出版了一本专著——《Affective Computing》，书中给出了情感计算的定义，即情感计算是与情感相关、来源于情感或能对情感施加影响的计算。

所谓的情感计算（Affective Computing）就是试图赋予计算机像人一样的观察、理解和生成各种情感特征的能力。情感计算的研究就是试图创建一种能感知、识别和理解人的情感，并能针对人的情感做出智能、灵敏、友好反应的计算系统。

R. Picard 将情感计算的研究内容具体分为九个方面：情感机理、情感信息的获取、情感模式识别、情感的建模与理解、情感合成与表达、情感计算的应用、情感计算机的接口、情感的传递与交流、可穿戴计算机。目前的工作侧重于有关情感信息的获取（如各类传感器的研制）与识别。图 1-8 所示为其领导的课题组所研究的主要内容。情感计算可以从两个方面理解：一是基于生理学的角度，通过各种测量手段检测人体的各种生理参数，如心跳、脉搏、脑电波等并以此为根据来计算人体的情感状态；二是基于心理学的角度，通过各种传感器接收并处理环境信息，并以此为根据计算人造机器（如个人机器人）所处的情感状态。图 1-9 所示的几种可穿戴迷你传感器就是研究者们根据病症引起的人类情绪生理信号进行监

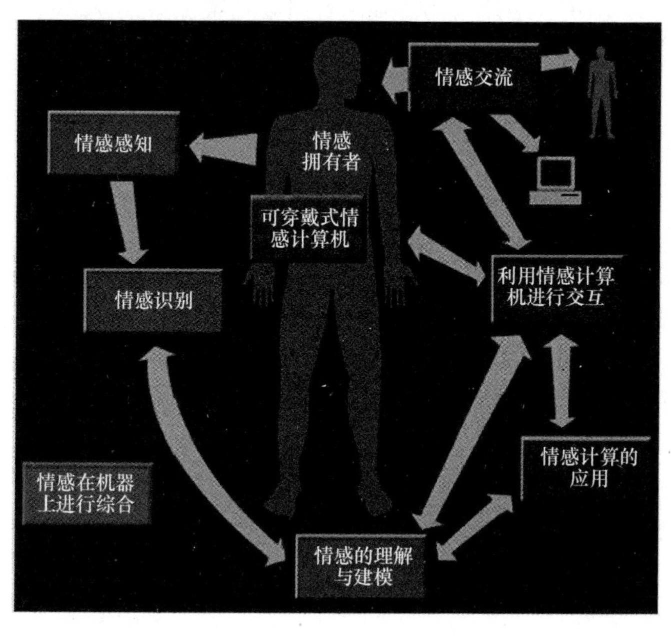

图 1-8 R. Picard 课题组的研究内容

测而研发出来的，从而为医生和患者提供可靠的帮助。

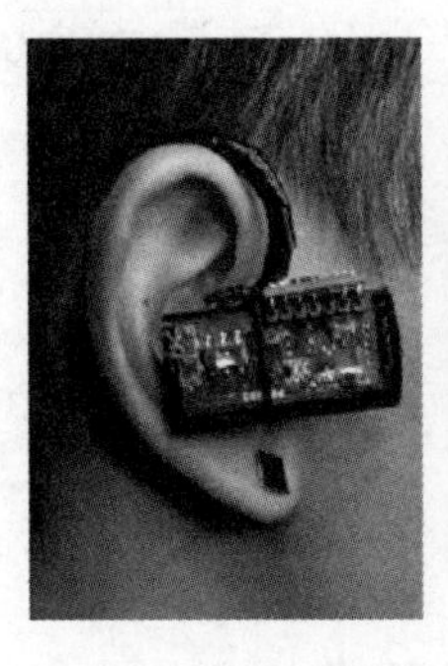

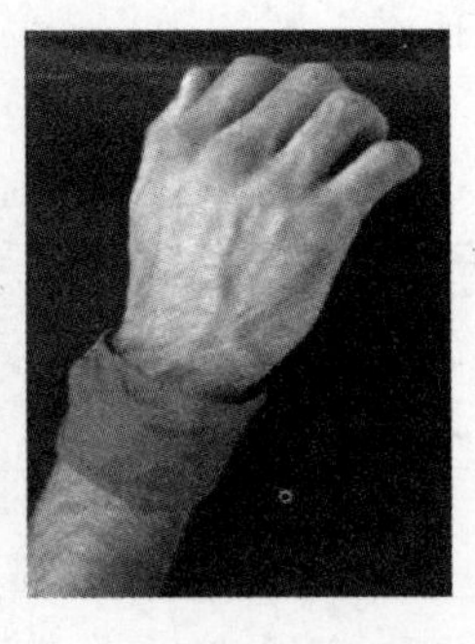

图 1-9　基于情感计算的生理信号监测器

近年来，情感计算的研究普遍受到学术界和企业界的关注。美国人工智能学会的年会也有此方面的专门研讨会，比如2004 年 FLAIRS-04 的 Special Track on Computing With Emotions 和国际 SCI04 的 Invited Session on Emotion Processing。美国和欧洲的各个信息技术实验室正加紧对情感系统的研究步伐。麻省理工学院、剑桥大学、飞利浦公司等通过深入研究“环境识别”“环境智能”“智能家庭”等科研项目来拓展这一领域。例如，麻省理工学院媒体实验室的情感计算小组研制的情感计算系统，通过记录人面部表情的摄像机和连接在人身体上的生物传感器来收集数据，然后由一个“情感助理”来调节程序以识别人的情感。如果你对电视讲座的一段内容表现出困惑，情感助理会重放该片段或者给予解释。麻省理工学院“氧工程”的研究人员和比利时 IMEC（Interuniversity Microelectronics Centre，微电子研究中心）的一个工作小组认为，开发出一种整合各种应用技术的“瑞士军刀”可能是提供移动情感计算服务的关键。麻省理工学院提出的“氧工程”就是一项由宏基、诺基亚、惠普和飞利浦等公司资助的以人为中心的计算机研究项目。该计划的研究来源于四个方面的考虑：首先是让计算机帮助人们提高工作效率；其次是了解计算和通信技术的发展趋势；再次是让计算机为用户服务；最后是使计算机理解人的需要。

2. 感性工学

日本在 20 世纪 70 年代提出了“感性工学（Kasnei Engineer）”的概念，但是关于“感性”的概念，目前在日本学术界还没有统一和明确的定义，不同的学者从各个角度给出了各种定义和描述。在一次对参加该领域学者进行的调查中，就“感性是什么”的问题，得到了许多不同的定义。下面主要介绍一下日本学者松山和隆司的观点。

他们从“感性”和“知性”的相互关系上来考察“感性”。他们认为，人类精神上所具有的多种多样的机能，概括地说可以分为“知”“情”“意”三个方面。可以说人工智能是从信息科学的角度以阐明“知”为目标的。与感性关系最密切的是“情”，然而感性并不等于“情”。感性是人所具有的感觉、知觉的机能和特性，而“情”是由此自然产生的东西。

从上面的想法出发，他们认为，人的感觉、知觉机构具有两面性和二重构造性。也就是说，在以前的模式识别、理解中，是从“知”的观点去解析感觉、知觉机构并使其信息模型化，开发构建工程上的信息处理系统（如人脸识别系统、语音识别系统等），而感觉、知觉机构所具有的另外一个重要的机能和特性——也就是“感性”，则是从“情”的观点来看待感觉、知觉机构的。

感觉、知觉机构具有两面性、二重构造性的模式可用图 1-10 表示。图 1-10 中从“知”到“‘知性’的识别”、从“情”到“‘感性’的识别”的箭头，表示各识别机构受到来自“知”和“情”的影响而产生的机能。

日本东京大学的河内教授，从神经生理学和病理学的病例中发现了感觉、知觉机构具有两面性和二重构造性。他提出，在人的视觉系统中，可能存在分别主管知性识别和感性识别的两套组件（系统）。

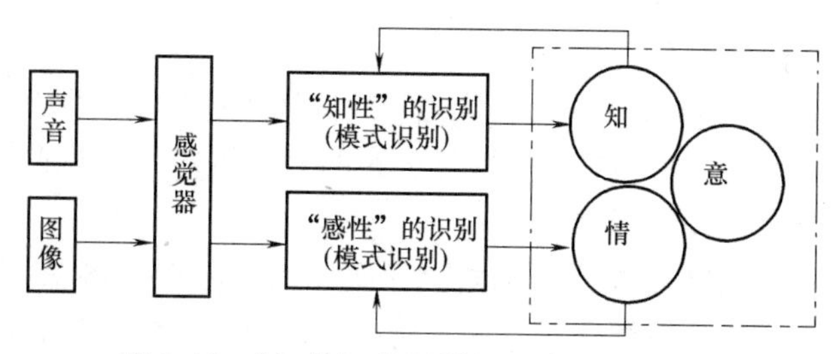

图 1-10 “知性”的识别和“感性”的识别

综合各方面的观点，可以认为，所谓的“感性信息”就是与人的情感过程相联系的（不包括情感）、不具有人工智能所研究的知性信息的论理客观等特性的、可通过感知觉直接感受到的对象，与知性信息所具有的“客观性、单意性、确定性、再现性”的特征相对应，感性信息具有“主观性、多义性、不确定性、状态依存性”等特征。而“感性”则是指通过表情、动作生成“感性信息”以及通过感官接受“感性信息”的能力。感性信息处理主要包括用工程的方法，从各种媒体中提取感性信息以及感性信息的表示、表现、合成等。

所谓感性工学，就是将感性与工程结合起来的技术，是在感性科学的基础上，通过分析人类的感性，把人的感性需要加入到商品设计中去，是一门能给人类带来喜悦和满足的工程学商品制造技术，感性工学由于可以给人们的生活带来快乐和舒适，因此被称为“快乐而舒适”的科学，把基于感性工学技术生产的商品称为“感性商品”。

随着经济的发展，消费者的需求水平不断提高。从商品短缺时以追求“拥有”为目标，到物质条件充足情况下追求良好品质为目标，再到以追求个人需要为目标，现在已逐渐转变到以追求个人爱好、体现“个性”为目标。人们对商品的价值观也从追求“重、厚、长、大”到追求“轻、薄、短、小”，进而到追求“美感、游乐、感性创造”。

随着科学技术的发展，人们的欲求和价值观产生相应变化，社会的生产形态和产业形态也发生相应的变化，目前整个社会生产将以追求感性为目标，以给人们带来喜悦和舒适为目的。

在日本，人们利用感性工学理论研究了多种实用的感性工学系统，比较典型的有

1）HULIS 人性化居住环境设计系统；

2）IKDES 乘用车室内设计支持系统；

3）FAIMS 女大学生用服饰设计系统；

4）WIDIAS 语音感性诊断模糊专家系统等。

3. 人工心理

北京科技大学王志良教授于 1999 年首次提出了人工心理的概念。人工心理主要研究人类心理活动（着重是人的情感、意志、性格、创造）的全面人工机器实现。它以人工智能现有的理论和方法为基础，是人工智能的继承和发展，是人工智能发展的高级阶段，在人工智能基础上有着更广泛的内容。人工心理是一门交叉学科，其理论源于脑科学、心理学、生理学、伦理学、神经科学、人脸工学、感性工学、语言学、美学、法学、信息科学、计算机

科学、自动化科学、人工智能等学科。其应用范围主要是情感机器人的技术支持、拟人机械、人性化商品设计、感性市场开发、人工心理编程语言、人工创造技术、人类情感评价计算机系统、人类心理数据库及数学模型、人机和谐环境技术、人机和谐多信道接口等。人工心理理论具体内容如下：

（1）定义

所谓的人工心理研究就是利用信息科学的手段，对人的心理活动（着重是人的情感、意志、性格、创造），进行全面的人工机器（计算机、模型算法等）实现。

（2）研究目标

人工心理的研究目标在于提出人工心理的概念，利用人工智能已有的基础（研究成果、研究方法），结合心理学、脑科学、神经科学、信息科学、计算机科学、自动化科学的新理论和新方法，对人的心理活动（尤其是情感、意志、性格、创造）进行全面的人工机器模拟。研究确立人工心理的理论结构体系（目的、法则、研究内容、应用范围、研究方法等），并使之得以应用。

（3）研究内容

1）研究建立人工心理的理论结构体系（目的、法则、研究内容、应用范围、研究方法等）。尤其是人工心理学说的定义、研究规则、研究内容的界定问题，使其研究符合人类道德规范，该问题在人工智能领域未曾涉及。

2）借鉴人工智能已有的研究成果，建立人工心理的理论体系，研究人工心理与人工智能的相互关系，使二者相辅相成、互相促进、共同发展。

3）通过改善研究法则，抑制不良情绪的机器算法。

4）人类心理信息的数学量化（建立心理模型、心理状态评价标准）。

5）机器实现情感在决策中的作用模式，主要包括模拟人脑的控制模式，建立感知与情感决策行为（人脑控制模式）相结合的数学模型。

6）借鉴人工智能（计算机）编程语言的发展过程，探索人工心理（计算机）编程语言的建立方法是一个具有挑战性的课题。人工智能编程语言是以知识表示和逻辑推理为特征的逻辑型语言，而人工心理编程语言则是以联想推理、混沌运算、发散思维、模糊归纳为特征的联想型语言。

7）情感培养的机器算法。

8）人类心理暗示与作用模式的建立。

9）灵感（顿悟）产生的机器实现策略。

在国内，基于人工心理的各类情感模型的建立是研究的侧重点之一，见表1-1。

表1-1　基于人工心理的情感模型研究成果

分　类	作　者	研究内容
模型建立	魏哲华	提出情感熵理论
	林文永	情感空间模型
	谷学静	HMM的情感模型
	滕　越	反向传播算法的情感模型

（续）

分 类	作 者	研究内容
模型建立	刘 凡	用户消费情感模型
	明 建	服装选购心理模型
	王婷婷	色彩心理模型
	杨国亮	反映人类情感变化规律的情感计算模型
	解迎刚	教学过程中学习者趋避度和专注度的情感模型
	王国江	建立情感数值化空间
	翟 颖	游戏虚拟人心理模型
	滕少东	个人机器人心理模型
	王玉洁	基于模糊认知图的情感模型
	陈锋军	基于需求、情绪和动机的情感计算模型
	石 林	基于模糊推理和非线性方法的情绪模型
	孟秀艳	刺激认知评价模型；学生学习情感模型
	王 巍	人机交互中的个性化情感模型

表1-2对情感计算、感性工学与人工心理研究的相关性与侧重点进行分析对比。

表1-2 三大理论研究的侧重点

三大理论	侧 重 点
情感计算	采用一定的物理手段获取与情感相关的信息，主要进行对情感的测量和识别，其中测量方法较多地集中在生理信号的量测，如利用人的生理信号监测病情等
感性工学	从“感性”的角度来研究关于信息处理的方法、过程以及用计算机实现的方法，偏重于对商品的观感和舒适感进行研究，并没有致力于对情感交互能力的研究
人工心理	利用信息手段，对人的心理活动（着重是人的情感、意志、性格、创造）进行全面的人工机器（计算机、模型算法等）实现，其范围更加宽广，可以认为人工心理是人工智能在横向和纵深方面的进一步发展。人工心理目前着重于对混合智能系统中的适应性、情感交互能力以及认知方面的深层探索

1.3.2 关键技术及主要内容

情感机器人所涉及的关键技术及主要内容可以由图1-11直观地显示出来，每个关键技术及理论都将会在本书中进行详细介绍。

1. 表情头的设计

对于一个具有类人情感的机器人来说，不仅需要能够进行情感表示的一系列程序，而且需要能够进行情感表现的一系列面部表情和肢体语言。其中，面部表情的展现更能直接迅速地进行人机交互。因此，表情机器人的头部设计至关重要。情感机器人获取信息，经过信息处理由表情机器头来呈现其内在的情感状态，如微笑、苦恼、快乐或者惊吓等表情，使电子技术与机械技术和谐统一，最终使得人与机器人自然流畅地进行情感交流。同时，除了头部表情以外，机器人的肢体动作也能传达其内在的情感，这两部分将在本书第2章“机器头

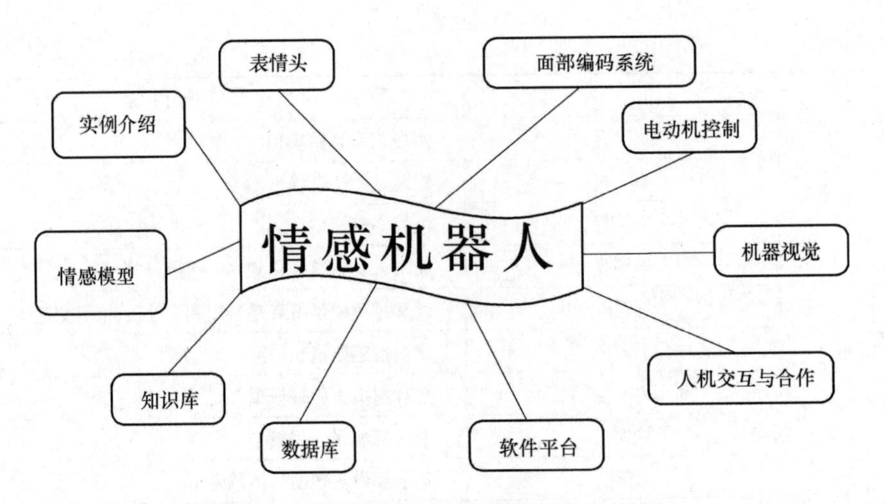

图 1-11　情感机器人涉及的相关技术及理论

及身躯设计”中进行详细讲解。

2. 面部动作编码系统理论

当机器人的表情头设计好之后，需要有理论来支持其在何种情况下做出何种表情。例如，只要知道一个人的脸在正常状态下是什么样子，通过对方的表情变化，就能够像读一本翻开的书那样了解对方。美国心理学教授保罗·艾克曼用了 40 年的时间研究欺骗和伪装，在 20 世纪 60 年代，他在两个互相隔离的原始部落研究他们的动作和手势，最终发现了人类共通的特性，并发布了“面部动作编码系统”（Facial Action Coding System，FACS）。他在人的脸上发现 43 种动作单元，每一种都由一块或者几块肌肉的运动构成，各种动作单元之间可以自由组合，也就是说，人脸上可能有 1 万种表情，其中的 3000 种具有一个情感意义。

情感机器人面部表情的机械设计就是以保罗·艾克曼教授的 FACS 为理论基础，情感机器人的头部由舵机来驱动，各特征点运动合成机器人的面部表情。FACS 理论认为，当人表现出惊奇时，会将眉毛抬起变高变弯，眉毛的皮肤也会被拉伸；眼睛会睁大，上眼睑会被抬高；而脸的下颚下落，嘴也会张开。如果以此种方式拉伸情感机器人的面部肌肉，便会得到一张惊讶的脸孔。关于面部编码系统的介绍以及其在情感机器人中的应用将在本书第 3 章“表情控制模式”中进行详细讲解。

3. 电动机控制

情感机器人是如何做出类人的丰富面部表情的呢？答案是由电动机来控制情感机器人的头部和身躯的动作，因此研究电动机的控制是必不可少的环节。情感机器人使用的电动机在满足必要的输出力矩和输出速度的同时，还要使机械结构紧凑、传动精度和效率较高，以满足机构速度和承载能力的要求。电动机的选择至关重要，电动机选择的好坏甚至直接关系到情感机器人动作表现的成功或失败。关于电动机控制的详细内容将在本书第 4 章“电动机控制”中进行详细讲解。

4. 机器视觉

所谓机器视觉，就是用机器代替人眼来做测量和判断工作。机器视觉系统是指通过机器视觉产品（即图像摄取装置，包括 CMOS 和 CCD 两种）将被捕捉目标转换成图像信号，传送给专用的图像处理系统，再根据像素分布和亮度、颜色等信息，转变成数字化信号；图像处理系统对这些信号进行各种运算来抽取目标的特征，进而根据判别结果来控制现场设备的动作。

在情感机器人的设计中，通过机器人的眼睛（摄像头或照相机）将被检测的目标转换成图像信号，传送给专用的图像处理系统，根据像素分布和亮度、颜色等信息，转变成数字化信号。图像处理系统通过对这些信号进行运算来抽取目标的特征，如面积、数量、位置、长度等特征，再根据预设的允许度和其他条件输出结果，实现自动识别功能。利用机器视觉的相关技术来解决机器人采集目标特征的详细内容将在本书第 5 章“机器视觉”中进行详细讲解。

5. 人机交互与合作技术

所谓的人机交互技术（Human-Computer Interaction Techniques）是指通过计算机输入/输出设备，以有效的方式实现人与计算机对话的技术。其中包括机器通过输出或显示设备给人提供大量有关信息及提示请示等，人通过输入设备给机器输入有关信息及提示请示、回答问题等。人机交互技术是计算机用户界面设计中的重要内容之一。它与认知学、人机工程学、心理学等学科领域有着密切的联系。

如果希望人与情感机器人进行和谐智能的交互合作，就需要赋予情感机器人听觉与视觉智能，使计算机能认识交互的对象，理解以语言形式表达的说话内容，理解交互对象的情感，按人的要求进行工作，或回答人提出的问题，以达到交互的目的。有关人与情感机器人交互的详细内容将在本书第 6 章“人机交互与合作”中进行讲解。

6. 机器人软件平台设计

人与情感机器人交互与合作的研究，不能仅限于理论阶段，还需要有一套完整的软件平台进行实际操作。本书第 7 章“软件集成”介绍了情感机器人软件交互平台的设计，此设计采用模块化的设计思想：将每一个功能的程序代码封装成一个独立的模块，再将这些相对独立的功能模块集成到软件平台中。这样程序的结构清晰、接口简单，提高了功能模块的扩展性。

7. 数据库与知识库的建立

数据库离我们的生活越来越近，图书馆的藏书、公交卡、饭卡及病例资料等都是通过数据库来进行管理的。对于人类本身而言，我们用大脑来记忆存储此刻之前的数据、知识等。因此，对于完整的智能机器人系统来讲，其内部也必须有存储数据和知识的部分，这就是数据库与知识库。关于数据库和知识库是如何进行存储数据和知识的内容将在本书第 8 章“数据库技术”和第 9 章“知识库技术”中进行详细讲解。

8. 情感模型及机器学习

机器人在某一刻情感的产生，需要对外界环境、自身情感状态、人类语言、肢体动作、面部表情等综合的信号分析。这就需要对机器人的情感状态进行建模，因此情感算法的地位也就不言而喻了。目前国内外已经研究使用了众多情感建模算法，详细内容将在本书第 10 章“情感模型和机器学习”中介绍。

9. 情感机器人实例介绍

通过对以上知识和技术的讲解，我们已经可以建立起一个相对完整的情感机器人体系结构，那么研究情感机器人的目的是什么呢？情感机器人到底适合在什么场合应用呢？答案不尽相同，由于情感机器人特有的情感特质，其可以用于智能家居，可以用于老人看护；还可以用于网络教学系统，方便远程教学；也可以做成可爱的模型当做儿童玩伴，提高儿童对科技的兴趣；还可以辅助治疗自闭症儿童；同时也可以作为服务机器人服务特定的人群等。关于情感机器人的应用实例读者可以在本书的第11章中看到详细的内容。

参 考 文 献

[1] 王志良. 人工心理学——关于更接近人脑工作模式的科学[J]. 北京科技大学学报，2000（5）：478-481.

[2] http：//baike. baidu. com/view/1513668. htm.

[3] http：//www. takanishi. mech. waseda. ac. jp/top/research/we/we-4rII/index. htm.

[4] http：//www. ai. mit. edu/projects/humanoid-robotics-group/kismet/kismet. html.

[5] Hirth J，Schmitz N，Berns K. Emotional architecture for the humanoid robot head roman [C]. Proceedings of IEEE International Conference on Robotics and Automation（ICRA），2007：2150-2155.

[6] Hirth J，Braun T，Berns K. Emotion based control architecture for robotics applications [C]. Proceedings of 30th Annual German Conference on Artificial Intelligence，2007：464-467.

[7] 于爽，张永德. 一种仿人机器人面部的结构设计 [J]. 机械科学与技术，2004，23（2）：196-200.

[8] http://www. gov. cn/jrzg/2005-11/07/content_ 93123. htm.

[9] http://scitech. people. com. cn/GB/53752/4361040. html.

[10] 李娜，陈工，王志良. 表情机器人设计与实现 [J]. 微计算机信息，2007，23（12-2）：232-234.

[11] Takanishi，Matsuno，Kato. Development of the anthropomorphic head-eye robot with two eyes [C]. Proceedings of the IEEE/RSJ International Conference on Robots & Syetems. Institute of Electrical and Electronics Engineers，1997：799-804.

[12] Takanishi，Takanobu，Kato，et al. Development of anthropomorphic head-eye robot WE-3R with an autonomous facial expression mechanism [C]. Proceedings of IEEE International Conference on Robotics and Auto mation（ICRA），1999：3255-3260.

[13] Kobayashi H，Hara F. Facial interaction between animated 3D face robot and human beings [C]. Proceedings of IEEE International Conference on Systems，Man，and Cybernetics，1997：3732-3737.

[14] Kozima H，Nakagawa C，Yano H. Emergence of imitation mediated by objects [C]. Proceedings of the Second International Workshop on Epigenetic Robotics，2002：52-56.

[15] Kozima H. "Infanoid：a babybot that explores the social environment，" Socially Intelligent Agents：Creating Relationships with Computers and Robots [M]. Kluwer Academic Publishers，2002：157-164.

[16] Kobayashi H，Ichikawa Y，Senda M，et al. Toward rich facial expression by face robot [C]. Proceedings of International Symposium on Micromechatronics and Human Science，2002：139-145.

[17] Kobayashi H，Ichikawa Y，Senda M，et al. Realization of realistic and rich facial expressions by face robot [C]. Proceedings of IEEE/RSJ International Conference on Intelligent Robots and Systems（IROS 2003），2003：1123-1128.

[18] Breazeal C，Scassellati B. Robots that imitate humans [J]. Trends in Cognitive Sciences，2002（6）：481-487.

[19] Breazeal C，Edsinger A，Fitzpatrick P，et al. Active vision systems for sociable robots [J]. IEEE Transactions on Systems，Man，and Cybernetics，Part A，31（5）：443-453.

[20] Miwa，Umestu，Takanishi，et al. Human-like robot head that has olfactory sensation and facial color expression [C]. Proceedings of IEEE International Conference on Robotics and Automation（ICRA）. May

21-26, 2001: 459-464.

[21] Takanishi A. An anthropomorphic head-eye robot expressing emotions based on equations of emotion [C]. Proceedings of IEEE International Conference on Robotics and Automation (ICRA), 2000: 2243-2249.

[22] 刘遥峰，王志良. 基于情感交互的仿人头部机器人研究 [J]. 机器人，2009，31 (6): 10-17.

[23] Wang Zhiliang, Liu Yaofeng, Jiang Xiao. The research of the humanoid robot with facial expressions for emotional interaction [C]. The 1st International Conference on Intelligent Networks and Intelligent Systems, ICINIS 2008. 416-420, 2008.

[24] Ortony A, Clore G L, Collins A. The cognitive structure of emotions [M]. UK: Cambridge University Press, 1988.

[25] Breazeal C. Emotion and sociable humanoid robots [J]. International Journal of Human-Computer Studies, 2003, 59 (1-2): 119-155.

[26] 魏哲华. 基于人工心理理论的情感机器人的情感计算研究 [D]. 北京：北京科技大学，2002.

[27] 滕少冬. 应用于个人机器人的人工情感模型研究 [D]. 北京：北京科技大学，2006.

第2章　机器头及身躯设计

心理学家发现，在人类情感交流的过程中，言语内容占7%，语调占38%，而说话人的表情占了55%。因此，机器人头部是其情感交流中至关重要的一部分。那么在机器人与人类进行交流时，希望其具有类人的感情，就要首先研究机器人的面部表情，再以言语、语调等特征作为辅助。好的机械结构，能为机器人的表情模式研究建立良好的实物平台。本章将主要介绍表情机器头内部机械结构、面皮、外壳等的设计、仿真、制作和安装。目前，北京科技大学王志良教授的课题组已经设计出了多款表情头，图2-1是几个典型例子。

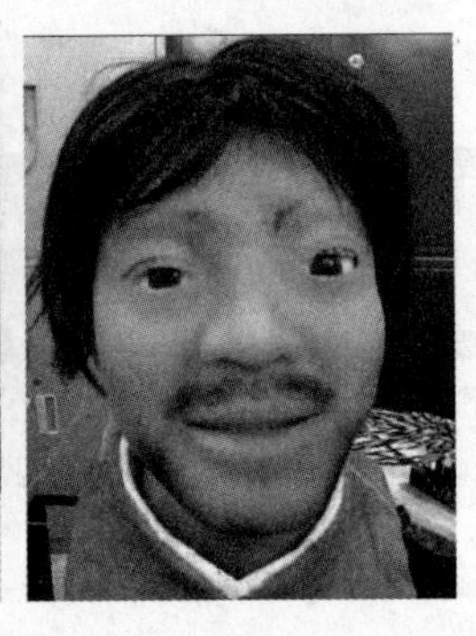

图2-1　北京科技大学课题组设计的多款表情头

本章还介绍了表情机器头的设计总方案，并对电动机选型、材料选择进行了分析。最后详细介绍了整个表情机器头设计制作的过程、身躯的设计和手臂的仿真。

2.1　情感机器人的头部设计

要设计一个情感机器人，表情机器头是关键部件，它可以通过表情表达出机器人内在的情感状态，最终使得情感机器人能够与人进行自然流畅的情感交流。既然如此，所要设计的情感机器人头部，就必须满足下面的要求：

1）友好的人机界面：该情感表情机器人具有与真实人物极为相似的头部形象，使人在与机器人对话时拥有良好的第一印象。

2）机械零件要大小适当、机构简单灵活、重量较轻、机械惯量小，机械结构的运动幅度要与人类的头部特征基本相似。要在有限的空间里放置足够多的机械零件来实现多自由度协调运转，机械零件设计至关重要。

3）和谐的人机交互模式：情感机器人需要具有良好的人机交互能力，既要具有被动的人机交互功能也要具有主动的人机交互能力，还要能够分析出交互者的位置和情感，并能采取相应的情感方式进行表达和输出。

2.1.1 总体方案

设计情感机器人的头部，首先从情感机器人整体结构出发，在考虑机构的运动学、动力学和控制系统、驱动系统和传感器需求的前提下，进行了表情机器头的总体方案设计。其次，参照 FACS 编码系统和真实人物的情感表达特点为机器人设计头部动作单元，表情机器人的动作单元和自由度见表 2-1。

表 2-1 自由度

部 位	运动机能	自由度
眼球	上下及左右转动	4
眼睑	闭合、张开	2
眉头	挑眉、皱眉	2
嘴角	左右嘴角的拉动	2
下颚	张嘴、闭嘴	1
颈部	摇头、点头	2
嘴唇	说话时的嘴唇微动	1
总计		14

情感机器人头部（也可称之为表情头）的制作大致可以分为以下四个步骤：第一步，三维机械结构的设计；第二步，机械结构的加工及装配，为了保证重量和强度的要求，大部分零件采用硬铝（LY12）材料；第三步，玻璃钢外壳及眼球、眼睑的安装固定；第四步，硅胶外皮的制作安装，面部表情动作的设计，头发、睫毛、眉毛制作安装、眼球上色及脸部的化妆。整个结构制作过程如图 2-2 所示。

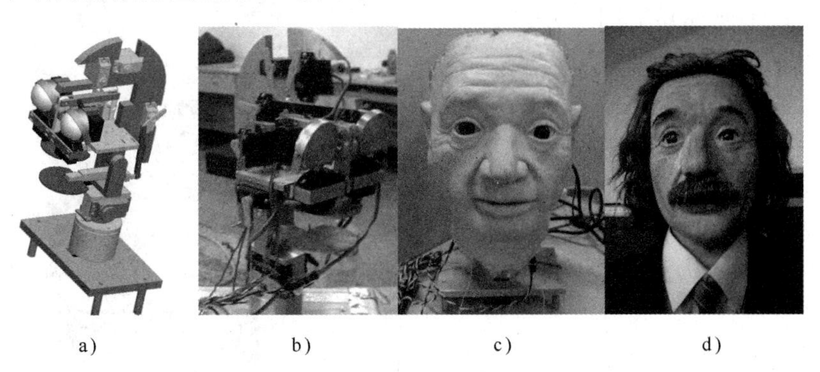

a) b) c) d)

图 2-2 机器结构的制作过程

a）三维结构 b）机械结构 c）外壳结构 d）机器头

2.1.2 人体头部运动与面部肌肉分析

我们设计的情感机器人需要以人类的头部运动作为参考对象，使人体头部的表层肌肉和颈部肌肉能够实现头部运动和面部表情生成。因此，了解人体头部以及面部肌肉的运动对研究情感机器人的面部表情具有十分重要的意义。

1. 头部运动构成与分析

头部运动包括颈部自由转动、摆动以及面部的眼球、眼睑、嘴及肌肉的运动。

（1）颈部的运动

我们的颈部肌肉有18块，它们使我们能够弯曲颈部，向前倾斜头部，以及使头部从一边转向另一边。其中，斜方肌将头向后拉，胸锁乳突肌使头倾斜或转向一边。

（2）眼球的运动

成人的眼球近似球形，其前后径约24mm，垂直径约23mm，水平径约23.5mm。眼球位于眼眶的前半部。眼睛可以自如地转动是因为眼睛有六条肌肉控制着眼球的转动。内、外直肌负责眼球向内或向外转动；上、下直肌收缩时，眼球上转或下转，同时还使眼球内转；上斜肌主要使眼球内旋，同时还使眼球下转和外转；下斜肌主要使眼球外转，同时还使眼球上转和外转。这六条肌肉互相密切配合，使眼球协调一致地上下左右自由转动。

（3）眼睑的运动

眼睑是长在眼球前面的软组织，它就像两扇能自动开合的大门一样，对眼球起保护作用。眼睑分上下两部分，上眼睑较下眼睑大而宽。肌层，包括眼轮匝肌和提上睑肌，眼轮匝肌是由动眼神经支配，起开睑作用。

（4）下颚的运动

颞下颌关节由下颌关节凹、骨状突、关节盘和关节囊所组成，邻近并有韧带附着。颞下颌关节是具有传动和滑动的左右联动关节，主要有开闭、前伸和侧方运动三种基本形式。这些运动是通过咀嚼肌群、韧带、关节之间互相协调的动作而产生的。

2. 面部肌肉分析

面肌为扁薄的皮肌，位置浅表，大多起自颅骨的不同部位，止于面部皮肤，主要分布于面部孔裂周围，如眼裂、口裂和鼻孔周围，可分为环形肌和辐射肌两种，有闭合或开大上述孔裂的作用；同时，牵动面部皮肤，显示喜怒哀乐等各种表情。人类面肌较其他动物发达，这与人类大脑皮质的高度发展、思维和语言活动有关，人耳周围肌已明显退化。人体面部肌肉分布图如图2-3所示。

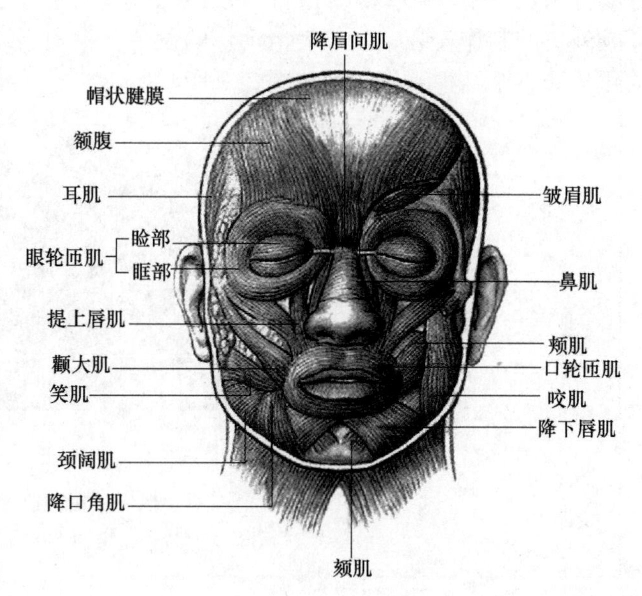

图2-3　面部肌肉分布图

（1）颅顶肌

颅顶肌阔而薄，左右各有一块枕额肌，它由两个肌腹和中间的帽状腱膜构成。前方的肌腹位于额部皮下，称额腹；后方的肌腹位于枕部皮下，称枕腹。帽状腱膜很坚韧，连于两肌腹，并于头皮紧密结合，而与深部的骨膜则隔以疏松的结缔组织。枕腹起自枕骨，额腹止于眉部皮肤。枕腹可向后牵拉帽状腱膜，额腹收缩时可提眉，并使额部皮肤出现皱纹。

(2) 眼轮匝肌

眼轮匝肌位于眼裂周围，呈扁圆形。能使眼裂闭合。由于少量肌束附着于泪囊后面，当收缩闭眼时，可同时扩张泪囊，促使泪液经鼻泪管流向鼻腔。

(3) 口周围肌

口周围肌位于口裂周围，包括辐射状肌和环形肌。辐射状肌分别位于口唇的上、下方，能上提上唇，降下唇或拉口角向上、向下或向外。在面颊深部有一对颊肌，此肌紧贴口腔侧壁，可使唇、颊紧贴牙齿，帮助咀嚼和吸吮；还可以外拉口角。环绕口裂的环形肌称为口轮匝肌，收缩时关闭口裂（闭嘴）。

(4) 鼻肌

鼻肌不发达，为几块扁薄小肌，分布在鼻孔周围，有开大或缩小鼻孔的作用。

3. 面部表情研究及实现方法

机器人要产生仿人的表情，一般有如下两个方向：

其一是采用机械结构并安装摄像机、传声器等传感器构成头部和眼、耳、口等器官。根据美国心理学家 Ekman 的面部动作编码系统（Facial Action Coding System，FACS）的 44 个运动单元（AU）中，有 24 个 AU 与人的表情有关。为实现面部表情，在机器人面部皮肤上设计与各 AU 点对应的表情控制点，面部表情驱动机构（一般采用电动机、气缸驱动，液压驱动）与表情控制点相连，通过表情控制点的组合和位移变化，实现不同的面部表情。

其二是采用仿人头骨、仿人器官、仿人肌肉、仿人皮肤等构成人头部，用人工肌肉来驱动产生表情，可以使头部外表和面部表情高度仿真，但目前来说，在仿人肌肉等方面的研究还不十分完善，实现起来比较困难。所以，目前大多采用前一种方法，如日本的原文雄教授研制的“AH I”机器人。

人脸是一个层次化的结构，它由头骨、肌肉层、覆盖的结缔组织和外部的皮层组成，人脸表情的产生是由于脸部肌肉的变形引起的。使人脸具有表情所涉及的主要肌肉有口轮匝肌、鼻肌、颧肌、眼轮匝肌等，唇部的状态主要由口轮匝肌完成；皱鼻子主要由于鼻肌收缩；颧肌收缩造成颧骨处脸颊的提高；眼睛及眼部周围的运动主要是由眼轮匝肌收缩导致的。

瑞典解剖学家约特舍在 20 世纪 60 年代首次发现并研究了人类表情的最小单元，在约特舍理论的基础上，美国心理学家 Paul Ekman 和 Friesen 较早地对脸部肌肉群的运动及其对表情的控制作用做了深入研究，开发了面部动作编码系统（Facial Action Coding System，FACS）来描述人类面部表情。他们根据人脸的解剖学特点，将其划分成既相互独立又相互联系的 44 个运动单元（AU），并分析了这些运动单元的运动特征及其所控制的主要区域及与之相关的表情。这 44 个活动单元指的是脸部肌肉的运动，其中某些基本运动的组合就构成特定的面部表情。例如，向上竖起眉毛是一个活动单元，抬起面颊是一个活动单元，抬起嘴角也是一个活动单元，抬起嘴角并抬起面颊就形成了微笑。关于面部动作编码系统的详细介绍见本书第 3 章。

通过对上述理论的研究和分析，得到的基本的面部表情的肌肉运动大致组合见表 2-2。

表 2-2　肌肉运动与表情的关系表

表　情	额头、眉毛	眼　睛	脸的下半部
惊奇	眉毛抬起，变高变弯，眉毛的皮肤被拉伸	眼睛睁大，上眼睑被抬高	下颌下落，嘴张开
恐惧	眉毛抬起并皱在一起，额头的皱纹集中在中部	上眼睑抬起	嘴张开，嘴唇轻微紧张，向后拉
厌恶	眉毛及上眼睑压低	—	上唇抬起，嘴角下拉，脸颊抬起
愤怒	眉毛皱起，眉宇间出现竖纹	眼睛愤怒地睁着	唇紧闭，嘴角拉直，或嘴张开
高兴	眉毛有点弯	—	嘴角后拉并抬高，嘴张大，脸颊抬起
悲伤	眉毛内角皱在一起抬高	眼内角的上眼睑抬高	嘴角下拉

2.2　表情头的实现

2.2.1　标准件的选取

1. 电动机的选取

情感机器人使用的电机在满足必要输出力矩和输出速度的同时，必须使机械结构紧凑、传动精度和效率较高，能够满足机构速度和承载能力的要求。电动机的选择至关重要，电动机选择得好坏甚至直接关系到项目的成功或失败。我们根据具体情况，选择体积小，重量轻，经济实用的舵机作为本设计的主要电动机元件。本章下面所介绍的情感机器人的表情头一共选用了两种型号的舵机，参数见表 2-3。

表 2-3　舵机参数表

HG14-M	GWS MICRO 2BBMG
电压：4.8～7.4V	电压：6.0V
转矩：14kg · cm	转矩：6.4kg · cm
尺寸：40mm × 43mm × 19mm	尺寸：28mm × 14mm × 29.8mm

2. 机械材料的选取

目前，市面上的工程材料种类繁多，大体上可分为金属材料和非金属材料两类。金属材料又可以分为黑色金属和有色金属。非金属材料主要包括工程塑料、橡胶和工程涂料。具体包括橡胶与橡胶制品、玻璃与玻璃制品、陶瓷制品、耐火材料与隔热材料、碳和石墨材料、石棉、云母、电气绝缘材料、塑料与塑料制品、涂料、燃料和润滑材料等。常用金属材料主要有钢、铁、铜、铝、钛、镁、镍、锌、铅和锡等。其中每种材料还可以分成若干小类。通常情况下很少使用单一的金属材料，合金材料的使用比较广泛。

由于情感机器人头部对机械零件强度的要求较小，所以可以选用尺寸尽可能小的零件，同时考虑到机械松动的问题，所以不适合用塑料之类的工程材料。考虑到美观和成本的原因，我们采用抗拉强度较低、比重较轻但硬度较高的硬铝合金。硬铝合金 LY12 的元素组成如下：

硅 0.5%，铁 0.5%，铜 3.8% ~ 4.9%，锰 0.3% ~ 0.9%，镁 1.2% ~ 1.8%，铬 0.10%，锌 0.25%，钛 0.15%，其他 0.15%，LY12 的力学特性见表 2-4，完全可以满足仿人头部机器人对零件材料的要求。

表 2-4 LY12 力学特性

σ_b/MPa	σ_{10}（%）	HBS
420	15	100

2.2.2 结构设计

1. 制作过程

表情头的制作主要包括以下几个过程：

1）三维机构设计：本设计采用 Pro/E 进行实体建模，按照自然人脸的比例大致确定内部机械结构的尺寸，检查有无元件干扰和有没有安装空间，并在必要情况下进行机构动态仿真。检查机构运行是否流畅，观察机构运行效果。

2）机械零件的加工、装配和初步调试：机械零件在装配完成后要进行初步调试，以确定安装的位置和角度，防止开机时机械头复位产生卡死的问题。

3）配件安装固定：安装和固定玻璃钢外壳及眼球、眼睑。

4）硅胶外皮固定：制作和安装硅胶外皮，安装头发、睫毛、眉毛并进行脸部化妆。

2. 三维设计

可以利用三维设计软件 Pro/E 进行实体建模，从三维图上直观地看到实物模型，并对整体结构进行干涉检验。表情机器头的三维设计图如图 2-4 所示。

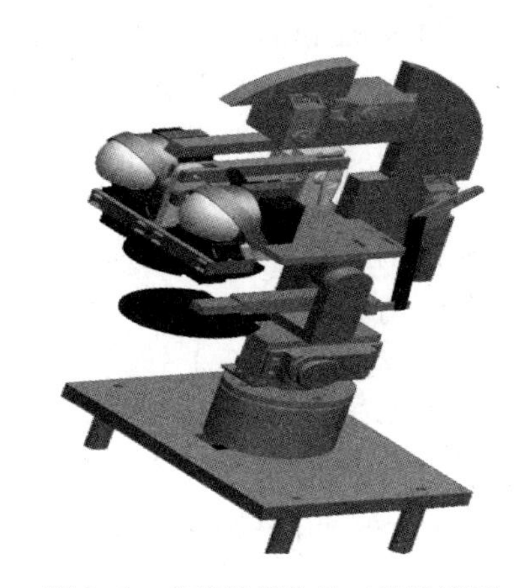

图 2-4 表情机器头的三维设计图

3. 加工和装配

考虑到现实中人脸的差异性以及加工、安装时的误差，我们将重要特征尺寸（如两眼中心距离、眼和嘴的相对位置等）的机械零件采用浮动设计，对需要孔和边定位的零件均采用长形槽的方法进行定位，这样既可以轻松避免加工和安装误差所产生的问题，又可以广泛适用于不同人物的脸型，只需进行简单的变动，然后加上该形象的面皮即可轻松完成新的人物形象制作。

4. 固定

机械零件在安装完成后需要进行简单的动作的调试，确保运动机构能够顺畅运行，同时还要初步确定各种动作的机构主动件（电动机）运动范围。待检查没有问题了以后，就可以将事先做好的玻璃钢外壳和人物形象面皮固定在机械结构件上，如图 2-5 所示。

5. 修饰和化妆

在表情机器头完工之前，为了做到高度的逼真性，进行修饰和化妆是十分必要的。在安装眼睫毛、胡子、假发并化妆后的效果如图 2-6 所示。

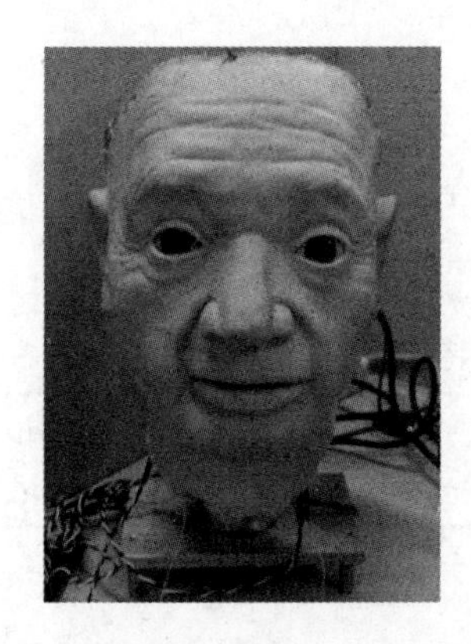

图 2-5　套上玻璃钢外壳的表情机器头

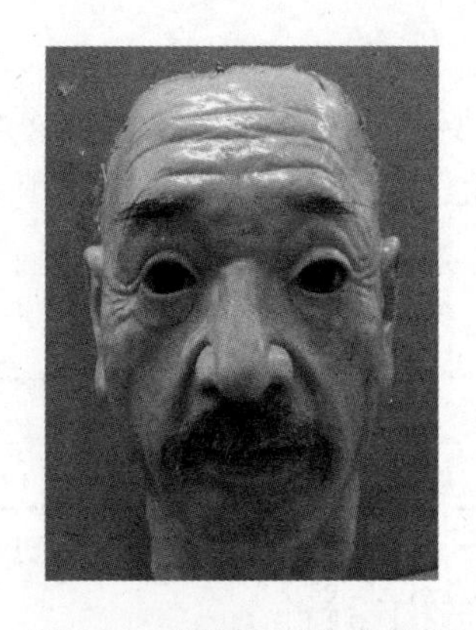

图 2-6　表情机器头的外形

2.2.3　动作设计

1. 眼球的设计

我们给眼部的设计自由度是 6 个，每只眼球 3 个自由度，包括眼球的上下运动、眼球的左右运动和眼睑的开合。由于眼部结构复杂、空间紧凑、动作相对比较灵活、运动几率较高，因此选用台湾产的带金属齿轮 MICRO 2BB MG 型号的小舵机。为保证机器头的颈部舵机能带动整个头部运动（点头和摇头），颈部的材质应选用硬铝（LY12），既可满足强度要求又能减轻重量。机械结构设计三维图如图 2-7 所示。

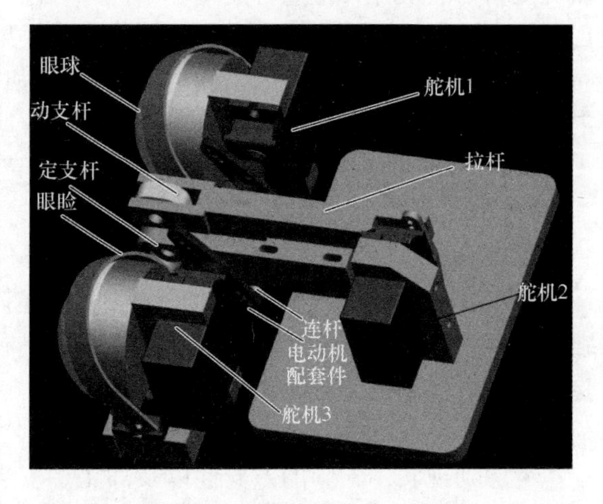

图 2-7　机械结构设计三维图

结构的原理是：舵机 4 和舵机 5 利用配套件直接与眼球连在一起，直接控制眼球沿左右方向运动，理论上转动角度可以达到 180°，但实际上的运动幅度可能只需要 30°。舵机 2 通过一个四杆机构（包括电机配套件，底座，拉杆和动支杆），这样一个舵机就可以控制 2 个眼球的上下方向转动，一个舵机完成了 2 个自由度的控制，在实现必要功能的情况下节省了许多空间。舵机 1 和舵机 3 用来控制眼睑的运动。眼睑闭合和张开也利用一个四杆机构来实现，机构件主要包括电动机配套件、连杆、眼睑和底座，动作非常灵活。眼部的动作如图 2-8 所示。

2. 颈部的设计

图 2-9 所示为颈部二维装配图，其中的舵机选择 HG14- M 型号舵机。由于整个头部的机械结构相对来说比较重，所以对颈部的设计采用了两个 51104 的推力球轴承来承担轴向力。使用轴承的另一个好处是轴承圈和滚珠之间是高副连接，比普通的低副连接受到的摩擦阻力要小得多，因而对电动机的力矩要求大大降低，对控制系统有一定好处。

头部的整体支架是用硬铝加工而成，对头部起整体支撑作用。上面安装了眉头舵机、嘴部舵机和眼部底板等。

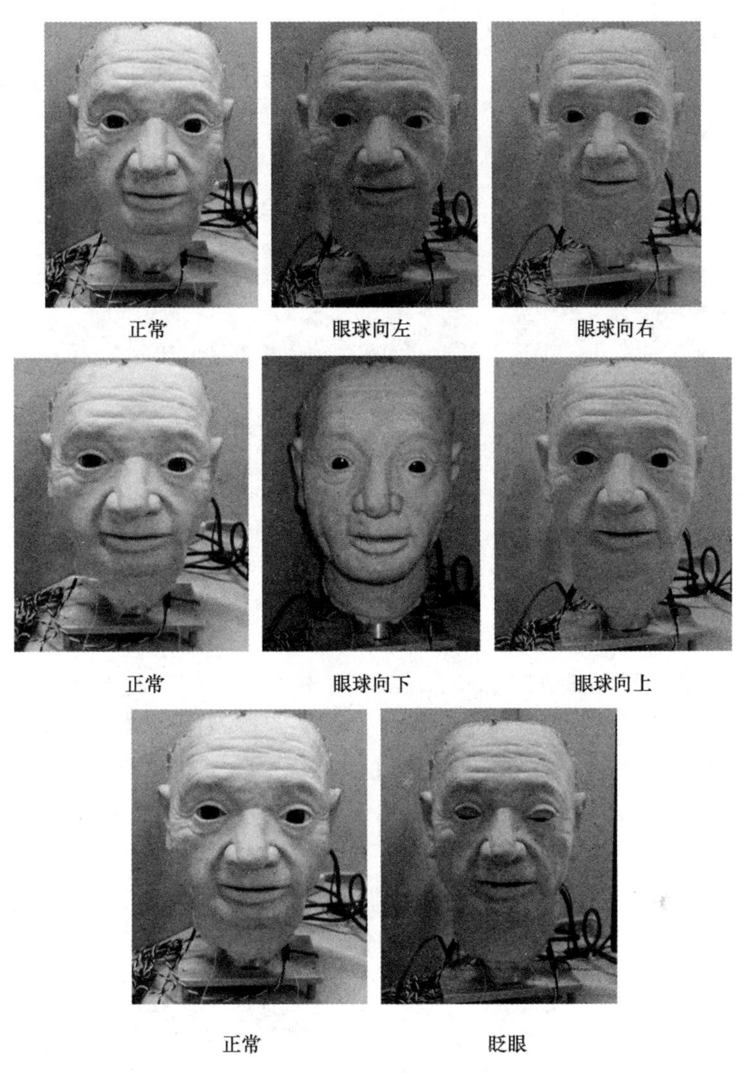

图 2-8　眼部的各种动作实现

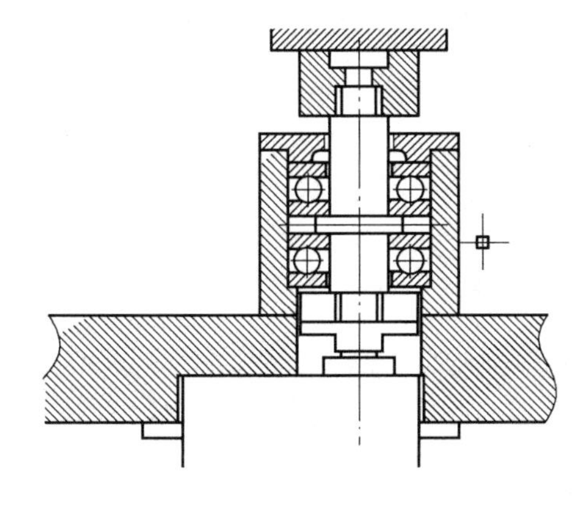

图 2-9　颈部二维装配图

3. 眉头的设计

眉头部分的自由度有两个：眉毛向上挑和皱眉。眉头运动是通过舵机的舵盘拉动硅胶面皮的眉头部分实现的。由于面皮材料的弹性不是很好，因此眉头部分的拉动在图片中的幅度也不是很大，如图 2-10 所示。

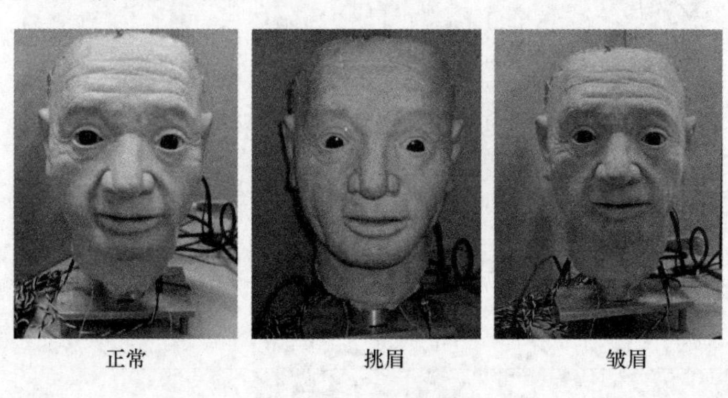

图 2-10　眉头部分的动作实现

4. 嘴部的设计

嘴部运动是通过张嘴和嘴角拉动来实现的。舵机带动连杆，使连杆上的下牙片带动面皮的下颌实现嘴巴张开、闭合。上牙片和下牙片上都固定按人比例制作的假牙、假牙床。嘴角的运动和眉毛的运动原理是一样的，也是通过拉线的方式完成。图 2-11 所示为张嘴动作实现的三维图，图 2-12 所示为嘴部表现出正常、嘴角拉动及张嘴的形态。

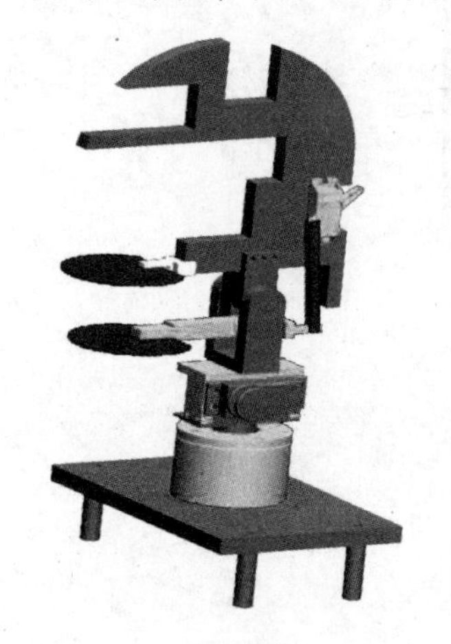

图 2-11　张嘴动作的实现

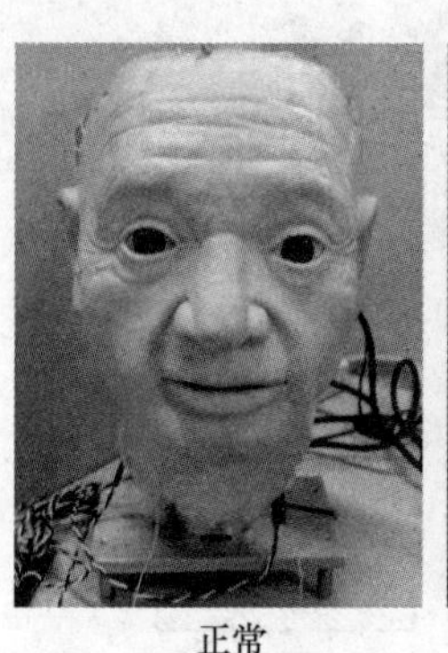

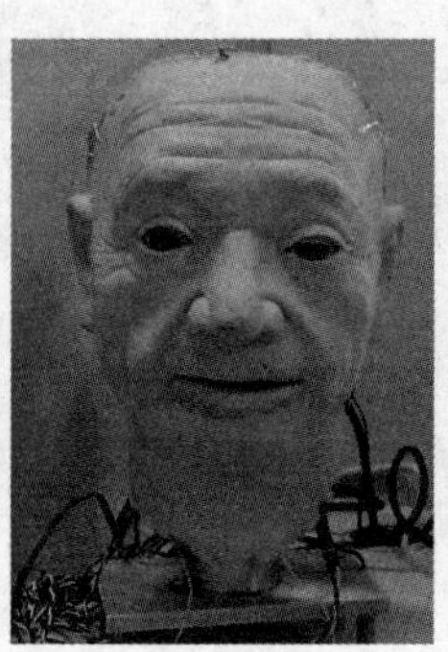

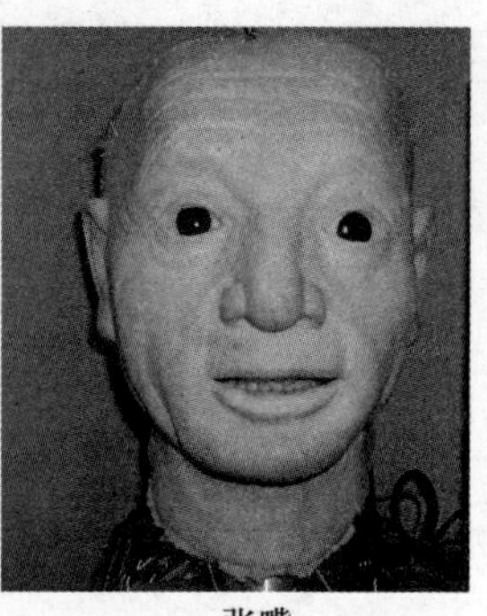

图 2-12　嘴部的动作实现

2.2.4　面皮及面部支撑壳的制作

情感机器人的面皮采用硅胶材料，按照人物外形比例制成。硅胶具有良好的稳定性，无害、无毒，而且理化性质稳定，用在情感机器人上不会对人引起副作用。其次，硅胶面皮为有形实体，不易变形，塑造的人物形象可以长久保持原来的状态，再者，硅胶面皮具有非常好的弹性，便于人脸肌肉的拉动。另外，硅胶面皮有类人的皮肤效果，看起来比较逼真，这对表情机器人的设计来说是非常重要的。面皮支撑件采用玻璃钢制成。玻璃钢学名玻璃纤维增强塑料。它是以玻璃纤维及其制品（玻璃布、带、毡、纱等）作为增强材料，以合成树脂作为基体材料的一种复合材料。玻璃钢材料具有轻质高强、耐腐蚀性能好、电性能好、热导性能好、可设计性好、工艺性优良等特点，用于机器人技术是非常好的一种选择。总体来说面皮和玻璃钢壳的制作可以分成以下四个步骤。

1. 泥模制作

首先要为情感机器人选定一个合适的外形，也就是情感机器人做出来以后要实现的人物形象。本设计选定模仿著名科学家爱因斯坦的形象。泥模的制作材料是黏土，采用雕刻的方法来实现人物形象的形成。机器人头部泥塑如图2-13所示。

图2-13　机器人头部泥塑

2. 石膏模制作

泥模在做好之后就可以进行石膏模的制作。其制作目的是形成该泥模的凹模，采用的方法如下：将温水倒在器皿内，将石膏粉逐渐散布在水内。注意此步不能心急，否则会有气泡出现。石膏粉倒入水内时，不可立即搅拌，让它有一小段时间静止，约一分钟到两分钟。利用匙羹或棒子来搅拌使温水和石膏粉能充分混合，等待一两分钟让混合的石膏凝固。将石膏抹在事先已经做好的泥模上，完全干透后便形成凹模。将泥模从中间掏出，此时正好形成一个和原泥模一模一样但性质相反的石膏模型。

3. 硅胶面皮制作

在容器里倒入适量的液体硅胶，按1:1加入固化剂搅拌均匀后，用刷子把该液体刷到做好的石膏模具内壁，连续几天每天刷一次，等硅胶液体形成的面皮厚度达到要求后取出，一张栩栩如生的硅胶面皮就算制作完成了。注意，固化剂的比例是可以调节的，固化剂的比例越高，液体的凝固速度就更快，在实际应用时一定要选择合适的比例，凝固太快和凝固太慢都不利于面皮的制作。另外，在往已经刷过几次的面皮上再次刷硅胶液体时，可以在原来的面皮上添加纤维丝等来增加面皮强度，这样制作好的面皮就会在拥有良好的弹性的同时还能承受相当的拉力而不损坏。面皮制作好后效果如图2-14所示。

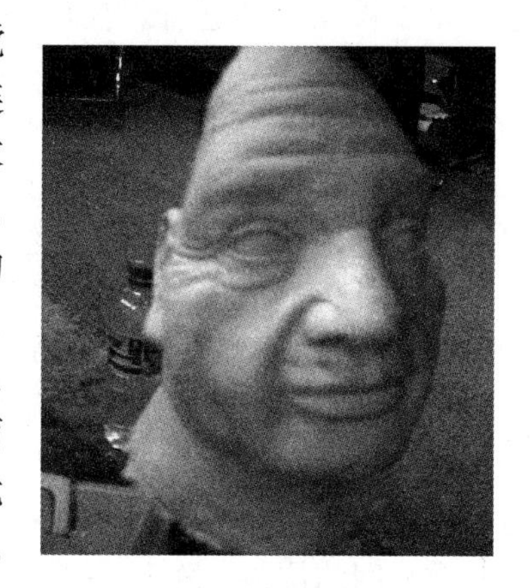

图2-14　硅胶面皮

4. 玻璃钢壳制作

这时先不用将面皮从模具中取出来，再在模具上面继续翻制玻璃钢的外壳，这样就可以保证玻璃钢壳和面皮的紧密贴合。玻璃钢是用玻璃纤维及其织物与合成树脂复合而成的材料，玻璃钢有以下主要特点：

1）强度高、耐高温、化学稳定性好、电绝缘性好；

2）玻璃钢重量轻，只相当于钢的1/5～1/4，而机械强度是塑料中最高的，某些性能已达到普通钢的水平；

3）固化后的玻璃钢有较高的粘接强度，固化时收缩性小且不易变形。但不足之处在于相对制作成本高，某些固化剂有一定毒性，难于修改、打磨、修整，制作工艺繁琐。

将调制好的玻璃钢溶液用毛刷在面皮上涂刷1~2遍，往上面放置玻璃纤维布，然后再往玻璃纤维布上涂刷1~2遍玻璃钢溶液，直到达到所需要的厚度为止。等到玻璃钢完全固化后即可脱模成型了。玻璃钢外壳制作完成后效果如图2-15所示。

图2-15 玻璃钢外壳

2.2.5 其他附件

在机械结构和面皮、玻璃钢壳固定的过程中，还要通过调试电动机以确保面部动作及表情的准确和逼真。

2.2.6 运动学仿真

机器人头部运动学仿真涉及正运动学、逆运动学、工作空间、轨迹规划等问题。本文通过分析实物，发现表情头的头部各部位的运动其实是带有闭链的串联连杆的运动，其中闭链的四杆机构是驱动器，可以驱动其他连杆运动，由于我们是在关节空间中分析问题，而不是在驱动空间，这样我们就不必考虑四杆机构，直接把它简化成被驱动的连杆，使问题得到简化。通过Pro/E三维造型，得到各关节的具体尺寸，为我们分析问题提供了方便。

机器人眼球的正运动学分析，建立如下坐标系：共设五个坐标系——S_1，S_2，S_3，S_4和S_5，如图2-16所示，这里我们采用的是后置坐标系。其中坐标系的Z与关节轴重合，坐标系的原点位于两关节轴公垂线与关节轴的交点，X轴沿公垂线由前一关节指向后一关节。机器人眼球运动各杆件参数见表2-5。

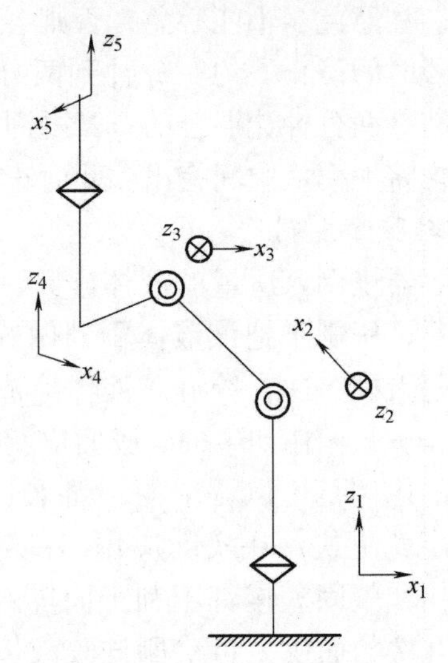

图2-16 机器人眼球坐标系

两杆间的位姿矩阵，根据参数表和D-H公式可得

$$
{}_2^1\boldsymbol{T}=\begin{bmatrix} c\theta_1 & 0 & s\theta_1 & 0 \\ s\theta_1 & 0 & -c\theta_1 & 0 \\ 0 & 1 & 0 & 0 \\ 0 & 0 & 0 & 1 \end{bmatrix}
$$

$$
{}_3^2\boldsymbol{T}=\begin{bmatrix} c\theta_2 & -s\theta_2 & 0 & a_2 * c\theta_2 \\ s\theta_2 & c\theta_2 & 0 & a_2 * s\theta_2 \\ 0 & 0 & 1 & 0 \\ 0 & 0 & 0 & 1 \end{bmatrix}
$$

表 2-5 机器人眼球运动各杆件参数

关节 i	α_{i-1}/(°)（交错角）	a_{i-1}/mm（关节轴公垂距）	d_i/mm（结构参数）	θ_i/(°)（关节变量）	代表的动作	关节范围/（°）	
1	90	0	0	θ_1	摇头	0 ~ 180	$a_2=112$ $a_3=34$ $a_4=34$
2	0	a_2	0	θ_2	点头	57 ~ 85	
3	-90	0	a_3	θ_3	眼球上下运动	90 ~ 111	
4	0	0	a_4	θ_4	左眼球左右运动	79 ~ 89	

$$ {}_4^3\boldsymbol{T}=\begin{bmatrix} c\theta_3 & 0 & -s\theta_3 & 0 \\ s\theta_3 & 0 & c\theta_3 & 0 \\ 0 & -1 & 0 & a_3 \\ 0 & 0 & 0 & 1 \end{bmatrix} $$

$$ {}_5^4\boldsymbol{T}=\begin{bmatrix} c\theta_4 & -s\theta_4 & 0 & 0 \\ s\theta_4 & c\theta_4 & 0 & 0 \\ 0 & 0 & 1 & a_4 \\ 0 & 0 & 0 & 1 \end{bmatrix} $$

将各个连杆矩阵连乘得到${}_5^1\boldsymbol{T}$

$$ {}_5^1\boldsymbol{T}=\begin{bmatrix} r_{11} & r_{12} & r_{13} & p_x \\ r_{21} & r_{22} & r_{23} & p_y \\ r_{31} & r_{32} & r_{33} & p_z \\ 0 & 0 & 0 & 1 \end{bmatrix} $$

式中

$$ r_{11}=(c_1*c_2*c_3-c_1*s_2*s_3)*c_4-s_1*s_4 $$

$$ r_{21}=(s_1*c_2*c_3-s_1*s_2*s_3)*c_4+c_1*s_4 $$

$$ r_{31}=-(c_1*c_2*c_3-c_1*s_2*s_3)*s_4-s_1*c_4 $$

$$ r_{12}=-(c_1*c_2-s_1*s_2)*c_3*s_4-(c_1*c_2-s_1*s_2)*s_3*c_4 $$

$$ r_{22}=-(s_1*c_2*c_3-s_1*s_2*s_3)*s_4+c_1*c_4 $$

$$ r_{23}=-(s_2*c_3+c_2*s_3)*s_4 $$

$$ r_{13}=-c_1*c_2*s_3-c_1*s_2*c_3 $$

$$ r_{23}=-s_1*c_2*s_3-s_1*s_2*c_3 $$

$$ r_{33}=-s_2*s_3+c_2*c_3 $$

$$ p_x=(-c_1*c_2*s_3-c_1*s_2*c_3)*a_4+s_1*a_3+c_1*a_2*c_2 $$

$$ p_y=(-s_1*c_2*s_3-s_1*s_2*c_3)*a_4-c_1*a_3+s_1*a_2*c_2 $$

$$ p_z=(-s_2*s_3+c_2*c_3)*a_4+a_2*s_2 $$

其中 $c_i = \cos\theta_i (i=1, 2, 3, 4)$；$s_i = \sin\theta_i (i=1, 2, 3, 4)$

于是可得眼球作为末端执行器的姿态和位置分别是

$$\boldsymbol{R} = \begin{bmatrix} r_{11} & r_{12} & r_{13} \\ r_{21} & r_{22} & r_{23} \\ r_{31} & r_{32} & r_{33} \end{bmatrix} \qquad \boldsymbol{P} = \begin{bmatrix} p_x \\ p_y \\ p_z \end{bmatrix}$$

机器人眼球的运动仿真，通过 matlab 中的 robot tools 工具箱，建立从机器人脖子到眼球的运动模型，在控制面板（见图 2-17）的控制框内输入 4 个关节角的值，便可以计算出眼球相对于基础坐标系的空间位置，如图 2-18 所示的三维立体图（图示为起始状态），这样，就可以驱动机器人头部运动，其效果如同实际控制机器人一样。

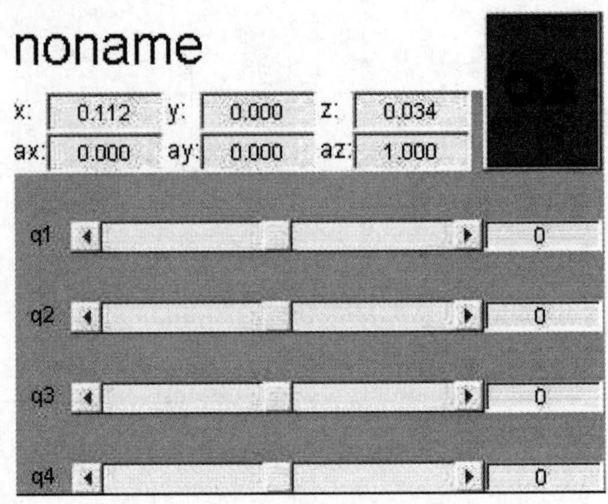

图 2-17　控制面板

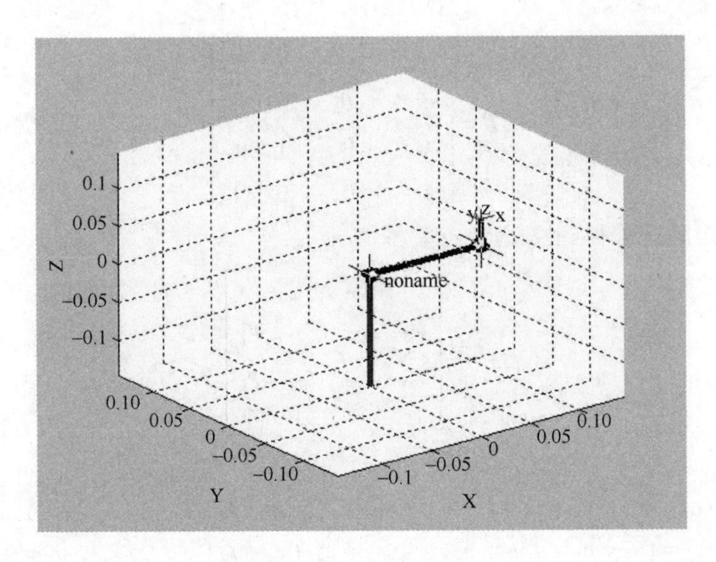

图 2-18　三维立体图

正运动仿真实例

假定机器人眼球初始关节量 $q = [0 \quad 0 \quad 0 \quad 0]$，此时眼球位于空间 $N_1 = (0.112, 0.000, 0.034)$ 的位置，当运动到空间 $N_e = (0.115, -0.005, 0.075)$ 时关节变量就会变化至 $q_e = [0.25132 \quad 0.37698 \quad -0.56547 \quad 0.18849]$，通过 matlab 仿真，可以生成机器人从起点运动到终点的关节坐标轨迹。例如第一个点为

$T(:,:,1)$ =

1.0000	0	0	0.1120
0	1.0000	0	0
0	0	1.0000	0.0340
0	0	0	1.0000

最后一点为

T（:,:, 36） =

0. 8880	−0. 4226	0. 1815	0. 1070
0. 4214	0. 9057	0. 0466	0. 0275
−0. 1841	0. 0351	0. 9823	0. 0746
0	0	0	1. 0000

运动学验证，对终止位置关节量进行赋值：

$\theta_1 = 0.25132$，$\theta_2 = 0.37698$，$\theta_3 = -0.56547$，$\theta_4 = 0.18849$

代入公式姿态矩阵和位置矩阵可得

$$\boldsymbol{R} = \begin{bmatrix} r_{11} & r_{12} & r_{13} \\ r_{21} & r_{22} & r_{23} \\ r_{31} & r_{32} & r_{33} \end{bmatrix} = \begin{bmatrix} 0.8880 & -0.4226 & 0.1815 \\ 0.4214 & 0.9057 & 0.0466 \\ -0.1814 & 0.0351 & 0.9823 \end{bmatrix}$$

$$\boldsymbol{P} = \begin{bmatrix} p_x \\ p_y \\ p_z \end{bmatrix} = \begin{bmatrix} 0.1070 \\ 0.0275 \\ 0.0746 \end{bmatrix}$$

和上面公式中的最后一点的位姿矩阵结果完全符合，可见正运动学模型完全正确。

仿真结果分析：通过仿真，可以看出机器人头部各关节在运动过程中情况正常，运动平稳，连杆之间没有错位冲突的情况，验证了所有连杆参数设计的合理性。

机器人眼球末端位移曲线如图 2-19 所示，表示机器人从初始位置运动到终止位置时，末端关节沿 x，y，z 方向的位移变化。

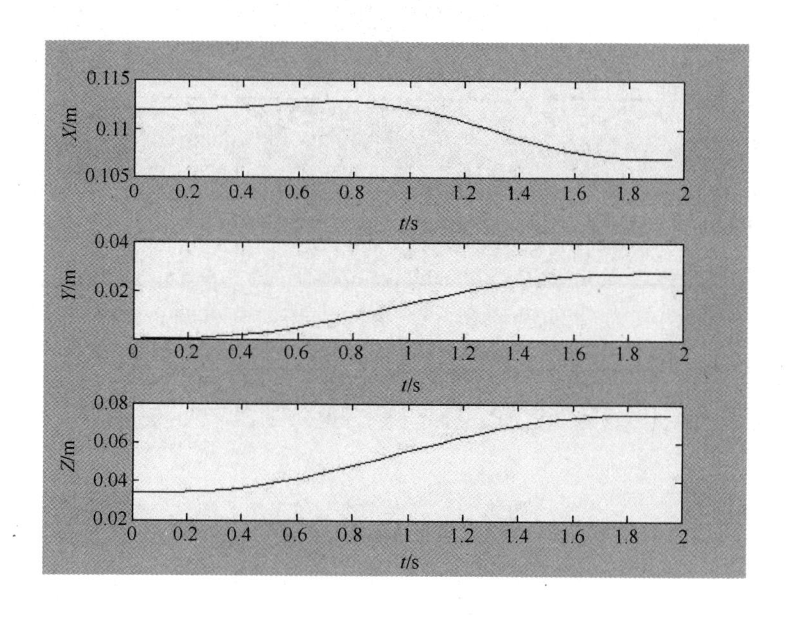

图 2-19　机器人眼球末端位移曲线

其位移变化三维图如图 2-20 所示。

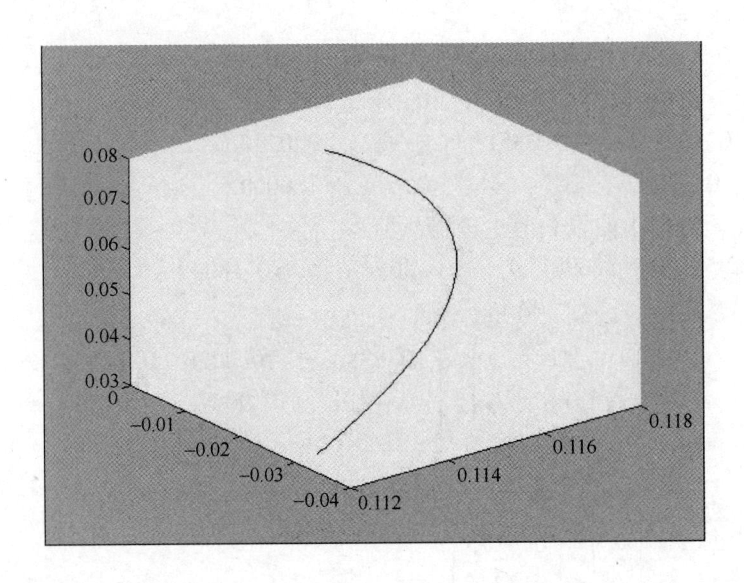

图 2-20　眼球位移变化三维图

其中各关节变量变化如图 2-21 所示。

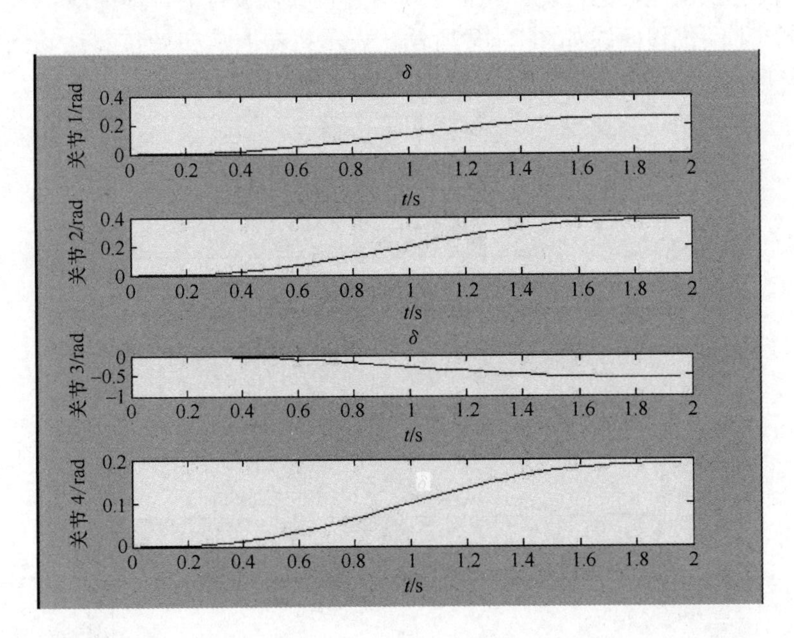

图 2-21　各关节变量变化

机器人眼睑的运动学仿真，机器人眼睑的正运动学，建立如下坐标系，共设六个坐标系：S_1，S_2，S_3，S_4，S_5，S_6，如图 2-22 所示。机器人眼睑运动各杆件参数见表 2-6。

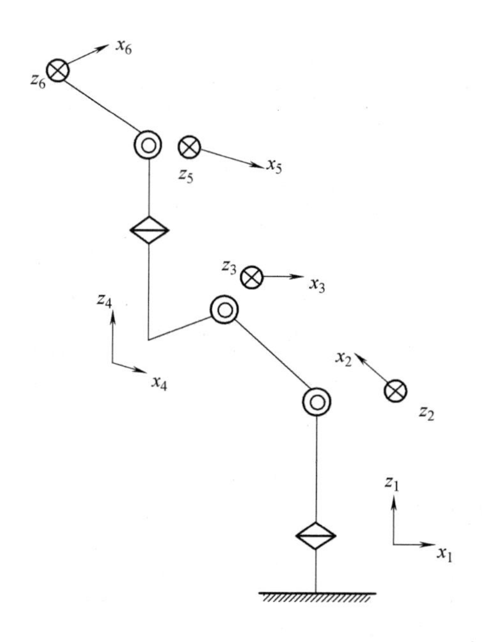

图 2-22　机器人眼睑正运动学坐标系

表 2-6　机器人眼睑运动各杆件参数表

<table>
<tr><th>关节</th><th>α/（°）</th><th>a/mm</th><th>d/mm</th><th>θ/（°）</th><th>代表的动作</th><th>关节范围/（°）</th><th></th></tr>
<tr><td>1</td><td>90</td><td>0</td><td>0</td><td>θ_1</td><td>摇头</td><td>0 ~ 180</td><td rowspan="5">$a_2=112$
$a_3=34$
$a_4=34$
$a_5=19$</td></tr>
<tr><td>2</td><td>0</td><td>a_2</td><td>0</td><td>θ_2</td><td>点头</td><td>57 ~ 85</td></tr>
<tr><td>3</td><td>-90</td><td>0</td><td>a_3</td><td>θ_3</td><td>眼球上下运动</td><td>90 ~ 111</td></tr>
<tr><td>4</td><td>90</td><td>0</td><td>a_4</td><td>θ_4</td><td>左眼球左右运动</td><td>79 ~ 89</td></tr>
<tr><td>5</td><td>0</td><td>0</td><td>a_5</td><td>θ_5</td><td>睁眼闭眼</td><td>81 ~ 103</td></tr>
</table>

两杆间的位姿矩阵，根据参数表和 D-H 公式可得

$$ {}_2^1\boldsymbol{T}=\begin{bmatrix} c\theta_1 & 0 & s\theta_1 & 0 \\ s\theta_1 & 0 & -c\theta_1 & 0 \\ 0 & 1 & 0 & 0 \\ 0 & 0 & 0 & 1 \end{bmatrix} $$

$$ {}_3^2\boldsymbol{T}=\begin{bmatrix} c\theta_2 & -s\theta_2 & 0 & a_2 * c\theta_2 \\ s\theta_2 & c\theta_2 & 0 & a_2 * s\theta_2 \\ 0 & 0 & 1 & 0 \\ 0 & 0 & 0 & 1 \end{bmatrix} $$

$$
{}^{3}_{4}\boldsymbol{T}=\begin{bmatrix} c\theta_3 & 0 & -s\theta_3 & 0 \\ s\theta_3 & 0 & c\theta_3 & 0 \\ 0 & -1 & 0 & a_3 \\ 0 & 0 & 0 & 1 \end{bmatrix}
$$

$$
{}^{4}_{5}\boldsymbol{T}=\begin{bmatrix} c\theta_4 & 0 & s\theta_4 & 0 \\ s\theta_4 & 0 & -c\theta_4 & 0 \\ 0 & 1 & 0 & a_4 \\ 0 & 0 & 0 & 1 \end{bmatrix}
$$

$$
{}^{5}_{6}\boldsymbol{T}=\begin{bmatrix} c\theta_5 & -s\theta_5 & 0 & 0 \\ s\theta_5 & c\theta_5 & 0 & 0 \\ 0 & 0 & 1 & a_5 \\ 0 & 0 & 0 & 1 \end{bmatrix}
$$

将各个连杆矩阵连乘得到${}^{1}_{6}\boldsymbol{T}$

$$
{}^{1}_{6}\boldsymbol{T}=\begin{bmatrix} r_{11} & r_{12} & r_{13} & p_x \\ r_{21} & r_{22} & r_{23} & p_y \\ r_{31} & r_{32} & r_{33} & p_z \\ 0 & 0 & 0 & 1 \end{bmatrix}
$$

式中

$$r_{11}=[(c_1*c_2*c_3-c_1*s_2*s_3)*c_4-s_1*s_4]*c_5+(-c_1*c_2*s_3-c_1*s_2*c_3)*s_5$$

$$r_{21}=[(s_1*c_2*c_3-s_1*s_2*s_3)*c_4+c_1*s_4]*c_5+(-s_1*c_2*s_3-s_1*s_2*c_3)*s_5$$

$$r_{31}=(s_2*c_3+c_2*s_3)*c_4*c_5+(-s_2*s_3+c_2*c_3)*s_5$$

$$r_{12}=-[(c_1*c_2*c_3-c_1*s_2*s_3)*c_4-s_1*s_4]*s_5+(-c_1*c_2*s_3-c_1*s_2*c_3)*c_5$$

$$r_{22}=-[(s_1*c_2*c_3-s_1*s_2*s_3)*c_4+c_1*s_4]*s_5+(-s_1*c_2*s_3-s_1*s_2*c_3)*c$$

$$r_{23}=-(s_2*c_3+c_2*s_3)*c_4*s_5+(-s_2*s_3+c_2*c_3)*c_5$$

$$r_{13}=(c_1*c_2*c_3-c_1*s_2*s_3)*s_4+s_1*c_4$$

$$r_{23}=(s_1*c_2*c_3-s_1*s_2*s_3)*s_4-c_1*c_4$$

$$r_{33}=(s_2*c_3+c_2*s_3)*s_4$$

$$p_x=[(c_1*c_2*c_3-c_1*s_2*s_3)*s_4+s_1*c_4]*a_5+$$
$$(-c_1*c_2*s_3-c_1*s_2*c_3)*a_4+s_1*a_3+c_1*a_2*c_2$$

$$p_y=-[(s_1*c_2*c_3-s_1*s_2*s_3)*c_4+c_1*s_4]*s_5+(-s_1*c_2*s_3-s_1*s_2*c_3)*c_5$$

$$p_z=-(s_2*c_3+c_2*s_3)*c_4*s_5+(-s_2*s_3+c_2*c_3)*c_5$$

其中 $c_i=\cos\theta_i(i=1,2,3,4,5)$；$s_i=\sin\theta_i(i=1,2,3,4,5)$

于是可得眼球作为末端执行器的姿态和位置分别是

$$\boldsymbol{R}=\begin{bmatrix} r_{11} & r_{12} & r_{13} \\ r_{21} & r_{22} & r_{23} \\ r_{31} & r_{32} & r_{33} \end{bmatrix} \qquad \boldsymbol{P}=\begin{bmatrix} p_x \\ p_y \\ p_z \end{bmatrix}$$

机器人眼睑的运动仿真与眼球运动学仿真类似，可得如图 2-23 所示模型。

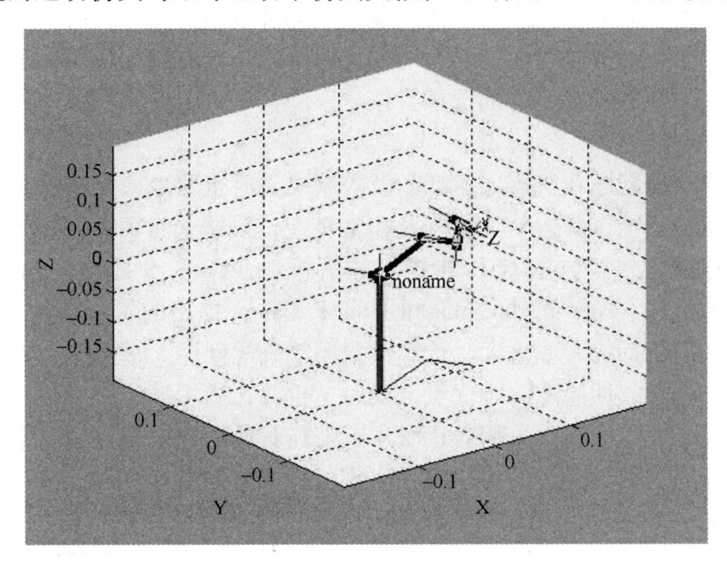

图 2-23　机器人眼睑运动仿真图

其他仿真与以上两种仿真类似，至于其他运动部位都较眼球和眼帘运动简单，最多三个串联关节。

2.3　身躯设计

2.3.1　主要研究问题

目前，工业机器人普遍应用于结构化环境中的特定作业，因此，它主要采用示教的方法，固化控制程序，以保证操作具有较高的重复精度，但与此同时操作能力和与人协作能力受到严格的限制。情感机器人则要具有良好的适应性和自主性以满足不同环境下的不同作业要求，尤其需要具有与人安全协作的能力，因此，情感机器人腰臂机构的研究尤为重要。

1. 机构综合

研制情感机器人腰臂机构的基本出发点是实现与人类上肢相似的操作功能和工作空间范围，并能安全可靠地与人类协作，最终使情感机器人在各种环境中具有高度的灵活性、自主性和适应性。腰臂机构综合是实现最终目标的重要基础，合理的自由度配置是实现情感机器人操作灵活性以及适应人类日常生活环境的重要保证。长期以来，人们一直致力于机器人机构综合的研究，与之相应的运动学评价标准层出不穷。机器人的机构综合普遍遵循下列原则：

1）具有最优的工作空间和良好的通用性。最优的工作空间是指机器人对人类生活环境和不确定环境的适应性，良好的通用性是指完成多种工作任务的可能性。

2）能够很好地消除奇异位置。奇异位置分为工作空间内部奇异和工作空间边界奇异，采用冗余自由度机构是消除工作空间内部奇异位形的有效方法。

3）有利于避开障碍物。安全避开工作空间内部的障碍物是保证机器人运动灵活性的重要条件。

4）保证结构设计合理。机器人手臂的承载与自重比是机器人性能的重要评价指标之一，机器人手臂关节驱动方式和驱动装置的选择对手臂自重有很大影响，手臂的自由度配置决定着关节的驱动方式和驱动装置的选择。

2. 运动学问题

机器人运动学逆解问题在机器人运动学及控制中占有重要地位。情感机器人腰臂机构作为冗余自由度的机械系统，其运动学逆问题非常复杂，要建立通用算法相当困难。目前，常用的冗余机构逆运动学求解方法有 Paul 提出的解析法、Fu K. S 提出的几何法、Milonkovic V. Huang 提出的迭代法、Dinesh Manocha 和 John. F. Canny 提出的符号及数值方法等，其中，迭代法较为常见，但仍存在计算量大、计算结果不精确等问题。情感机器人冗余手臂具有实现光滑轨迹、回避奇异、回避障碍等优点，同时，也存在采用迭代法求近似逆解的问题。机器人控制的目的在于快速准确，采用迭代法求近似逆解给情感机器人冗余手臂的实时控制带来困难，求出机器人运动学逆解的封闭解是实现机器人实时控制的重要条件。P. Dahm 采用几何方法得到一种 7-DOF 冗余手臂的封闭解，从而在降低计算量的同时提高了计算精度。

3. 动力学问题

机器人动力学问题主要包括机器人动力学模型的建立和相关实现技术的研究。动力学模型不仅可以用来计算关节的驱动力矩，控制机器人的运动，而且为运动规划过程提供了重要依据。目前，常用的动力学建模方法包括拉格朗日动力学方程、牛顿-欧拉递推动力学方程和凯恩动力学方程。实现技术包括情感机器人连续稳定行走、上下楼梯以及手臂最佳姿态的实时控制技术；识别和模仿人运动状态并进行机器人运动规划和轨迹跟踪的技术；机器人自身和外界碰撞监测以及对碰撞等干扰的自我调节技术等。此外，多传感器的信息融合技术、机器人控制系统开发和体系结构问题都需要进行更加深入的研究。

4. 双臂运动学与行为研究

情感机器人的双臂协调作业需要解决运动轨迹规划、协调控制算法、操作力或力矩控制以及视觉感知与作业的交互等问题。运动轨迹规划主要实现双臂作业中无碰撞条件下的路径规划、不同形位的传速性能以及协调运动。操作力控制主要研究手臂不同形位的力学性能，TsunecYoshikawa，Sukhan Lee，Yoshio Yamamoto 和 Xiaoping Yun 等人利用可操作度和力的可操作度指标对双臂的协调作业进行了评价。

近几年来，仿人双臂机器人成为智能机器人领域的又一研究热点。1997 年，吴晖等研究了两个 SCARA 机器人的避碰问题，但没有考虑到机器人上下臂的碰撞问题；1999 年，钱东海等运用动态规划法对沿特定路径运动的双臂进行时间最优轨迹规划，但其讨论并不是针对严格意义上的协调运动；2001 年，陈安军等针对双臂机器人协调运动，给出了基于最小载荷分配的关节轨迹规划和基于最小关节广义驱动力的轨迹规划；2002 年，陈峰等运用主、从臂理论，提出了从臂根据主臂规划好的轨迹，进行碰撞检测，然后采用人工智能中的 A^* 搜索算法搜索出从臂的最优无碰撞轨迹，A^* 搜索算法不断利用节点发生器产生节点，并不断利用代价函数选择从起始点到目标节点所要经过的最优节点。

日本本田技研公司自1986年开始从事情感机器人的研究，主要解决“自在步行”控制和起立与坐下，招手致意等行为。

日本宝制造所公司研制的“梦想神力01”，通过手机可以遥控该机器人为客人斟酒。

上海交通大学设计的双臂机器人可以进行倒水、拧螺钉、处理危险品等日常行为。

机械手避碰超声传感器是合肥智能机械研究所的科技成果。该成果是以双机械手协调运行避碰为背景的多探头超声测距防碰系统，主要面向机器人控制专题的双臂协调安全而设计的，可实现对作业中机械手周围物体监测、识别、预警等功能。

此外，哈尔滨工业大学、国防科技大学、清华大学、北京航空航天大学等高等院校和研究机构也在近几年投入了相当的人力、物力，进行智能情感机器人的研制工作。

5. 7-DOF 仿人臂控制系统

随着机器人技术在核工业、空间技术及科学试验等特殊领域应用范围的不断拓展，复杂的作业环境对机器人灵活性、可操作性等提出了更高的要求。非冗余机械臂在这方面无法满足要求，而七自由度仿人臂和多自由度灵巧手可以在不确定的复杂环境中工作，如空间站及核电厂维护、核武器装配、放射性手术治疗等。美国国家航空航天局的研究机构具体分析了太空作业的具体要求，决定在空间站上安装七自由度仿人手臂和多自由度灵巧手，用以替代航天飞机上的六自由度机械臂完成空间站的建设及维护、与航天飞机之间交换货物等工作。除此之外，加拿大、德国以及日本等发达国家的航天机构都在积极进行相关技术的研究与开发。

目前，仿人臂和多自由度灵巧手已经成为机器人学的一个研究方向。仿人手及仿人单臂（以下简称仿人臂）乃至于仿人双臂一体机器人的研究对于实现核工业、空间站以及其他远程遥控作业都有十分重要的意义。

自1983年以来，Robotics Research Corporation 一直致力于7-DOF仿人臂的研究，先后研制开发了K-1207i、K-1607i系列仿人单臂和KB-2017仿人双臂，其中仿人单臂被NASA等许多外国科学院所用于仿人臂的研究。这些仿人臂控制系统用计算机信号系统、电子系统安装在控制盒内，通过高性能柔性电缆与模块相连。目前KB-2017仿人双臂已应用于空间雷达站、轨道替换单元以及遥控表面检查中。

日本MITI机械工程试验室研究开发了JARM-10、JARM-25、JARM-100、JART-25系列的七自由度仿人臂。

1997年，日本早稻田大学Sugano实验室开发了一种带有13-DOF灵巧手的仿人臂7-DOF MIA ARM。该机械臂采用了一种被称作MIA（Mechanical Impedance Adjuster）的机械元件，这种元件具有高度的顺从性（High compliance），因此，由它构成的机械手可用在人与机械臂协调工作的环境中。

倍受关注的是，由NASA出资6亿美元，加拿大MD Robotics等多家公司联合研制了用于空间站的移动式服务系统（MSS）。该系统2001年正式起用，主要用于空间站的建设及维护、与航天飞机之间的交换货物等工作。该系统由专用灵巧手（SPDM），移动基础系统（MBS）及空间站遥控操作臂系统（SSRMS）三部分组成。其中SSRMS为7-DOF仿人臂（Canadarm2），与1981年投入使用的6-DOF机械臂（Canadarm）相比，Canadarm2的体积更大、智能程度更高。它能够完成Canadarm无法完成的工作，实现像蛇一样运动到空间站的任意部位。

此外，Schilling Development Incorporate 等多家公司，针对极限作业下的远程遥控系统研制出一种七自由度仿人臂。该仿人臂的控制系统设计具有相当的开放性。在仿人臂的研制方面，美国、日本和加拿大走在前列，英国、瑞典、挪威、澳大利亚等国家也都在开展这项技术的研究，我国关于冗余度机械臂技术的研究起步较晚。1993 年，北京航空航天大学研制了 BUAA-RR 型 7-DOF 仿人臂样机。1996 年哈尔滨工业大学与 674 厂联合研制了用于自行火炮弹丸自动装填作业的 155HP-1 机械臂，它是七个自由度（其中一个为移动关节）机械臂，并带有三个自由度机械手，可在较小的装填作业空间里进行作业。

6. 外观与结构优化

随着科学技术的发展，新能源、新材料不断涌现，减小尺寸、减轻重量及外观拟人化成为仿人机器人设计的重要课题。作为一个多关节多自由度的复杂系统，在实现预期功能的前提下，机器人必须有一个结构紧凑、配置合理的机械本体。本田公司的 P2 机器人身高 1820mm，体重 210kg，P3 机器人的身高 1600mm，体重 130kg，而 ASIMO 的身高仅为 1200mm，体重降至 45kg。机器人主要包括电源系统、传动系统、传感系统及控制系统四部分。为了便于机器人的大范围作业，电源系统通常采用自身携带直流电池方式，由于电源占机器人自重的很大部分，根据调节机器人重心和优化结构的需要，常把电池置于机器人胸部或移动车体内。传感系统包括关节传感器、姿态传感器和力传感器，其中，行程开关和光电编码器组成关节传感器检测关节转角，实现关节的位置与速度控制。倾角仪具有体积小、重量轻的特点，作为姿态传感器进行姿态平衡控制，通常倾角仪置于机器人重心附近比较便于控制。加速度传感器和腕部六维力传感器用于检测关节受力情况。情感机器人外观和结构的优化无疑对它的商品化以及服务于人类日常生活具有重要意义。

2.3.2 腰臂机构的设计

腰部运动主要有两个自由度：弯腰和转腰，弯腰的运动范围大约是 0°~30°，转腰的运动范围大约是 ±45°，腰部自由度的实现都是由直流电动机驱动。腰部零件主要有轴承座、轴承、轴、支架和板组成，材质主要选用 Q235 或 45 号钢。腰部的实物如图 2-24 所示。

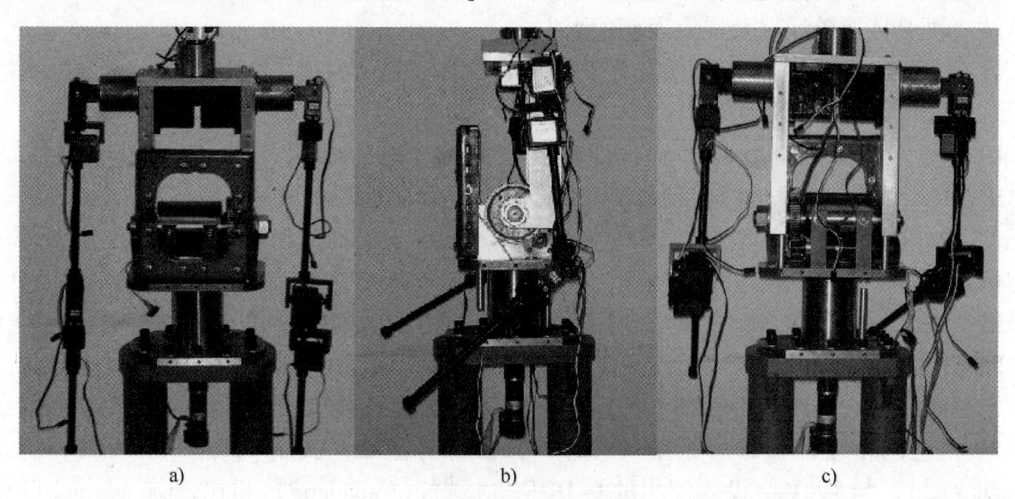

a)　　b)　　c)

图 2-24　腰部的实物机械结构

a）腰部正面　b）腰部侧面　c）腰部背面

1. 弯腰、转腰机构的设计实现

弯腰机构由一个直流电动机驱动，由于该直流电机的额定扭矩是 2N · m，而根据计算整个机器人要完成 0° ~30°的弯腰动作需要的扭矩约为 7N · m，因此采用了 1∶4 的齿轮减速装置来增大扭矩。轴承的选用是为了减小摩擦力和保证精度。在 0°和 30°两个位置由两个传感器限制弯腰的幅度，这是从电路方面做的限位，但是考虑如果电路上出现问题，有可能对机械结构造成破坏，因此还有两个机械限位零件来防止腰部转过 0° ~30°。

转腰机构也是由一个直流电动机驱动，轴承的选用减小了摩擦力，即使再考虑转动惯量，也不需要减速即可驱动整个上身的转动。转动的范围在 ±45°，通过安装在底板上的传感器来控制转动的位置。同样，为防止电动机转过对机械结构的破坏，也采取了机械限位，在 ±45°处安装了两个限位零件。

2. 人体手臂的运动特征

研究情感机器人手臂首先需要了解人体手臂的机构特征。人体的手臂由肩关节、大臂、肘关节、小臂、腕关节、手等几部分组成。如图 2-25 所示，手臂的运动是靠肩关节、肘关节和腕关节的活动以及肌肉的牵引运动共同完成的。对于人体手臂的机构学特征，在仿生学研究中存在两种观点：

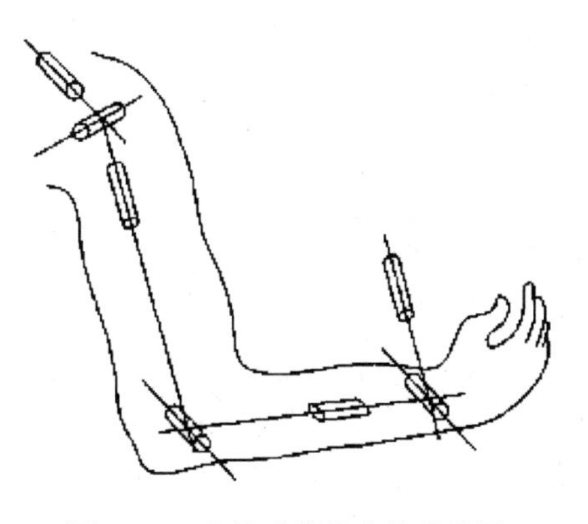

图 2-25　人体手臂关节构成简图

1）美国的 Mark E. Rosheim 将人类手臂归结为：肩关节是球窝关节（Ball-and-Socket Joint），具有三个转动自由度，能实现屈伸、外展内收、旋转（Pitch-Yaw-Roll）等运动，其运动参数是：前驱 90°、后伸 35°；外展 90°、内收 45°；内旋 45°、外旋 45°；肘关节属于单轴关节，具有一个自由度，能实现屈伸运动，屈伸幅度为 135°，其抗拉伸能力为 85 ~230kg；腕关节由挠腕关节和腕骨关节组成，这两个关节在结构上彼此独立但在运动中紧密相连，因此被视为一个关节，具有三自由度，手腕在 Roll-Pitch-Roll 和 Pitch-Yaw-Roll 两种机构运动模型，能实现屈伸、外展内收和旋转等运动，屈和伸幅度各为 85°，外展 90°、内收 45°，内旋 45°、外旋 45°。

2）日本的远藤博史和田充雄博士则认为人体 7 自由度手臂是由 3 自由度肩关节，2 自由度肘关节和 2 自由度腕关节组成。当然，除了上述基本自由度外，由于肌肉的牵引作用，人的手臂具有更多的自由度，因此具有高度的运动灵活性。根据中国人体测量值的有关资料表明，人体手臂的几何尺寸构成是

上肢∶身高≈0.452∶1

大臂∶小臂∶手掌≈1.42∶1.2∶0.38

从机构学原理上分析，人体手臂是一个典型的串联机构和并联机构的结合体，其中连接肩关节由六组肌肉构成，其中四组是基本驱动，构成一个驱动器冗余的三自由度并联机构，驱动肩关节的三个方向转动；腕关节的驱动肌肉为前臂肌的前群和后群，均起于挠骨和尺骨构成并联机构，实现腕部的三自由度运动；而肘关节和肩关节、腕关节一起构成串联机构形式的人体手臂；因此，人体手臂既有较大的工作空间（串联机构的优点）又具有较高的结构刚度（并联机构的优点）。人体手臂的特殊结构使手臂在运动中具有良好的动态性能。运

动中手臂的刚度较小，当人体感觉到外界的干扰时，可以会迅速调整手臂的运动学、动力学状态，使操作顺利进行；而持重时手臂的刚度较大，以保持稳定的状态。

3. 手臂机构的设计实现

本例中的手臂按照人体的比例和自由度配置进行设计，共有10个自由度，每只手臂各有5个自由度，分别是：肩部向前抬手臂（舵机1驱动）、大臂转动（舵机2驱动）、肩部侧向抬手臂（舵机3驱动）、肘部弯曲（舵机4驱动）、小臂转动（舵机5驱动）。手臂的三维图如图2-26所示。手臂共由10个舵机驱动，舵机全部选用HG14-M，舵机的扭矩为14kg·cm，经计算满足手臂运动到各个位置的最大扭矩。考虑减轻手臂的重量，零件所选材料均为硬铝。

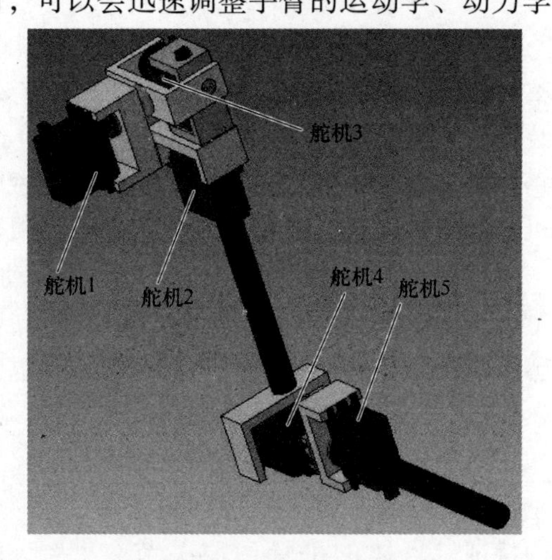

图2-26 手臂的三维图

2.4 手臂设计

机器人的轨迹泛指工业机器人在运动过程中的运动轨迹，即运动点的位移、速度和加速度。机器人手臂在作业空间要完成给定的任务，手臂运动必须按一定的轨迹进行，轨迹的生成一般是先给定轨迹上的若干个点，将其经运动学反解映射到关节空间，对关节空间中的相应点建立运动学方程，然后按这些运动方程对关节进行插值，这个过程称为轨迹规划。运动轨迹是机器人系统工作的依据，它决定了系统的工作方式和效率，机器人系统要完成某种操作作业，就必须对其运动轨迹进行规划，因此研究机器人系统运动轨迹的规划尤为重要。

对情感机器人的手臂进行轨迹规划，需要了解它在起始点和目标点的状态，即坐标系的起始值和目标值。在此，用“点”这个词表示坐标系的位置和姿态（简称位姿）。对于另外一些比较复杂的姿态，如敬礼、传递物品、手臂跨过障碍物等，不仅要规定机械手的起始点和终止点，而且要指明两点之间的若干中间点（称路径点）。必须确保机器人手臂沿特定的路径运动（路径约束）。

本节研究的主要内容是机器人实现人类的各种姿态和动作，在此我们以情感机器人的手臂避障为例进行分析、研究及仿真。图2-27为情感机器人跨越障碍物的运动轨迹模型图。

2.4.1 碰撞分析的简化

情感机器人手臂在运动过程中必然要与周围环境以及工作对象发生联系，由于系统中环境对工作对象的约束，使手臂在空间运动过程中会与其他物体或自身相互发生碰撞。因此在轨迹规划时，必须考虑环境对机器人的影响，从而规划出一条不发生碰撞的工作轨迹。本章基于运动学逆解建立的基础上，对双臂避障问题进行了分析研究，引入了检验可能相碰的条件，建立了碰撞干涉判别模型。为建立该模型，将手臂的各个关节简化为连杆，同样，对于环境中的障碍物也要进行简化处理。

现规定：左右臂参量分别用l，r表示，肩关节坐标为S，小臂关节坐标为W，肘关节坐

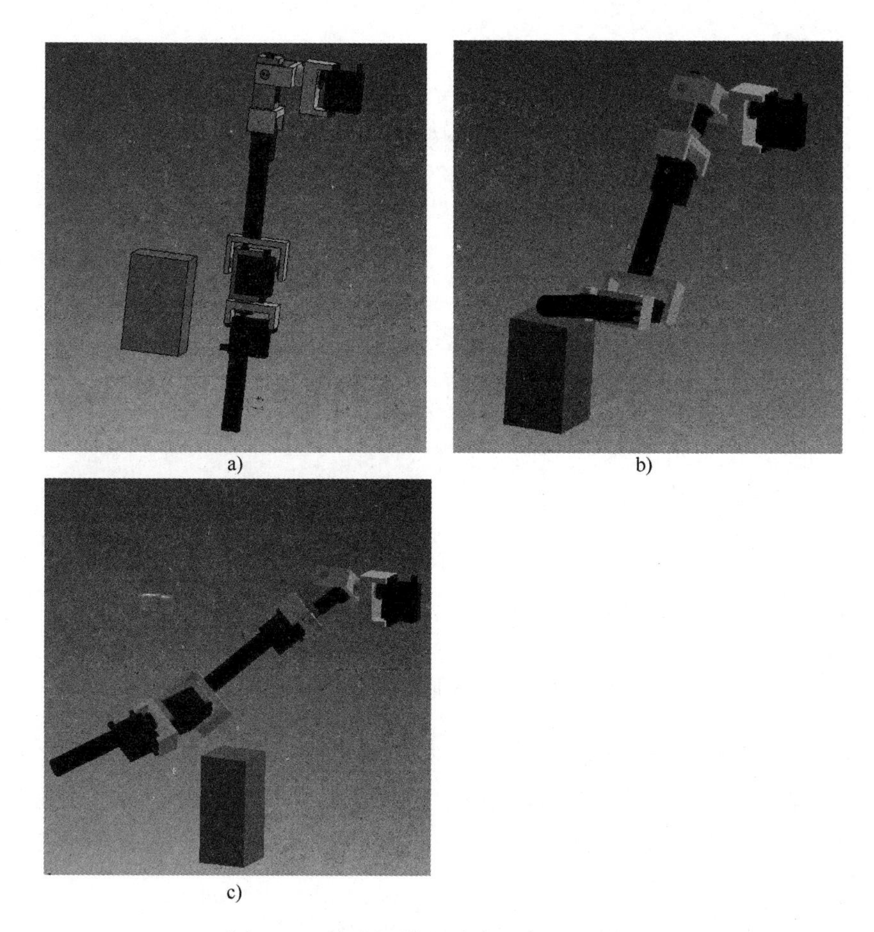

图 2-27　情感机器人手臂避障的运动轨迹

a）手臂的初始位置　b）手臂的避障位置　c）手臂跨过障碍物的位置

标为 E；公共坐标系、左、右臂坐标系分别为 $O\text{-}XYZ$，$S_l\text{-}X_lY_lZ_l$，$S_r\text{-}X_rY_rZ_r$；双臂距离 0.2m。以此为依据建立如图 2-28 所示的双臂机构。

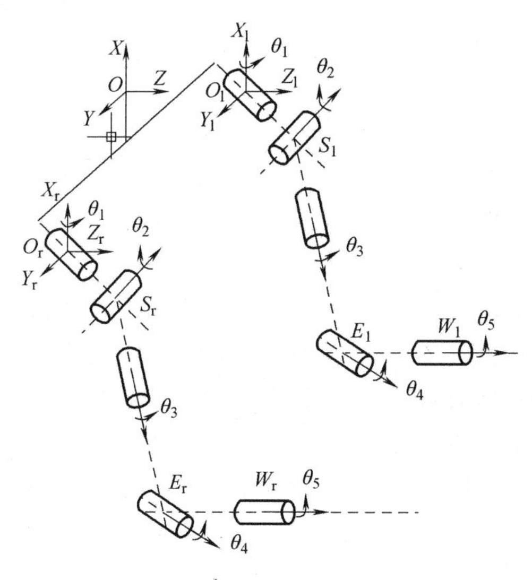

图 2-28　双臂机构简图

2.4.2 双臂碰撞模型

把在左右臂上的任意两臂杆简化为空间相错的两线段 L_iL_{i+1}、R_iR_{i+1}，如图 2-29 所示，设此两杆在公共坐标系中的方向数分别为（m_1，n_1，l_1）、（m_r，n_r，l_r），则可得两线段的最短距离 d 为

$$d=\frac{(x_1-x_r)\begin{vmatrix}n_1 & l_1\\ n_r & l_r\end{vmatrix}+(y_1-y_r)\begin{vmatrix}l_1 & m_1\\ l_r & m_r\end{vmatrix}+(z_1-z_r)\begin{vmatrix}m_1 & n_1\\ m_r & n_r\end{vmatrix}}{\sqrt{\begin{vmatrix}n_1 & l_1\\ n_r & l_r\end{vmatrix}^2+\begin{vmatrix}l_1 & m_1\\ l_r & m_r\end{vmatrix}^2+\begin{vmatrix}m_1 & n_1\\ m_r & n_r\end{vmatrix}^2}} \tag{2-1}$$

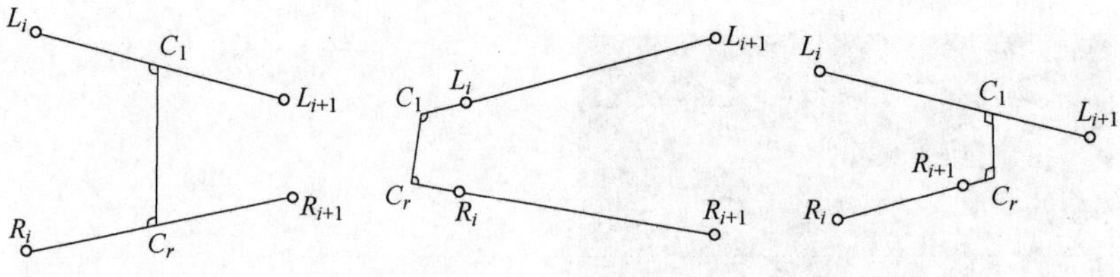

图 2-29　双臂杆的空间相错线段避碰模型

其中，（x_1，y_1，z_1）为端点 L_i 或 L_{i+1} 在公共坐标系中的坐标。（x_r，y_r，z_r）为端点 R_i 或 R_{i+1} 在公共坐标系中的坐标。给出不碰的距离为 δ，则不碰条件为 $d>\delta$。但按此条件控制不碰会导致条件过于苛刻甚至无法满足。相碰只可能发生在图 2-29 中的第一种情况。因此检验可能相碰的条件为

$$\begin{aligned}&(|C_1L_i|+|C_1L_{i+1}|)/|L_iL_{i+1}|=1\\&(|C_rR_i|+|C_rR_{i+1}|)/|R_iR_{i+1}|=1\end{aligned} \tag{2-2}$$

由图 2-29 所示机构可知，可能发生相碰的杆件组为大、小臂杆臂的组合，有四组：$S_1E_1-S_rE_r$、$E_1W_1-E_rW_r$、$S_1E_1-E_rW_1$、$E_1W_1-S_rE_1$，设各杆件组合下保证不碰的最小距离分别为 δ_1、δ_2、δ_3、δ_4。

2.4.3 算法的流程图

根据碰撞模型及情感机器人手臂的运动学逆解可以得到双臂避障算法的流程图，如图 2-30 所示。

2.4.4 手臂避障仿真

双臂间协调避障是机器人研究的一个热点，本节基于前几节双臂避障模型及理论的基础上，以五自由度情感机器人的双臂为例，使机器人双臂进行交叉运动。本文规定双臂的右臂为主臂，左臂为从臂，主臂具有较高的运动优先权。给定机器人的左右臂各自起点、目标点，规划出机器人双臂避障运动轨迹。避障算法首先判断主臂和从臂在各自进行作业时是否发生碰撞，若发生碰撞，则使具有优先运动规划权的主臂先完成规划动作，然后从臂把主臂作为障碍物处理，并规划出一条无碰撞的轨迹。对机器人双臂未采用避障算法和采用避障算法分别进行仿真，通过仿真比较验证避障算法的可行性。

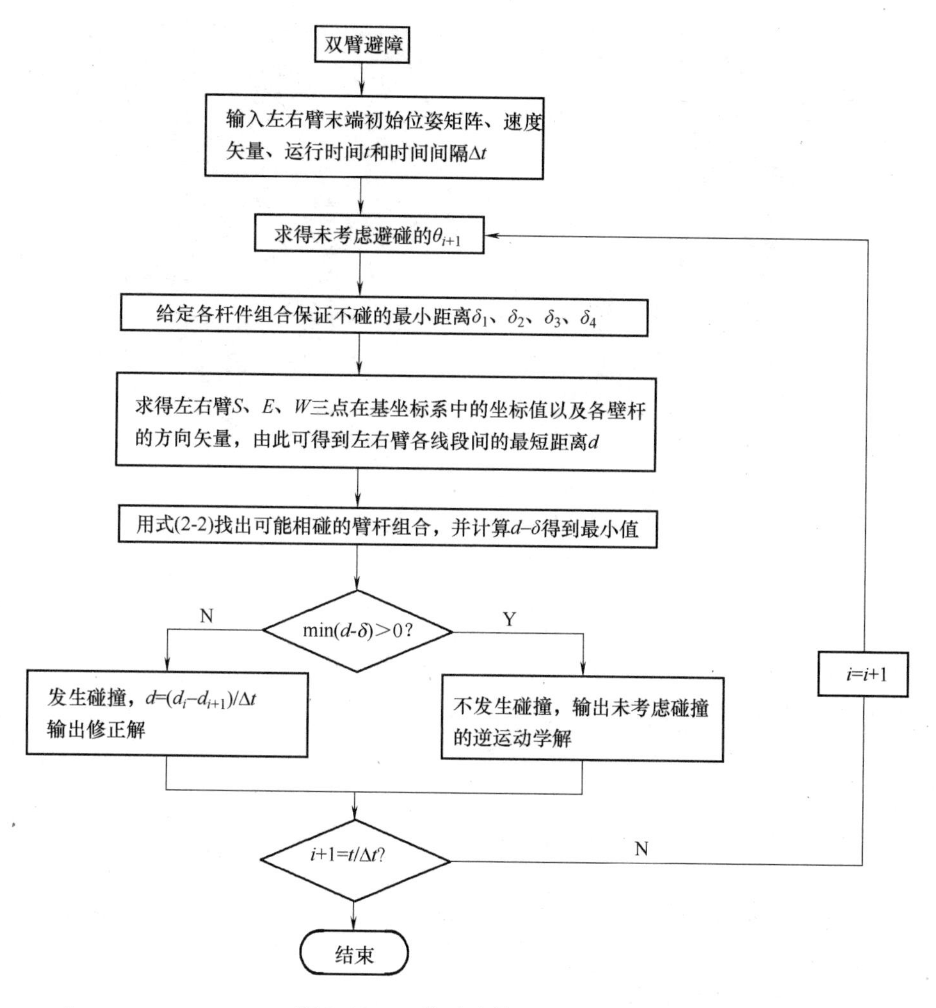

图 2-30　双臂避障算法的流程图

在手臂运动学研究的基础上，以五自由度手臂（双臂共十个自由度）为例进行仿真。以图 2-28 所示坐标系及图 2-31 所示起始点及目标点进行计算，右臂起始点 A_1（-376，0，-125）到目标点 A_2（-270，100，25）；左臂起始点 B_2（-376，0，125）到目标点 B_2（-270，100，-25）。由此可得 A_1、A_2、B_1、B_2 的位姿矩阵为

$$\boldsymbol{T}_{\mathrm{A1}}=\begin{pmatrix}1&0&0&-376\\0&1&0&0\\0&0&1&-125\\0&0&0&1\end{pmatrix}\qquad \boldsymbol{T}_{\mathrm{B1}}=\begin{pmatrix}1&0&0&-376\\0&1&0&0\\0&0&1&125\\0&0&0&1\end{pmatrix}$$

$$\boldsymbol{T}_{\mathrm{A2}}=\begin{pmatrix}-0.320&-0.908&0.269&-270\\-0.089&-0.254&0.963&100\\0.943&0.332&0&125\\0&0&0&1\end{pmatrix}\quad \boldsymbol{T}_{\mathrm{B2}}=\begin{pmatrix}-0.570&-0.682&0.458&-270\\0&-0.557&0.830&100\\0.821&0.474&0.318&-125\\0&0&0&1\end{pmatrix}$$

右臂是主臂，具有较高运动优先权，故而从 A_1 运动到 A_2 不需采用避障算法，而左臂是从臂，由 B_1 运动到 B_2，关节角速度不大于 ±90°/s，仿真时间为 5s，采样时间为 0.5s。

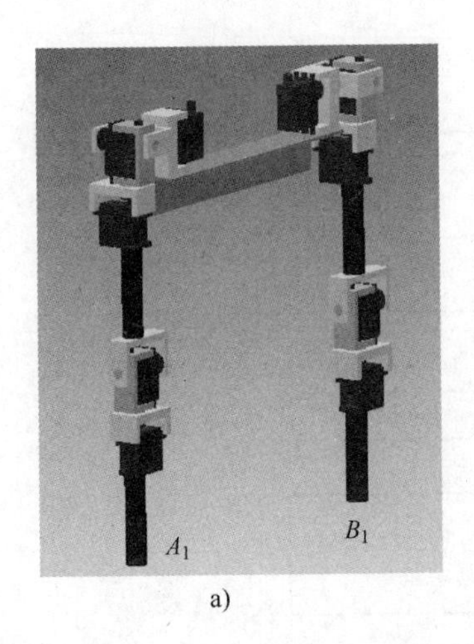

a)

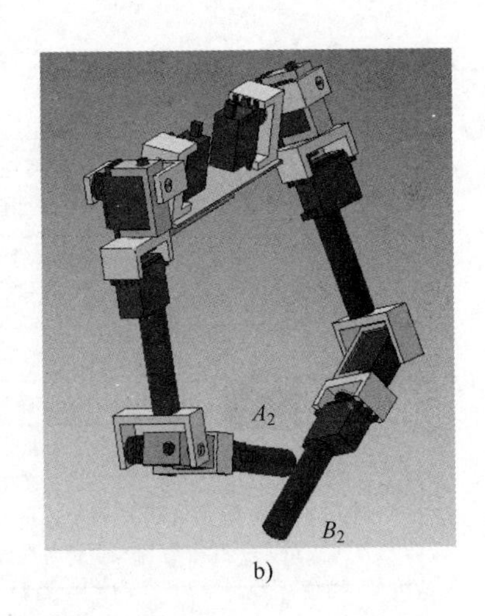

b)

图 2-31 轨迹规划的起始点及目标点

a）起始点 b）目标点

计算出大臂在公共坐标系中的方向数为

右大臂（-0.963，0，0.269）；左大臂（-0.963，0，0.269）；

右小臂（-0.478，-0.496，0.134）；左小臂（-0.478，0.867，0.134）。

按照式（2-1）进行计算可知，大臂杆不会相碰而小臂杆已经碰撞，现在已找出相碰杆组合，然后进行输出修正。

根据避障算法的流程将修正解返回计算，由于右臂是主臂，只计算左小臂的方向数为（-0.963，0，0.269），双小臂不碰的最小距离 $\delta=0.3\text{m}$，经修正计算后的小臂杆直接最短距离满足 $d=0.455>\delta$，因此不发生碰撞，输出碰撞的运动学逆解。将所求解应用 Origin7 软件仿真可以得出关节角度的变化曲线。

Origin7 具有两大类功能：数据分析和绘图。数据分析包括数据的排序、调整、计算、统计、频谱变换、曲线拟合等各种完善的数学分析功能。准备好数据后，进行数据分析时，只需选择所要分析的数据，然后再选择响应的菜单命令就可以完成其数学分析过程。Origin 的绘图是基于模板的，Origin 本身提供了几十种二维或三维绘图模板而且允许用户自己定制模板。绘图时，只要选择所需要的模板便可以。用户可以自定义数学函数、图形样式和绘图模板；可以和各种数据库软件、办公软件、图像处理软件等方便地连接；可以运用 C 等高级语言编写数据分析程序，还可以使用内置的 Lab Talk 语言编程等。

通过 Origin7 绘图是将复杂的计算数据以图线的绘图形式展现出来，有利于我们对避障算法进行分析与研究。我们先将运动学逆解数据导入该软件，然后通过软件输出我们所需要的输入、输出图线。Origin7 软件界面如图 2-32 所示。

为了求得在关节空间中形成的轨迹，我们首先用运动学反解将路径点转换成关节矢量角度值，然后对每个关节拟合一个光滑函数，在满足所要求的约束条件下，可以选取不同类型的关节插值函数，以生成不同的轨迹。常用的插补算法有线性插补、分段插补及多项式插补等。

线性插补会使线性插值关节在起点和终点的速度和加速度不连续，运动不平稳，且加速度无穷大，显然在两端会造成刚性冲击。抛物线分段插补可以保证起点和终点的速度平稳过渡，从而使整个轨迹上的位置和速度连续，但又出现了起点和终点加速度不连续的情况。因

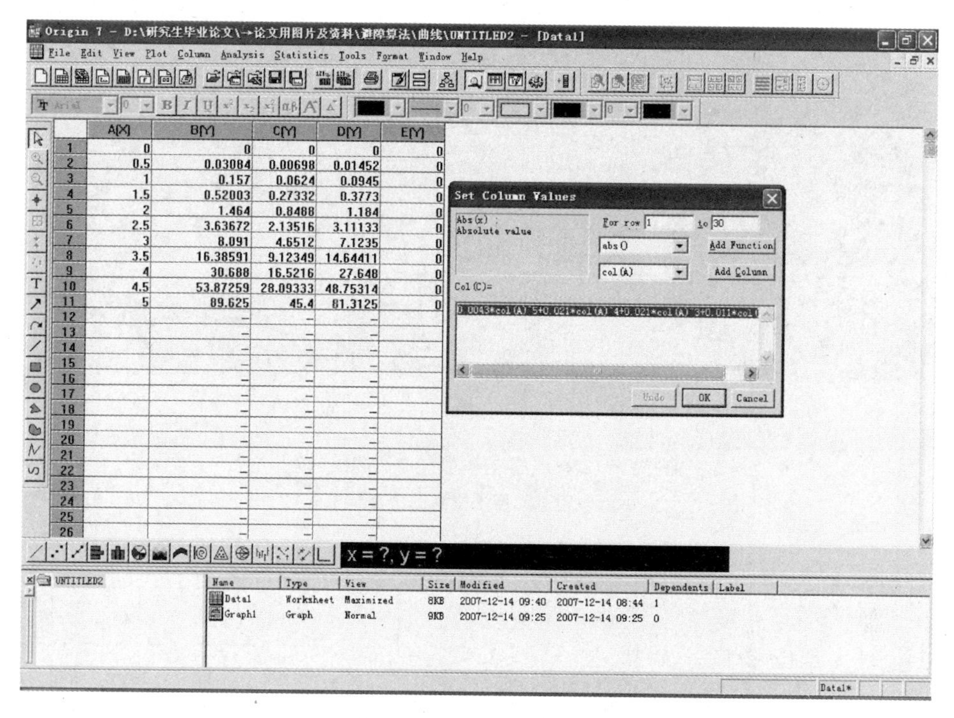

图 2-32　Origin7 软件界面

此，必须建立一个五次多项式（2-3）进行插值即可以实现系统的平稳运动。

$$\theta_t = a_0 + a_1 t + a_2 t^2 + a_3 t^3 + a_4 t^4 + a_5 t^5 \tag{2-3}$$

如果未采用避障算法，则右臂和左臂都将按照起始点到目标点的运动轨迹进行，那么左、右臂同时到达目标点位置后就会产生左、右臂小臂杆相碰撞的情况，左、右臂末端位置姿态构型如图 2-33a 所示。计算出左臂的关节角度变化曲线如图 2-34a 所示。

如果采用避障算法时，右臂是主臂，右臂从起始点运动到目标点仍然按照预定的运动轨迹进行，而左小臂是从臂，则会绕开右小臂到达目标点位置，左、右臂末端位置姿态构型如 2-33b 所示。计算出的左臂的关节角度变化曲线如 2-34b 所示，经比较可知避障后的左臂关节 1、3、4 会与未避障时的关节角度有明显改变。

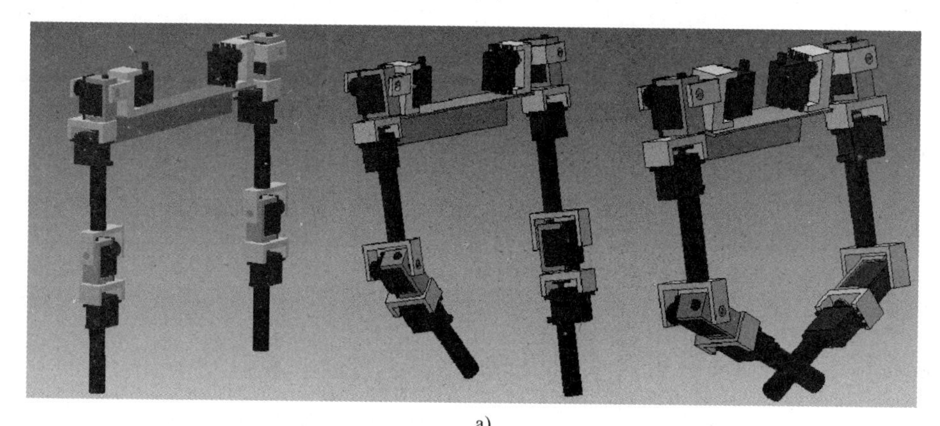

a)

图 2-33　末端姿态构型仿真结果

a）未采用避障算法得到的仿真结果

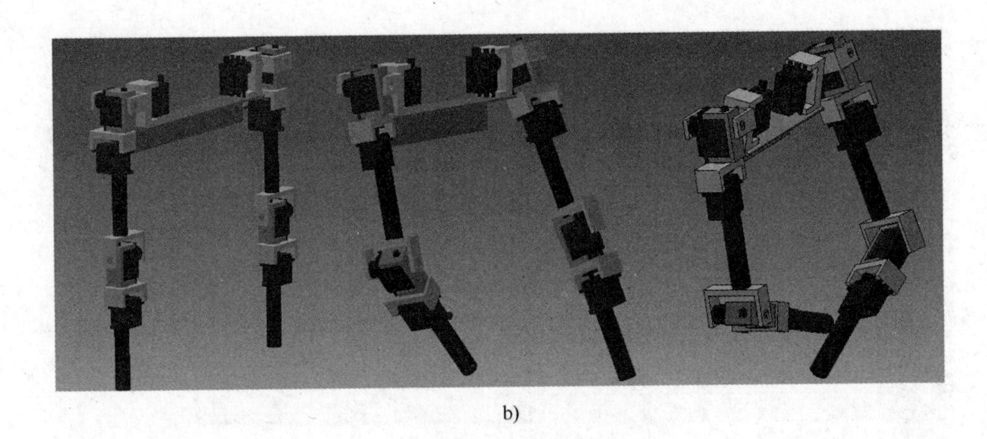

b)

图 2-33 末端姿态构型仿真结果（续）
b）采用避障算法得到的仿真结果

2.4.5 优点及发展趋势

关于机器人手臂避障运动轨迹规划的研究开展已有十几年的时间，其间国内外学者进行了大量的研究，开发的方法主要有 C 空间法、人工势力场法等基础性研究，他们主要是针对单臂机器人和静态障碍物的情形。

随着工业、科研的发展，作业任务的复杂性和智能性不断提高，单臂机器人已经不能满足人们的需要，许多实际工作，往往需要用双臂机器人相互协调、相互配合去完成。利用双臂机器人协调作业的场合很多，如搬运、传输、装配等复杂工作。但双臂机器人不是简单地把两个单臂机器人组合在一起，而是作为一个独立的机器人系统，双臂之间存在着很深的协调关系，一个臂的任何运动都会影响到另外一个臂，所以在做双臂机器人的工作空间分析、轨迹规划、运动控制等时，必须把双臂统筹起来一起考虑。

机器人双臂避障运动规划通常分路径规划和轨迹规划两级来进行。

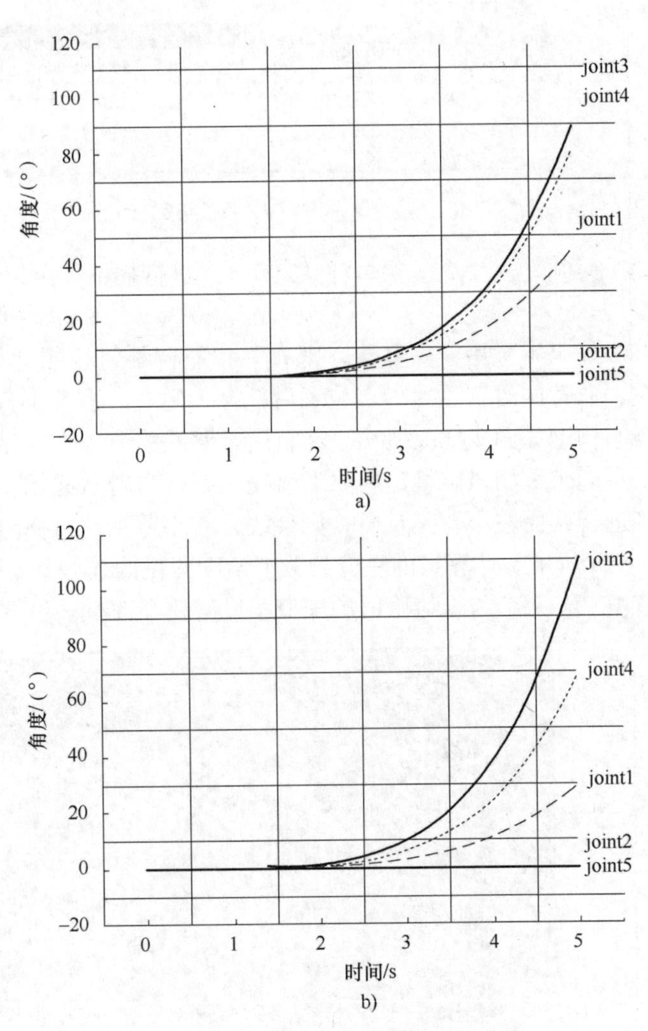

图 2-34 左臂的关节角度变化曲线
a）未采用避障算法得到的关节角度变化曲线
b）采用避障算法得到的关节角度变化曲线

双臂在做无碰撞路径规划时，为简化算法，通常只考虑工作空间中的几何信息，并假定各关节具有无穷大的加速度，各关节只具有零和极限值两种速度状态，而这在机器人控制中通常难以实现，故路径规划后，需进行轨迹规划。

我们所制作的机器人是情感机器人，目的是为模拟情感类的各种动作、姿态，如敬礼、指示、手臂挥动、传递物品等。因此，在针对机器人的双臂避障上无需按照传统的双臂避障控制方式。在对双臂机器人的避障协调控制上，我们提出了主从臂控制方法，即从臂根据主臂的位置、速度和力信息，规划和调整自己的运动。相比非主从手臂控制规划更为简单、精确，运算起来更为快捷，而且能完全满足人类的各种姿态动作。

根据目前国内外机器人手臂研究发展趋势，今后所要解决的主要问题主要包括单臂机器人如何回避动态障碍物，双臂机器人如何采用局部优化和全局优化相结合的方法来协调避碰等。此外，利用神经网络进行轨迹规划也是目前机器人手臂轨迹规划的一个重要方向，由于神经网络是非线性映射，具有能够通过学习进行训练以及自适应的特点，使其在机器人的轨迹规划问题上做到具有简化计算、快速算法、高精度逼近等特点。

参考文献

[1] 蔡自兴. 机器人学［M］. 北京：清华大学出版社，2000.

[2] 国家质量技术监督局. 中华人民共和国国家标准 GB/T2428—1998 成年人头面部尺寸［S］. 1998：2-3.

[3] 邹北骥. 人脸造型与面部表情动画技术研究［D］. 长沙：湖南大学，2001.

[4] 邓海波. 家庭服务机器人和谐交互模式的研究［D］. 北京：北京科技大学，2008.

[5] Saha，Subir Kumar. Introduction to robotics［M］. India：McGraw-Hill Education，2008.

[6] 王国江，王志良，杨国亮. 人工情感研究综述［J］. 计算机应用研究，2006，11：7-11.

[7] 王志良. 人工心理与人工情感［J］. 智能系统学报，2006，1（1）：38-43.

[8] 周东辉. 机器人冗余式操作手运动学［D］. 沈阳：东北工学院，1988.

[9] 吉爱国. 冗余度机器人的最优轨迹规划及控制［D］. 哈尔滨：哈尔滨工业大学，1996.

[10] 吴伟国. 冗余度机器人运动学基本理论与七自由度仿人手臂的研究［D］. 哈尔滨：哈尔滨工业大学，1995.

[11] 冯威. 仿人机器人的行为控制研究［D］. 北京：北京科技大学，2007.

[12] 邓海波，陈工，王志良. 仿生表情机器头的设计与制作［J］. 机电产品开发与创新，2008，21（6）：49-51.

第 3 章　表情控制模式

人类的表情分为自然语言和形体语言两类。面部表情是形体语言的一部分，既是人们交往的一种手段，也是情绪表达的一种方式。在人类交往过程中，言语与表情经常是相互配合的。相关研究证明，表情比言语更能显示情绪的真实性。有时人们能够运用言语来掩饰或否定其情绪体验，而表情却往往掩饰不住内心的体验。情绪作为一种内心体验，一旦产生，通常会伴随相应的非言语行为，如面部表情和身体姿势等。心理学家研究发现，在人类进行会话交流传递信息时，依靠说话人的表情所得到的信息要比从说话内容和语调中所得到的信息比重要大很多，由此可见，表情在人类交往活动中起到了重要的作用。同样，在人类与机器人交互过程中，也需要从机器人的面部表情得到信息，因此研究情感机器人就必须研究机器人的面部表情控制模式。

在第 2 章中我们提到过，如果想要机器人产生类人的表情，一般有两个方向，我们通常采用第一个方向，即面部动作编码系统（Facial Action Coding System，FACS）。图 3-1 所示为采用 FACS 对情感机器人操作，使之表现出愤怒、厌恶、恐惧、高兴、悲伤和惊奇的六大表情的截图，具体的实现方案在本章进行详细讲解。

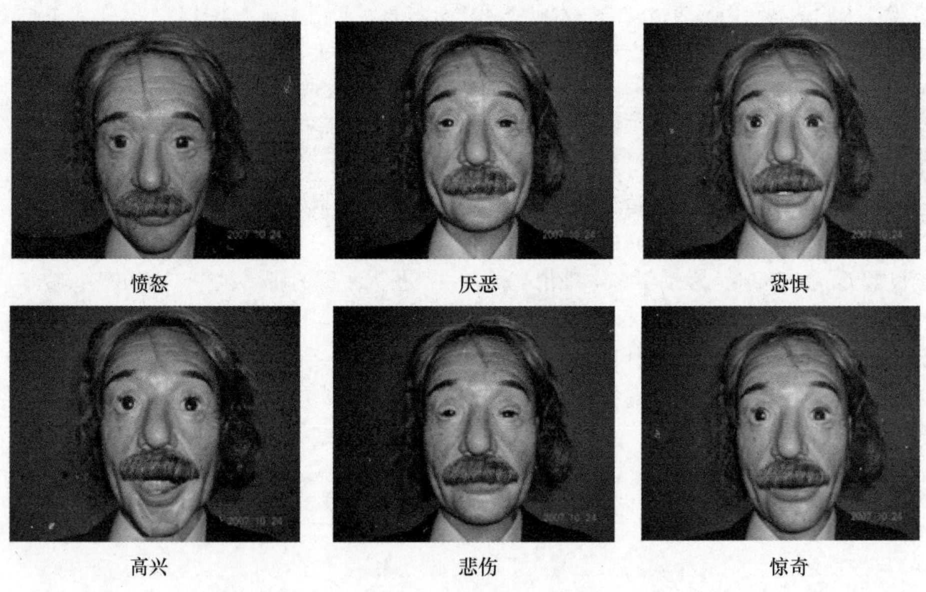

图 3-1　采用 FACS 操作的六种基本表情

3.1　面部动作编码系统

3.1.1　概述

从 20 世纪 70 年代初开始，涌现了大量关于面部表情和面部动作编码系统的研究，其中美国心理学家艾克曼在 20 世纪 70 年代末先后创立了“面部表情编码技术（FAST）”和“面部动作编码系统（FACS）”。FACS 是迄今为止最为详尽、最为精细的面部运动测量技术，它能够测量和记录所有可观察到的面部行为，很多方法都是以此为基础进行的。

FACS 对人脸肌肉各部分动作进行了完整的描述。FACS 包含 46 个基本动作单元（Action Unit，AU），通过结合各个独立的动作单元可以产生大量不同的脸部表情。例如，结合 AU12 + AU13（拉嘴角）、AU25 + AU27（张开嘴）、AU10（生气嘴唇）和 AU11（鼻唇褶加深）产生了一个幸福的表情。这个系统已经被作为许多表情产生方法的基础，特别是在使用肌肉模型或者仿真肌肉的动画方法中。

FACS 是通过自动分析面部活动来描述面部动作的一种新方法。它源于对面部运动的解剖分析：既然每一种面部运动都是肌肉活动的结果，那么如果知道每个面部动作对应的肌肉运动方式，自然就可以获得一个全面的面部运动描述系统。利用这个理论，我们也可以使机器人模仿人类在各种情绪状态下的表情。

3.1.2 主要内容

在艾克曼等人提出的面部编码系统（FACS）中，采用了 46 个能够独立运动的表情动作单元。FACS 把脸部运动分解为肌肉动作单元来描述面部动作，我们把肌肉动作单元称之为 AU，这些单元与使面部表情改变的肌肉结构紧密相连，在这个系统中还定义了六种最基本的表情：惊奇、恐惧、厌恶、愤怒、高兴、悲伤以及 33 种不同的表情倾向，实验表明，具有这六种表情的人脸特征与无表情的人脸特征相比有相对独特的肌肉运动规律。此后的大多数研究都是在 FACS 基础上构建人脸表情模型，所以说这一系统的提出具有里程碑的意义。

在 FACS 中，每一个单一的 AU 可以包括一块或者几块肌肉组织，这些单元与使面部表情改变的肌肉结构紧密相连，表 3-1 列出了 FACS 中的 33 种动作单元，还有 11 种动作单元的简单描述见表 3-2。在面部表情产生时，可根据各个动作单元之间的主导或次要、竞争或对抗的关系，规定这种情形下的规则和方法。

表 3-1　FACS 的动作单元表格

AU 编号	FACS 名称	肌 肉 基 础
1	眉内侧上扬	额肌、内侧颧肌
2	眉外侧上扬	额肌、外侧颧肌
4	眉毛下降	降眉间肌、皱眉肌
5	上眼睑上挑	上睑提肌
6	面颊上扬	眼轮匝肌、颧肌外侧
7	眼睑紧闭	眼轮匝肌、颧肌内侧
8	嘴唇朝向对方	口轮匝肌
9	皱鼻子	提上唇肌、鼻肌
10	上唇上提	提上唇肌、眶轮匝肌
11	鼻唇沟皱纹加深	颧肌微调
12	嘴角拉伸	颧肌调整
13	脸颊吹气	尖牙肌

（续）

AU 编号	FACS 名称	肌 肉 基 础
14	酒窝	颊肌
15	嘴角下压	口三角肌
16	下唇下压	降下唇肌
17	抬下巴	颏肌
18	唇皱起	上唇方肌、下唇方肌
20	唇拉伸	笑肌
22	唇汇集	口轮匝肌
23	唇紧闭	口轮匝肌
24	抿嘴唇	口轮匝肌
25	两唇分开	降下唇肌或口轮匝肌
26	下巴下降	颞骨肌、翼内肌放松
27	撅嘴	翼状肌、二腹肌
28	嘴唇吸	口轮匝肌
38	鼻孔扩张	鼻肌、鼻肌翼部
39	鼻孔缩小	鼻肌、鼻肌横部、降鼻中隔肌
41	眼睑下垂	睑提肌放松
42	眼微张	眼轮匝肌
43	闭眼	睑提肌放松
44	斜视	眼轮匝肌、眼轮匝肌睑部
45	眨眼	睑提肌放松、眼轮匝肌的收缩、眼轮匝肌睑部
46	眨眼	眼轮匝肌

表 3-2　FACS 的动作单元表格

AU 编号	FACS 名称
19	伸出舌头
21	缩脖
29	下颌前探
30	下颌侧移
31	下颌紧咬
32	咬嘴唇
33	轻吹
34	鼓起脸颊吹气
35	嘬腮
36	卷舌
37	抿嘴

3.2 控制器的设计与制作

面部表情是人类最重要的身体语言，是人类进行思想和情感交流的重要手段。目前，世界上只有几个少数发达国家做出了具有一定情感表达能力的机器人仿生脸。在国内该方面研究尚处于起步阶段。北京科技大学对此进行了一系列的研究与设计，下面将详细介绍机器人的表情控制模式。

3.2.1 总体结构

情感机器人电控系统是研究的硬件基础，整个电控系统采用上位机与下位机结合的结构，上位机采用速度快，外部接口齐全，连接存储空间大的 PC。其主要承担运算量大、计算复杂的图像处理、语音识别和语音合成工作。下位机则采用性价比高的 PIC16F877 单片机，上位机和下位机通过 RS232 串行接口或者无线模块进行通信。下位机主要负责传感器信息接收及初级处理、电动机驱动和运动控制等工作。

图 3-2 所示为情感机器人的系统结构图，该机器人通过机器视觉、语音识别，红外传感器等 3 个模块感知外部环境信息。机器视觉通过上位机处理后具有人脸识别的功能。语音识别模块经过传声器将语音传递给上位机，上位机对语音信号进行情感特征提取，得到输入语音的情感。红外传感器可以实现感应机器人周围障碍或者是人员靠近的功能，并可以将探测到的信号传输给下位机系统，下位机系统经处理后通过 RS232 通信传递给上位机系统。上位机系统将图像信息，语音信息，下位机信息进行综合处理，得到与机器人交互者及周围环境的信息，然后通过机器人的情感输出模块向下位机系统和语音合成模块发送指令。下位机系统通过 PWM 控制电机运动产生肢体语音（点头、摇头）和面部表情。上位机在经过语音合成后通过音响向人类表达机器人的语言。情感机器人的语音、身体语言和表情三者共同构成了情感机器人的情感表达。人类可以通过上位机系统的调试界面对机器人各功能模块进行调试。下面主要来介绍下位机的工作。

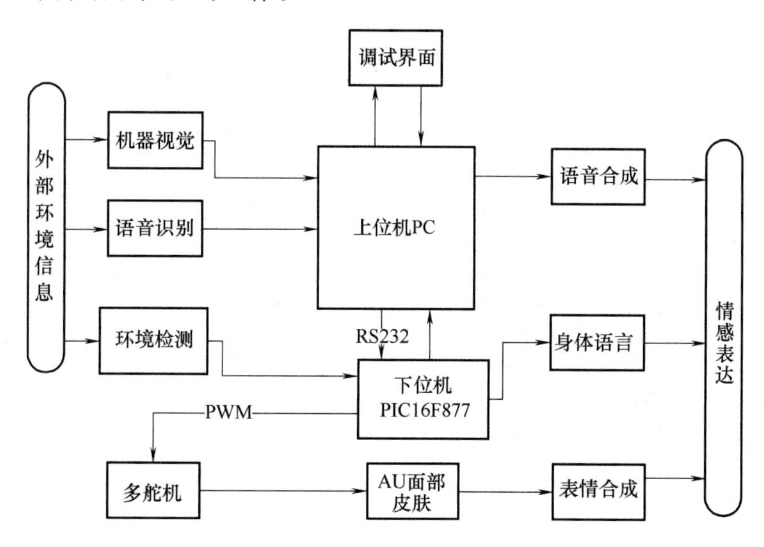

图 3-2 情感机器人系统结构图

3.2.2 下位机控制

下位机的控制由一块多路舵机控制电路板来实现，如图 3-3 所示。其主要模块有 PIC16F877A 单片机、串口通信模块、无线接收模块、无线发射模块、电源模块、舵机驱动电路模块和大容量串行 E^2PROM 模块。下面分别对各模块的结构及功能进行详细介绍。

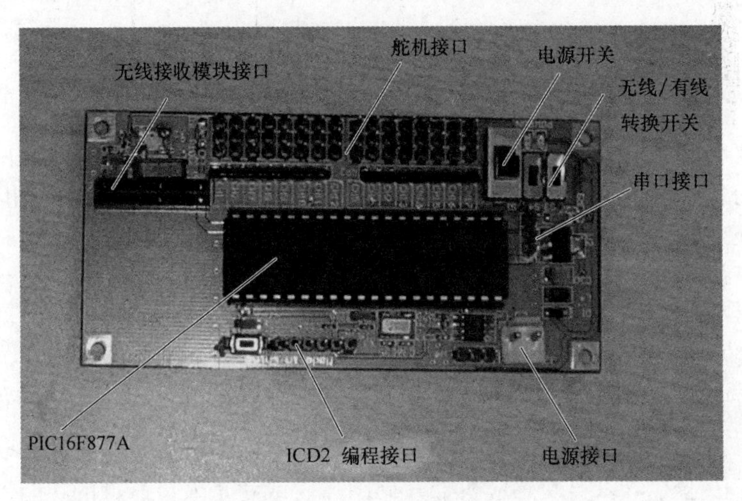

图 3-3　PIC 控制电路板

1. PIC16F877A 单片机

该多路舵机控制板采用的单片机为 PIC16F877A。

单片机是指将中央处理单元 CPU、程序存储器 ROM、数据存储器 RAM 以及输入输出端口（I/O 口）等部件集成在一片大规模或超大规模集成电路上的超微型计算机。

PIC 系列单片机的硬件设计简洁，指令系统设计精炼。选择用这一系列的单片机主要因为其具有以下的优点：

1）哈佛总线结构：所谓哈佛总线结构，也就是程序存储器和数据存储器位于不同的逻辑空间，而数据总线和指令总线分离，并且采用不同的宽度。

2）指令单字节化：因为数据总线和指令总线是分离的，并且采用了不同的宽度，所以程序存储器 ROM 和数据存储器 RAM 的寻址空间（即地址编码空间）是相互独立的，而且两种存储器宽度也不同。这样设计不仅可以确保数据的安全性，还能提高运行速度和实现全部指令的单字节化。

3）精简指令集（RISC）技术：PIC 系列单片机不仅全部指令均为单字节指令，而且绝大多数指令为单周期指令，有利于提高执行速度。

4）寻址方式简单：PIC 系列单片机只有 4 种寻址方式（即寄存器间接寻址、立即数寻址、直接寻址和位寻址），容易掌握。

5）代码压缩率高：1KB 的存储空间，对于像 MCS-51 这样的单片机，大约只能存放 600 条指令，而对于 PIC 系列单片机则能够存放的指令条数多达 1024 条。

6）运行速度快：由于采用哈佛总线结构，并且指令读取和执行采用流水作业方式，使得运行速度大大提高。

7）功耗低：PIC 系列单片机的功率消耗极低，有些型号甚至在 4MHz 时钟下工作时电流不超过 2mA，在睡眠模式下电流可以达到 1μA 以下。

8）驱动能力强：I/O 端口驱动负载的能力较强，每个 I/O 引脚输入和输出电流的最大值可以分别达到 25mA 和 20mA，能够直接驱动发光二极管 LED、光耦合器或者微型继电器。

9）I^2C 和 SPI 串行总线端口：用这两种串行总线技术可以实现芯片间同步串行数据传输。

10）寻址空间设计简洁：PIC 系列单片机的程序、堆栈、数据三者各自采用互相独立的寻址（或抵制编码），而且前两者的地址安排不需要用户操心。

11）外接电路简洁：PIC 单片机内集成了上电复位电路、I/O 引脚上拉电路、看门狗定时器等，可以最大限度地减少或免用外接元器件。

12）开发方便。

13）C 语言编程。

14）品种丰富。

15）程序存储器版本齐全。

16）程序保密性强。

PIC16F877 的工作频率范围为 DC ~20MHz，具有上电复位（Power-on Reset）和掉电锁定复位（Brown-out Reset）两种重置功能，以及上电定时器和晶振起振定时器。除一个看门狗定时器外，另外还有三个定时器和两个 CCP 模块，串行通信模式方面共支持 USART、SPI 和 I2C。

可以用几个不同的中断源激活处理器从休眠状态中苏醒，并具有固定的中断开销时间，同步中断是 3 个周期。用户可以根据需要存储/恢复寄存器。

2. 通信模块

串口通信模块是整个系统与 PC 发送及接收数据和命令的通道，PC 将外界信息进行处理和计算，得出结果，然后将动作指令号发送到下位机。下位机接收到动作指令后输出 PWM 波控制舵机运动。数据的发送和接收有两种方式：即有线模式和无线模式。本设计采用有线的串口通信。

SP3232C 专用模块负责接收上位机发来的动作指令号，其电路原理图如图 3-4 所示。

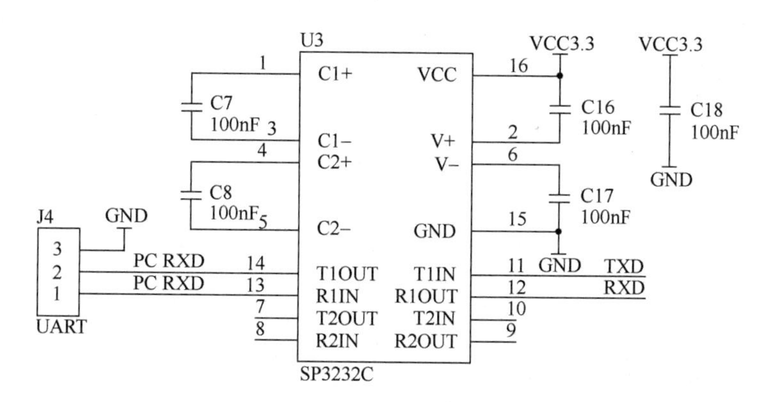

图 3-4　串口通信模块电路图

3. 电源模块

情感机器人所需电压共分两种，一种是给舵机供电的6V电压，一种是给各个芯片供电的3.3V电压，为了解决不同电压的问题，本文采用LM1117电源芯片，将电池的6V电压转换成3.3V电压，这样就可以用一个电源产生两种电压值（代号分别为VIN和VCC3.3）分别给舵机和各个芯片供电。电源模块原理图如图3-5所示。

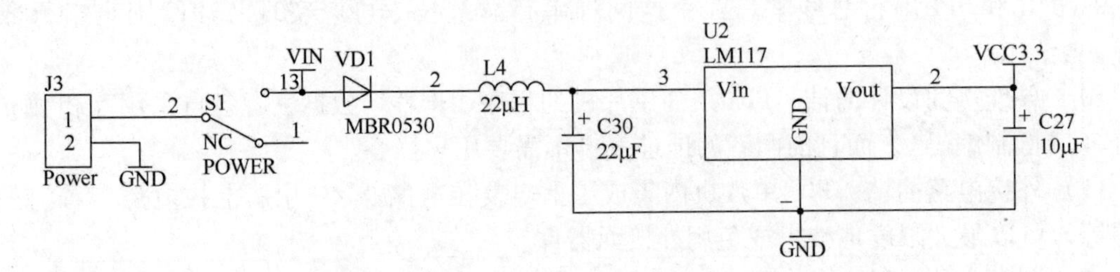

图3-5　电源模块原理图

4. 舵机驱动电路模块

舵机驱动电路主要由一个三针插座以及与之相配套的电阻构成，具体实现功能是为舵机提供工作电源，发送控制脉冲，其原理图如图3-6所示，PHX与PIC单片机控制脉冲与发送I/O口相连，6V为舵机的工作电压，电压VCC为上拉电压，保证由PHX发送过来的控制脉冲可以可靠的被舵机接收。

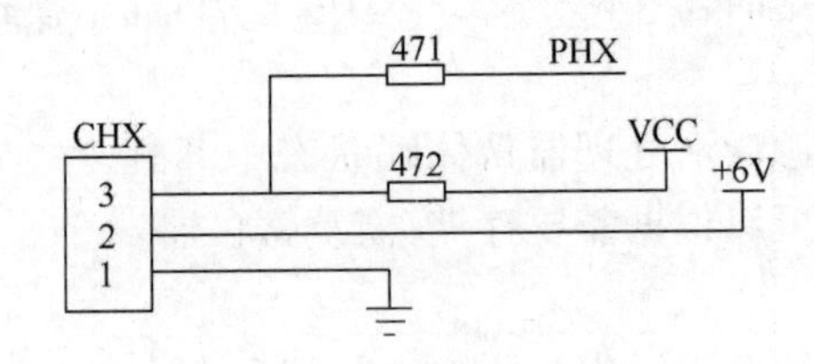

图3-6　舵机原理图

5. 大容量串口存储器

多路舵机控制板能够接收上位机PC发来的各种指令，并能按照用户事先编制好的动作来控制各电动机有条不紊的运动，必然要求电路板上接有足够容量的存储器。本电路板先用的存储器是AT24C512大容量串口存储器。其原理和外围电路如图3-7所示。

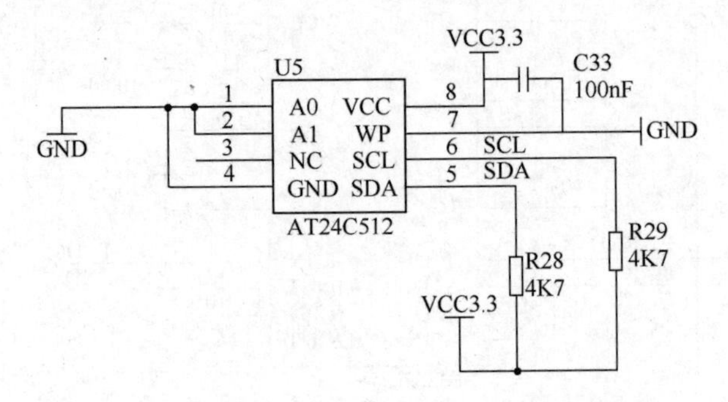

图3-7　AT24C512大容量串口存储器外围电路原理图

3.3 面部表情仿真

为使实物制作过程更为直观，可采用《虚拟人脸动画与人机交互技术研究》中提到的仿真软件对虚拟的人物脸部进行表情仿真，在达到要求之后进行相关的实物制作和调试。

人脸动画仿真软件首先需要按照人体工学原理建立一个人脸的三维线框网格模型，如图3-8所示。

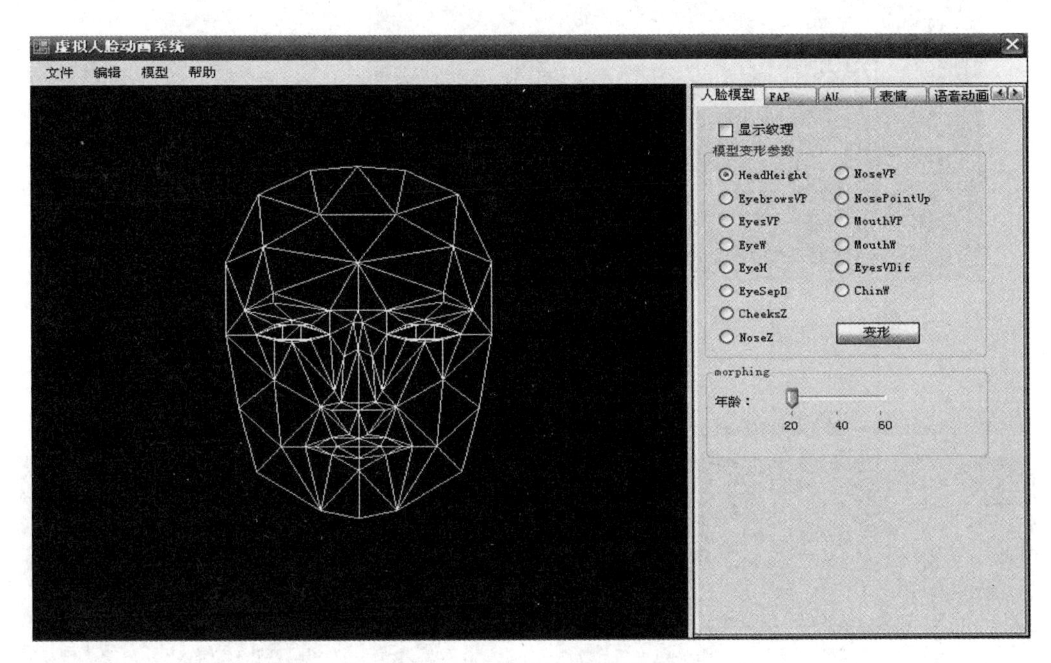

图3-8　三维线框网格模型

然后把脸部照片进行投影，一点一点地往骨架上贴，就可以生成脸部图像，如图3-9所示。在此脸部三维模型基础上，加上基于表情参数产生的变形，便可获得一系列有表情变化的脸部图像。

此后通过特征点的移动来合成表情。利用表情参数使线框架模型的形状变形来合成表情的关键在于如何定义表情参数。人的表情是通过脸部肌肉伸缩而形成，无法从外部来观察肌肉的运动，直接分析这种参数几乎是不可能的。因此只能从外部观察看到的脸部特征点动作（例如眼梢的动作）来定义脸部表情参数。利用FACS中的各种AU在三维线框架模型上进行表现，便能够有效地合成任意表情。如图3-10所示。

人脸动画仿真软件把人的脸部动作分解为44种称为AU（动作单位）的基本动作。各个AU可以根据脸部的特点予以定义，也可以从解剖学角度考虑定义一个或几个肌肉收缩、松弛。于是，所有表情都可以用AU的组合来表示。根据每种表情的描述，可以将它拆成若干个运动单位的组合。当然，这是在忽略了许多表情变化细节的基础上做出的，只是近似地反映出每种表情的特点。例如：

悲伤 = AU1 + AU15　惊奇 = AU26 + AU1　厌恶 = AU12 + AU4 + AU9

通过对这些AU进行组合，就可以合成对应于人类基本感情的表现，如哭、笑等。在心

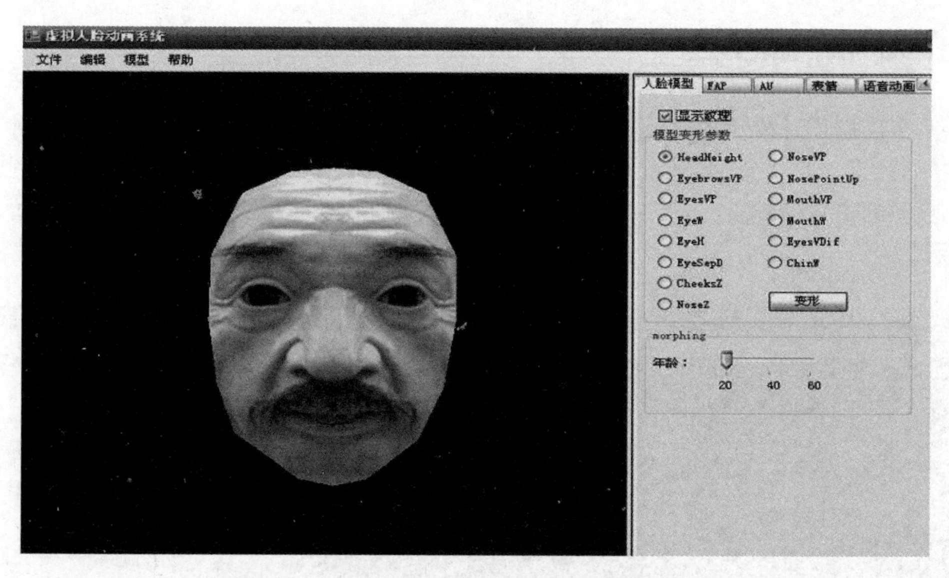

图 3-9　机器人脸部照片及贴好图片纹理的模型

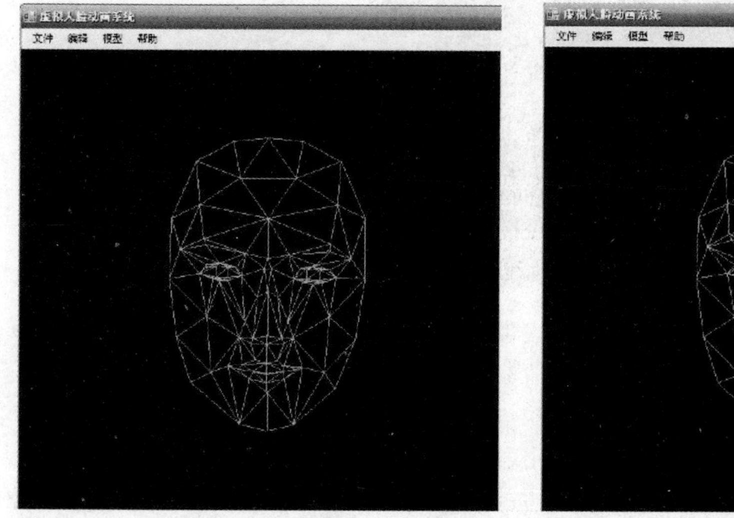

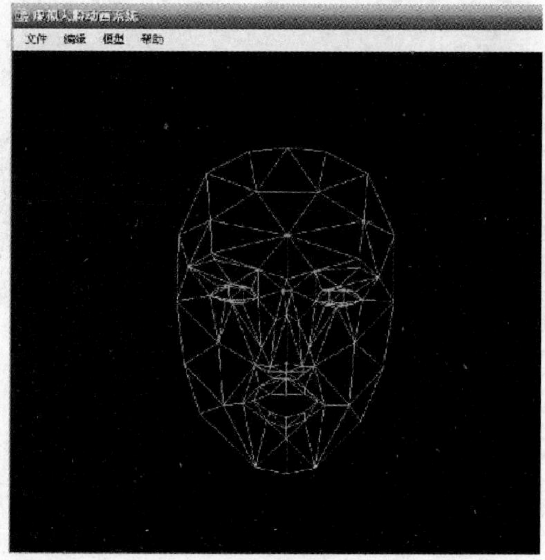

图 3-10　原始的三维网格（左图）和惊奇时的三维网格（右图）

理学领域，把人的基本表情分为惊奇、恐惧、厌恶、愤怒、高兴、悲伤六种。因此，可以通过按钮对不同的网格点进行变形处理，仿真以上六种基本表情，如图 3-11 所示。

以上六种基本表情的形成大部分均遵循 FACS 脸部表情编码系统的规则。由仿真结果可以看出这些表情还是比较逼真的。为使表情看起来更加的逼真、形象，有些表情在 FACS 编码系统的基础上，还依照常识加入了一些相关的动作。这些仿真表情的形成特点可以有效地指导情感机器人的表情调试工作。

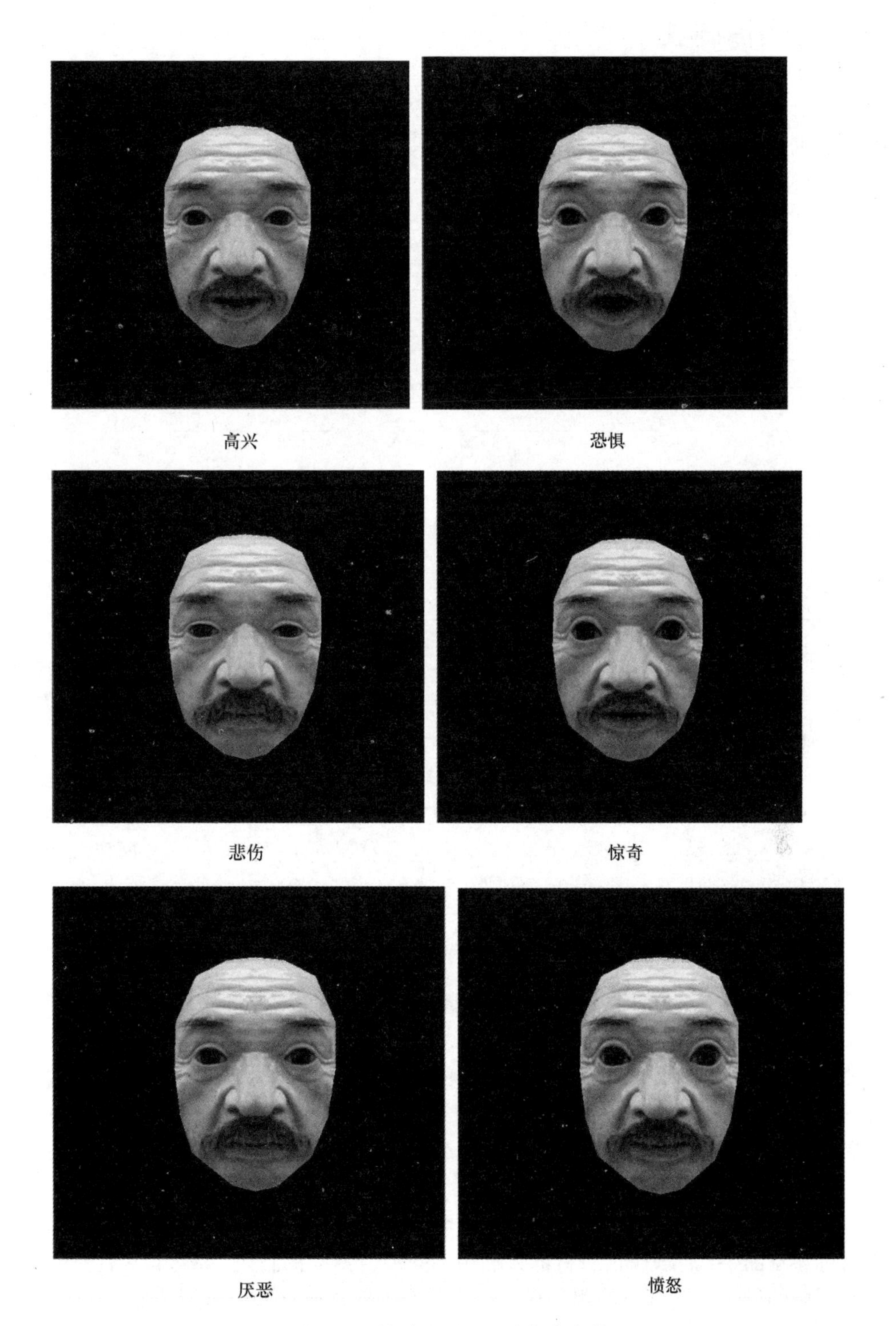

图 3-11　情感机器人六种仿真表情

3.4 面部表情调试

心理学研究表明：人脸能够产生大约55000种不同的表情，其中有多种能够用人类自然语言的词汇区别开来。在心理学领域，把人的基本表情分为惊奇、恐惧、厌恶、愤怒、高兴、悲伤六种。机器人头部电动机与相应的AU一一对应，电机的运动可以转换成为AU的运动，从而产生表情。表3-3列出了六种基本表情与AU的关系。

表3-3　六种基本表情与AU的关系

表　情	AU
高兴	AU16 + AU12
悲伤	AU1 + AU15
惊奇	AU26 + AU1
恐惧	AU12 + AU1
愤怒	AU27 + AU4 + AU9
厌恶	AU12 + AU4 + AU9

AU = {16、12、1、15、26、27、4、9} 共7个。AU1（提升眉毛）、AU4（下拉眉毛）、AU9（收缩鼻子）、AU12（拉动嘴角）、AU15（嘴角下压）、AU16（提高颧部）、AU26（下拉下巴）、AU27（张大嘴巴）。

如图3-12所示，点击“浏览”按钮后，就可以把要加载的机器人头部的运动数据读取出来。CH1～CH13对应机器人的13台舵机，在机器人上电的状态下，我们拖动CH1～CH13中任意滑块，机器人的相应舵机也会移动相应的角度。根据机器人动作要求，每台舵机设定完成某一个角度，机器人就可以完成相应的动作，数据由相应滑块任意调节。此软件还可以对数据进行微调。选择其中的一组数据，双击之后，这组数据就可以在上面的各个滑动块中体现出来。通过拉动滑动块，可以改变每一个CHX对应的数据，调整完毕之后按软件右上角的修改就可以把改动的数据重新保存到原来的位置。在软件的上方有一个同步的选项，有ON和OFF两个选项，如果选OFF选项，调整后按插入按钮旁边的那个发送按钮，就会把调整完毕的数据——即13个滑动块所体现出来的数据——发送给机器人，这样就可以验证是否数据已经调整完毕；如果选择ON选项，则用滑动条调整数据的同时，机器人就做出相应的动作，即可以实时显示微调结果。

从以上仿真结果及通过调试界面对各动作单元的调试，我们可以得到表情机器人的六种基本表情可参见图3-1。从而情感机器人利用不同表情不同的行为。例如，当情感机器人需要表现出可悲的行为，它可以使用悲伤、厌恶或意外的情感。同样根据情况，情感机器人可以使用这些面部表情表现出愤怒、恐惧、惊讶或喜悦的面部表情与具有情感的语音合成相结合，使机器人的情感表达更加生动逼真。

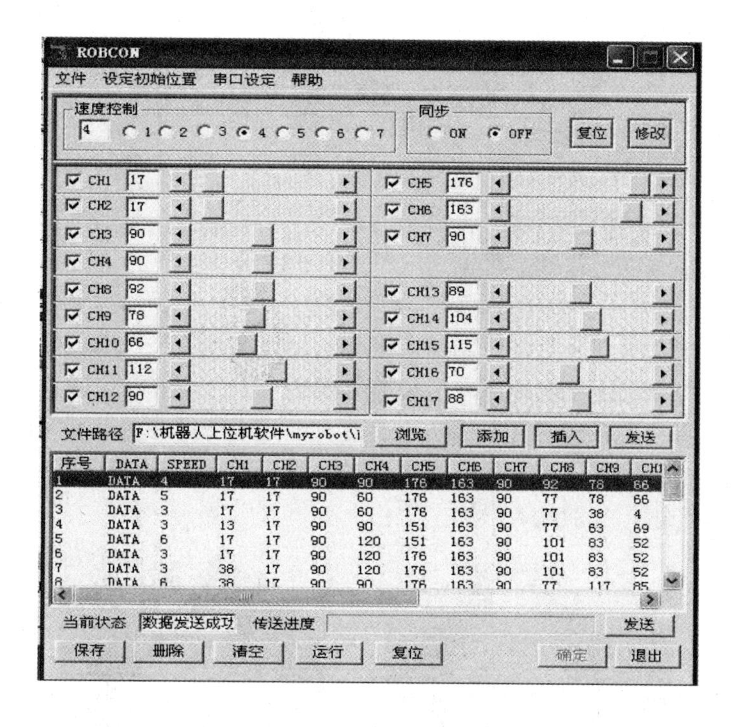

图 3-12　数据加载及调试画面

参考文献

[1] 王志良，孟秀艳. 人脸工程学 [M]. 北京：机械工业出版社，2008.

[2] 王国江. 人工情感研究综述 [J]. 计算机应用研究，2006 (11)：7-11.

[3] 王志良，陈峰军，薛为民. 人脸表情识别方法综述 [J]. 计算机应用与软件，2003 (12)：63-66.

[4] Ekman P，Friesen W V. Facial Action Coding System [M]. California：Consulting Psychologists Press，1978.

[5] Bruce Mitchell Blumberg. New Dogs：Ethology and Interactive Creatures [D]. MIT Doctorate Thesis，1996.

[6] 金辉，高文. 人脸面部混合表情识别系统 [J]. 计算机学报，2000 (6)：602-608.

[7] 刘芳. 基于图像处理的面部特征提取与表情识别方法研究 [D]. 北京：北京科技大学，2006.

[8] Ekman P. Facial signs. In T. Sebeok (Ed.)，Sight，Sound，and Sense. Bloomington [M]. Ind.：Indiana University Press，1977.

[9] Ekman P. Methods for measuring facial actions. In K. Scherer & P. Ekman (Eds.)，Handbook of Methods of Nonverbal Communication Research [M]. New York：Cambridge University Press，1981.

[10] Ekman P，Friesen W V. Manual for the Facial Action Coding System. Palo Alto：Consulting Psychologists [M]. Press，1977.

第 4 章　电动机控制

在前两章我们讨论了情感机器人表情头的设计，那么是什么驱动机器人的头部并且表达出如此丰富多彩的情感呢？这就是机械与电子的有机结合，本章将围绕这个问题对电动机控制进行介绍。

机器人使用的电动机在满足必要输出力矩和输出速度的同时，必须使机械结构紧凑、传动精度和效率较高，以满足机构速度和承载能力的要求。因而电动机的选择至关重要，电动机选择的好坏甚至直接关系到项目的成功或失败。本章主要讲解在机器人设计中如何选择电动机，以及在情感机器人头部控制中如何应用舵机的问题。图 4-1 所示的表情便是由电动机驱动的情感机器人产生，分别代表微笑、悲伤、惊讶、害羞。

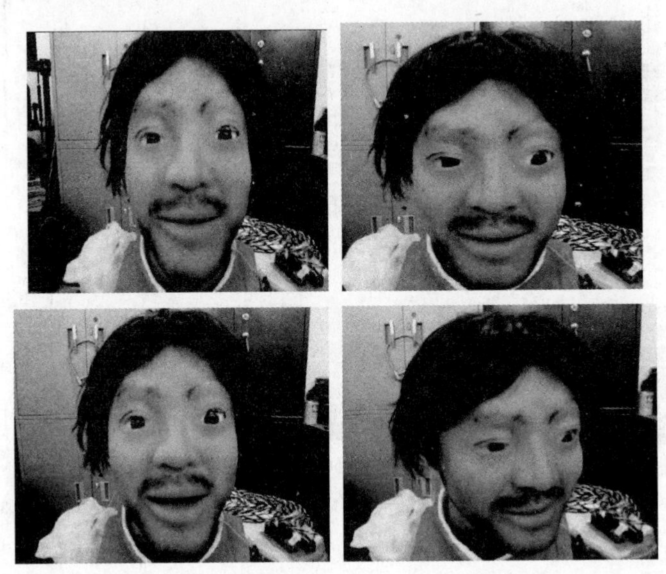

图 4-1　由电动机驱动的情感机器人表情

4.1　电动机的基本概念

电动机按工作电源的不同，可以分为直流电动机和交流电动机，交流电动机又可以分为单相电动机和三相电动机。按用途分类，电动机可分为驱动用电动机和控制用电动机。驱动用电动机又分为电动工具（包括钻孔、抛光、磨光、开槽、切割、扩孔等工具）用电动机、家电（包括洗衣机、电风扇、电冰箱、空调器、录音机、录像机、影碟机、吸尘器、照相机、电吹风、电动剃须刀等）用电动机及其他通用小型机械设备（包括各种小型机床、小型机械、医疗器械、电子仪器等）用电动机。控制用电动机又分为步进电动机和伺服电动机等。

伺服电动机就是在伺服系统中控制机械元件运转的发动机，是一种补助电动机间接变速的装置。伺服电动机，可使控制速度量、位置量非常精确，并可将电压信号转化为转矩和转速以驱动控制对象。伺服电动机可以分为直流伺服电动机和交流伺服电动机。

直流伺服电动机分为有刷电动机和无刷电动机。有刷电机成本低，结构简单，起动转矩大，调速范围宽，控制容易，维护方便（换电刷），但易产生电磁干扰，因此对环境有要求，它可以用于对低成本的普通工业和民用场合。

无刷电动机体积小、重量轻、转矩大、响应快、速度高、惯量小、转动平滑、力矩稳定、控制复杂、容易实现智能化、其电子换相方式灵活、可以方波换相或正弦波换相。电机免维护、效率高、运行温度低、电磁辐射小、寿命长、可用于各种环境。

交流伺服电动机也是无刷电动机，可分为同步和异步电动机，目前运动控制中一般都用同步电动机，它的功率范围大，可以做到很大的功率。惯量大，最高转动速度低，且随着功率增大而快速降低。因而适合于低速平稳运行。

伺服电动机内部的转子是永磁铁，驱动器控制的 U/V/W 三相电形成电磁场，转子在此磁场的作用下转动，同时电动机自带的编码器反馈信号给驱动器，驱动器根据反馈值与目标值进行比较，调整转子转动的角度。伺服电动机的精度取决于编码器的精度（线数）。

4.2 舵机的选择

在情感机器人头部和身躯结构设计中，关节轴系的设计必须结构紧凑、传动精度高且传动效率高，并保证提供必要的输出力矩和输出速度，以满足机构动作的运动速度和承载能力的要求。而舵机具有体积小，重量轻，经济实用的特点。

4.2.1 舵机的结构

舵机最早出现在航模运动中。在航空模型中，飞行机的飞行姿态是通过调节发动机和各控制舵面来实现的。舵机因此得名：控制舵面的伺服电动机。不仅在航模飞机中，在其他的模型运动中都可以看到它的应用。船模上用来控制尾舵，车模中用来转向等。由此可见，凡是需要操作性动作时都可以用舵机来实现。

一般来讲，舵机主要由舵盘、变速齿轮组、位置反馈电位计、直流电动机、控制电路板等组成，如图 4-2 所示。实际的舵机又有许多区别，例如电动机有有刷和无刷之分，齿轮有塑料和金属之分，输出轴有滑动和滚动之分，速度有快速和慢速之分等，组合不同，价格也千差万别。

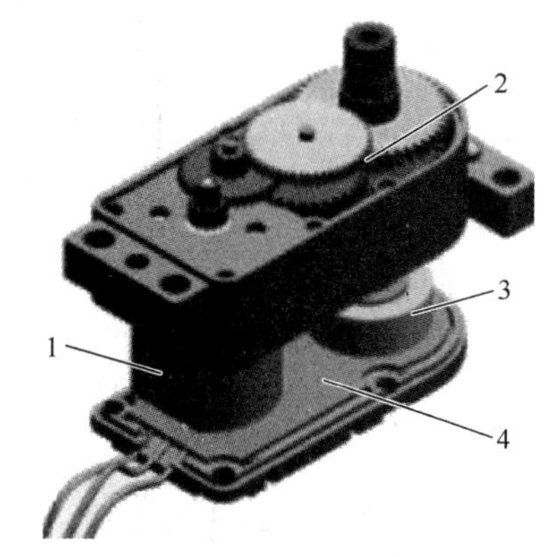

图 4-2　舵机的结构

1—电流电动机　2—变速齿轮组

3—反馈电位计　4—控制电路板

舵机的瞬时运动速度由其内部的直流电动机和变速齿轮组的配合决定，在恒定的电压驱动下，其数值恒定不变。但其平均运动速度可通过分段停顿的控制方式来改变，例如，我们可把动作幅度为 90°的转动细分为 128 个停顿点，通过控制每个停顿点来实现 0°～90°的匀速变化。对于多数舵机来说，速度的单位是“°/s”。

标准的舵机有三条引线，分别为电源线 VCC、地线 GND 及控制线 CON，如图 4-3 所示。电源线与地线用于提供内部的直流电动机及控制线路所需的能源，电压通常介于 4 ~ 6V 之间，该电源应尽可能与 CPU 系统的电源隔离（因为舵机会产生噪声）。小舵机在重负载时也会拉低放大器的电压，所以整个系统的电源供应比例必须合理。

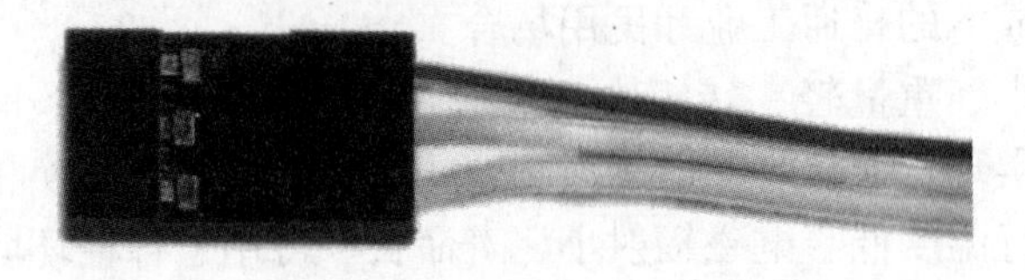

图 4-3　舵机的引线

4.2.2　舵机的工作原理

舵机是一个典型闭环反馈系统，其工作原理由图 4-4 所示。

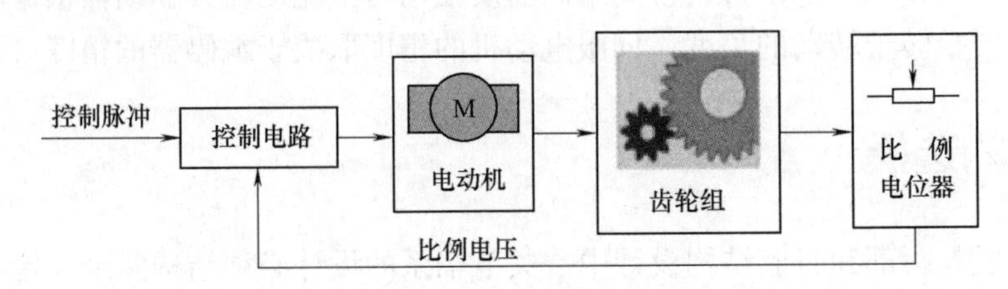

图 4-4　舵机工作原理框图

减速齿轮组由电动机驱动，其齿轮组的输出轴带动一个线性的比例电位器，该电位器把输出轴转过的角度 θ 转换成比例的电压反馈给控制电路，控制电路将其与输入的控制脉冲信号进行比较，产生纠偏脉冲，并驱动电动机正向或反向转动，使齿轮组的输出位置与期望值相符，令纠偏脉冲趋于为 0，从而达到使舵机精确定位的目的。

舵机的控制信号为周期 20ms 的脉宽调制（PWM）信号，其中脉冲宽度从 0.5 ~ 2.5ms，相对应舵盘的位置为 0° ~ 180°，呈线性变化。也就是说，给它提供一定的脉宽，它的输出轴就会保持在一个相应的角度上，直到给它提供一个另外宽度的脉冲信号，它才会改变输出角度到新的对应的位置上。舵机内部有一个基准电路，产生周期为 20ms，宽度为 1.5ms 的基准信号，外加信号与基准信号通过比较器比较，判断出方向和大小，从而产生电机的转动信号。由此可见，舵机是一种位置伺服的驱动器，转动范围不能超过 180°，适用于那些需要角度不断变化并可以保持的驱动设备。

伺服电动机是靠接受不同占空比的脉冲信号，从而转化成相应的平均电压，以此来驱动其内部小电动机带动齿轮转动。舵机其具体的脉冲宽度与舵机角度的对应关系如图 4-5 所示。

4.2.3　舵机的注意事项

普通的模拟量舵机不是一个精确的定位器件，即使使用同一品牌型号的舵机产品，它们之间的差别也非常大，同一脉冲宽度驱动时，不同的舵机存在 ± 10°的偏差也是正常的。特

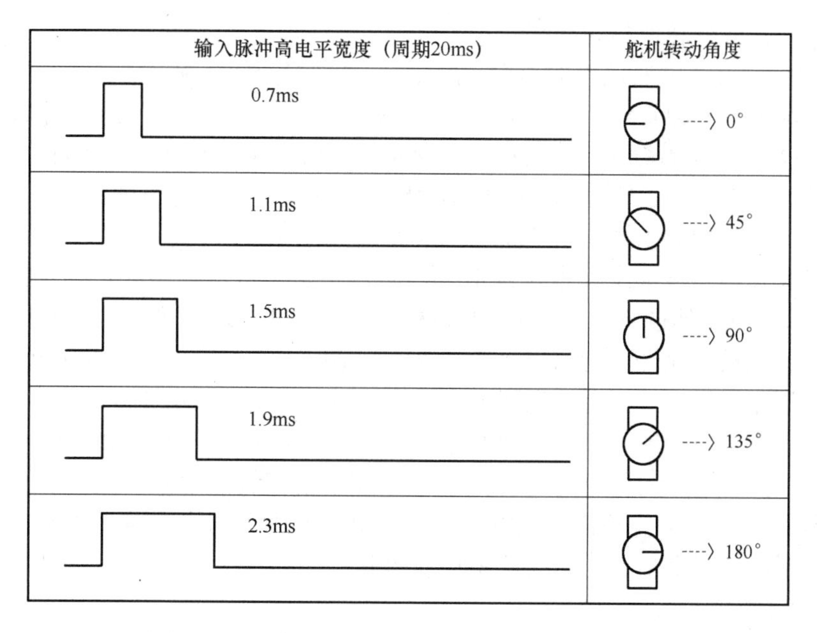

图 4-5　脉冲宽度与舵机角度的对应关系

别注意，绝不可加载让舵机输出位置超过 ±90°的脉冲信号，否则会损坏舵机的输出限位机构或齿轮组等机械部件。由此可见，舵机具有以下特点：体积紧凑，便于安装；输出力矩大，稳定性好；控制简单，便于和数字系统连接。

正是因为舵机具有以上诸多优点，其早已不局限于航模运动中的应用，而是扩展到各种机电产品中来，在机器人控制中应用也越来越广泛，因此在情感机器人的设计中我们也采用舵机实现其控制功能。

4.2.4　直流电动机的选择

maxon 直流电动机是一种高质量的驱动元件，它装有高性能的稀土磁钢，专利的空芯杯转子，体积小、性能高、惯量低。借助于精密的齿轮箱，可获得更宽的速度和转矩范围。高分辨率的模拟和数字编码器为运动控制提供了有力的保障。其已被证明 CLL（电容熄弧长寿命）技术有效地延长了电动机的寿命。maxon 直流电动机结构如图 4-6 所示。

1. maxon 直流电动机的技术特点

1）无齿槽效应：采用小惯量转子获得高加速性能；电磁干扰小；小电感；换向器多片设计；转矩波动小；可短时过载；结构紧凑、小尺寸；能与多种齿轮箱、编码器、直流测速机配合使用。

2）转速：电动机的最佳工作速度在 4000 ~ 9000r/min，这是由电动机的尺寸大小所决定的，某些特殊型号可获得 20000r/min 以上的转速。

3）电动机的物理特性：在电压为常数的情况下，其转速随负载增加而减小。多种绕组选择使用使电动机能匹配多种条件。在低转速条件下，配合

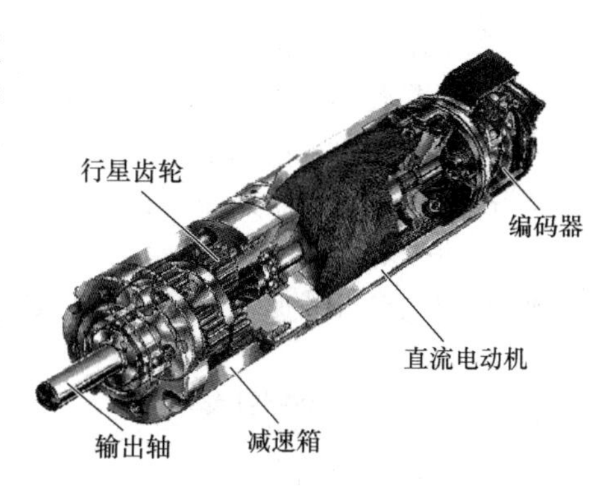

图 4-6　maxon 直流电动机结构

使用齿轮箱比直接降低转速更为有利。

4）工作寿命：由于多种因素的影响，很难以一个通用状态来衡量电动机的寿命。电动机在良好状态下寿命可达20000h，而在极端条件下仅为100h。通常情况下能达到1000～3000h。

2. 如果要获得更大的转矩和相对较低的速度，就需要使用maxon精密齿轮箱

由于齿轮的减速作用，输出速度会减小而输出转矩会变大。为方便使用，在出厂前已将减速箱与所需电机装配成一体。刚性固定于电机轴上的小齿轮作为一级输入齿轮。

行星齿轮减速箱：行星齿轮箱特别适合高转矩传递，可实现180N·m的大转矩传递，减速比4:1～6285:1，外径ϕ6～81mm，高性能比、小尺寸，齿轮箱输入输出同轴心。

工作寿命：在最大允许载荷和推荐输入速度范围内，齿轮箱可连续工作1000～3000h。

其他影响因素：转矩过大会加大磨损，齿轮接触处局部温度过高会破坏润滑油的性能，大大超过额定输入速度的输入量会减少寿命以及轴承所承受的径向和轴向载荷。

陶瓷材料：越来越多的用于行星齿轮箱，它能增进关键部件的耐磨性。

温度/润滑：maxon齿轮箱需要润滑以保证寿命。润滑剂只有在推荐的温度范围内才有效。工作温度过高或过低时，则需要使用特种润滑剂。

3. 数字增量编码器

编码器输入方波信号给控制系统，通过脉冲计数用来精确计算位置和速度。A、B通道的相位变化可以用来判定旋转方向。通道1提供零位信号，用作精确判断旋转角度的参考点。线驱动器产生的差动信号，可有效去除在信号长距离传输过程中产生的干扰。此外，安装在编码器内部的电子线路能提供更好的信号边沿。

4. 选用maxon直流电动机的参数

◆ 标称功率：20W；
◆ 额定电压：24V；
◆ 空载转速：9550r/min；
◆ 堵转转矩：243mN·m；
◆ 空载电流：37mA；
◆ 堵转电流：10400mA；
◆ 最大允许转速：11000r/min；
◆ 最大连续电流：1210mA；
◆ 最大连续转矩：26.1mN·m；
◆ 最大输出功率：58300mW；
◆ 最大效率：85%；
◆ 速度常数：407（r/min）/V；
◆ 机械时间常数：4ms；
◆ 转子惯量：10.3g·cm^2；
◆ 电动机电感：0.24mH；
◆ 电动机自带减速箱的减速比：100:1。

4.3 舵机驱动控制模块

舵机的控制信号可由FPGA（Field-Programmable Gate Array，现场可编程门阵列）、模拟

电路或单片机来产生。采用 FPGA 或 CPLD 产生 PWM 波已经在很多重要的场合得到应用，依靠其特有的并行处理能力和大量的 I/O 接口，可以同时控制几十甚至上百个舵机同时工作，这种方法可靠、控制精度高，但是成本较高，适用于重要场合。用模拟电路实现较复杂，而且产生的脉冲频率和脉宽不是很准确，很难实现精确控制。由于单片机具有性能稳定、编程灵活、精度较高、价格低廉等特点，一般采用单片机作为舵机控制器。

以上介绍了舵机的相关概念，那么在情感机器人的电控系统中舵机是如何工作的呢？在情感机器人电控系统中我们采用了上下位机相结合的体系结构，机电系统的结构如图 4-7 所示。上位机采用计算机控制，主要优点是速度快，各种外部接口设备多，连接存储空间大的 PC。上位机主要负责运算量大、计算复杂的图像处理、语音识别和语音合成工作。下位机采用性价比高的 PIC16F877 单片机，上位机和下位机通过 RS232 串口或者无线模块进行连接和通信。下位机主要负责传感器信息接收及初级处理、电动机驱动和运动控制等工作。

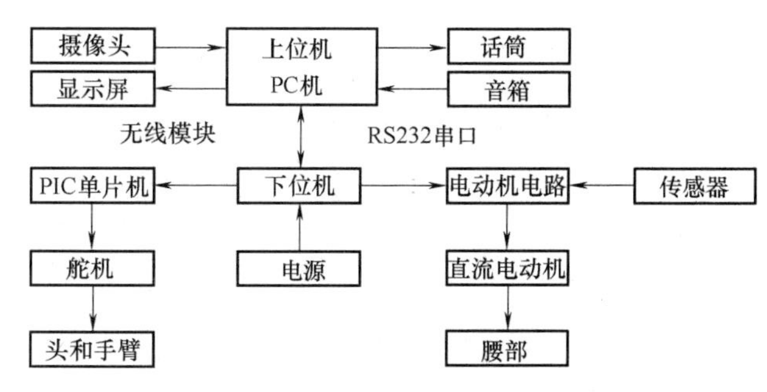

图 4-7　机电系统结构图

下位机的控制又分成舵机控制和直流电机控制两大部分：一部分是手臂及头部的舵机控制系统：舵机的控制系统主要包括机器人的控制核心——PIC16F877 单片机、数据存储模块、通信模块以及其他的硬件控制模块。另一部分是转腰、弯腰实现的直流电机控制系统：主要包括直流电动机控制、无线接收控制、传感器编码控制、手焊转接控制。下面主要介绍舵机控制模块。

4.3.1　驱动电路模块

舵机驱动电路主要由一个三针插座以及与之相配套的电阻构成，实现给舵机提供工作电源，发送控制脉冲的功能，其原理图如图 4-8 所示，PHX 与 PIC 单片机控制脉冲与发送 I/O 口相连，6V 为舵机的工作电压，电压 VCC 为上拉电压，保证由 PHX 发送的控制脉冲可被舵机可靠接收。

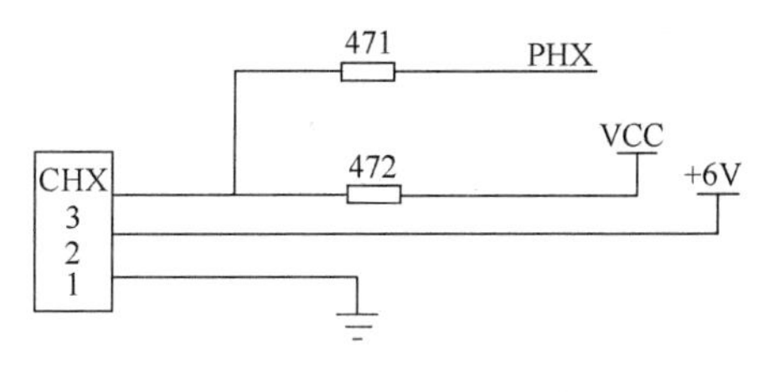

图 4-8　舵机接口电路

4.3.2　舵机的控制

1. *舵机运动分辨率*

舵机是一种转动角度有范围的电动机，一般是 0° ~ 180°，舵机运动过程比较平缓，不是立刻就运动到指定位置，即要一点一点地转动到目标位置，例如舵机要由 0°转动到 90°，转动的时候不是一下子就转动到 90°，而是转动一次转 1°，然后转动 90 次，才转动到 90°。之所以这么处理舵机的运动，主要是为了控制舵机速度。为此，我们引进舵机运动分辨率的概念。所谓舵机运动分辨率，就是指在舵机运动过程中可以精确控制的最小转动角度。本书中，将舵机转动的有效范围0°～180°分成200份，每一份为0.9°，即舵机的转动分辨率是0.9°。对于分辨率的示意图如图4-9所示。由图可以看到，所谓的运动分辨率就是把一个完整的动作周期分割开来，每一次给舵机发送的脉冲都比前一个脉冲多一点或者少一点，这样达到的效果就是舵机可以分步的由一个位置转动到另一个位置，而不是一下子就到达。这样做可以提高舵机的控制精度，并可在舵机转动的过程中添加例如速度调节等其他控制。

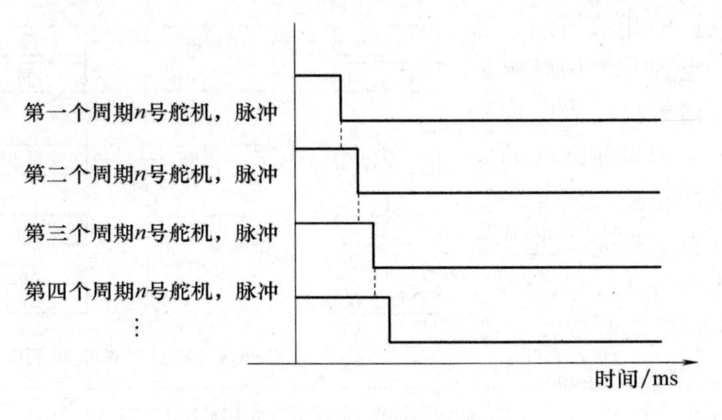

图4-9　舵机运动分辨率示意图

2. 舵机运动的速度控制

在引入舵机运动分辨率的概念之后，就可以进行舵机转速控制。对于转速的控制，有以下两种方案可供选择。

第一种方案是用延时的方式来调节速度，即在舵机的两个控制脉冲之间添加延时程序，延时时间的长短视所要求的速度等级而定。用此方案调节舵机转动的速度，优点在于实现简单，经过调速后舵机转动较为平滑，可以达到调速的要求。而缺点是按照这个方法进行舵机的速度调节，所得到的速度最大值固定不可更改。因为此种调速方法是通过时间延时来实现的，即采用这样的方法控制速度，所能达到的最快速度为无延时的速度。为保证舵机的精确控制，舵机的运动分辨率会很小，这样一来舵机的速度最大值就不会很高，因此这种调速方案限制性很大，不能满足情感机器人的运动控制需求。

第二种方案是去掉延时，通过改变舵机的运动步长进而改变舵机的转动速度，其原理如图4-10所示。从图4-10中可以看出，速度$n+1$的脉冲增幅明显小于速度$n+2$的脉冲增幅，舵机转动同样角度，如果用速度$n+1$的脉冲来实现，由于其脉冲的增幅小，所以耗时较长，速度较慢。如果用速度$n+2$的脉冲来实现，由于其脉冲增幅大，所以耗时较短，速度较快。通过调节脉冲增幅的大小，就可以使得舵机以不同的速度值转动。此种方案速度最大值与最小值均固定，最小值为增幅量等同舵机运动分辨率值时的速度。最大值等同于舵机本身所能达到的速度值。最大值与最小值之间的速度值可以通过改变不同的控制脉冲增幅量来达到。用这种方案调节舵机运动的速度与第一种方案相比，优点是显而易见的。不过这种方案也存在一个问题，就是在脉冲增幅过大的时候，舵机会出现轻微的抖动，或者可以说会出现转动毛刺。

总的来说，第二种方案优于第一种方案，因此，情感机器人速度控制选用第二种方案。根据实际情况，我们可以把舵机的速度分为7级，由1～7级，速度依次递增。第7级的速度与舵机直接给予脉冲时的速度相仿。

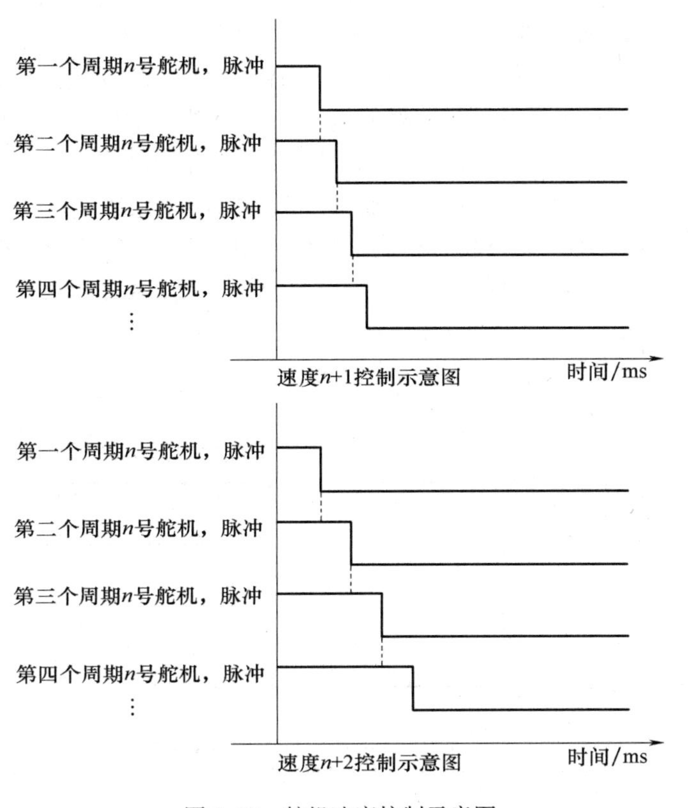

图 4-10　舵机速度控制示意图

3. 舵机运动控制脉冲发送规律

在研究过程的初期，采用的方法是同时给多台舵机发送控制脉冲，这是最容易想到的，也是最容易实现的一种脉冲发送方式，根据每个舵机不同的转动角度，控制与舵机相对应的脉冲高电平在不同的时间截止，控制脉冲发送方式如图 4-11 所示。

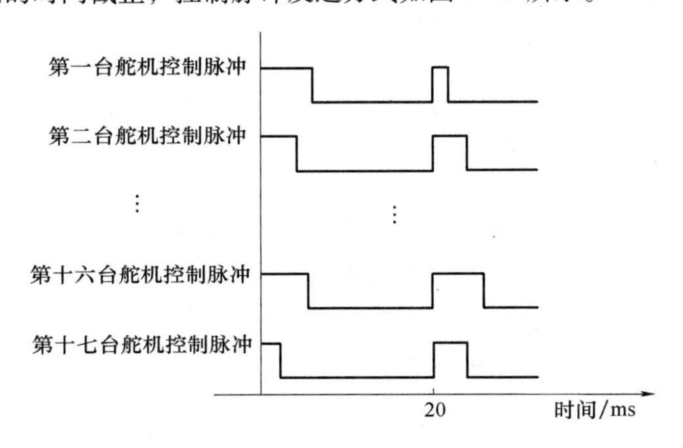

图 4-11　第一阶段控制脉冲示意图

这种方法易实现，也很容易想到，如果舵机只是转动一个周期的话，这种脉冲发送方面无疑是最简单且最实用的。而实际的情感机器人脉冲控制是一个很复杂的过程，在多周期、多动作参数的情况下，这种方法就不能达到预期的控制要求了。原因是采用此种方法来达到预期的控制要求，所涉及的变量太多，控制运算也很复杂。

下面所要介绍的舵机控制脉冲发送方式，经实验证明是一种比较简单而且容易实现的方法。如图4-12所示，舵机控制脉冲由1号舵机至17号舵机顺次发送。这里所谓的顺次发送舵机的控制脉冲，并不是指前一个舵机的控制脉冲发送完毕之后再发送下一个舵机的控制脉冲，而是如图4-12所示的那样，当前一个舵机的控制脉冲高电平截止之后紧接着就发送下一个舵机的控制脉冲高电平，这样依次排列下来，当第17台舵机的控制脉冲高电平截止之后，开始执行数据处理和位置判断等函数。等舵机的运动处理程序执行完毕之后，再重新轮回依次输出下一个周期的17台舵机的控制脉冲。这种脉冲发送方式实现起来同样很简单，而且运动后期处理不是很复杂，可以较好地实现。

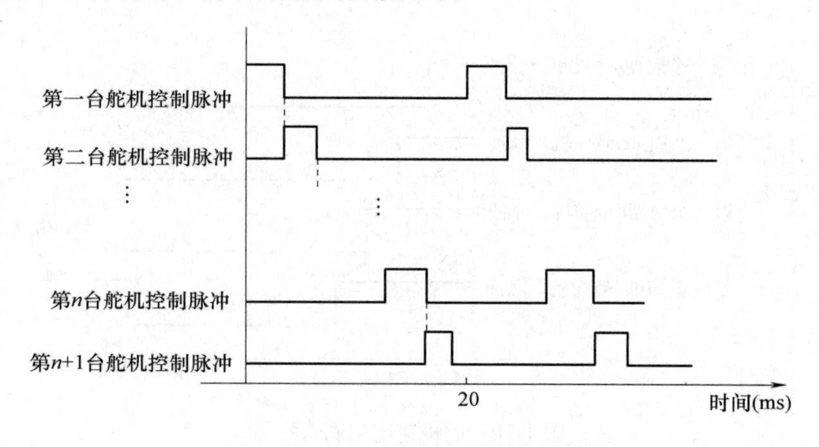

图4-12　第二阶段控制脉冲示意图

不过这种方法存在一个问题，即这样输出舵机的控制脉冲后，舵机的脉冲周期有可能会大于舵机的标准周期20ms。现在就来分析一下此问题产生的原因。首先假设每一个舵机控制脉冲的高电平宽度均为舵机有效高电平宽度的最大值2.3ms。这样按照所采用的脉冲发送方式可以计算出第一台舵机的脉冲周期最大值可以达到：

$$2.3\text{ms} \times 17 = 39.1\text{ms} \tag{4-1}$$

另一方面，如果每一个舵机的高电平脉冲宽度均为舵机有效宽度的最小值0.7ms。这样按照所采用的脉冲发送方式可以计算出第一台舵机的脉冲周期最小可以达到：

$$0.7\text{ms} \times 17 = 11.9\text{ms} \tag{4-2}$$

由于数据处理及判断函数所需时间很短，也就是在μs级别，所以可以忽略。从式（4-1）和（4-2）计算可知，如果采用顺次发送控制脉冲的方法，理论上一台舵机脉冲周期的长度在11.9~39.1ms之间，并不是固定不变的20ms。但是这只是理论上的计算，实际上情感机器人的整体运动规律，不可能每个舵机都是0°或者都是180°，所以在实际运动过程中，每个舵机的周期宽度基本在20ms左右变化的。由KRS-784 ICS型号舵机的技术参数可知，脉冲周期宽度在8~20ms之间都是符合其运动要求的，而对于脉冲周期宽度超过了20ms的情况，则会出现这样的现象，就是周期宽度超过20ms的部分，舵机是处于不受力状态的，也就是说舵机将会有几个毫秒处于无力矩状态。但是对于整个机器人运动来说，几个毫秒的无力矩状态，机器人的机械结构是不能反映出来的，也就是虽然处于无力矩状态，但是还没有等机器人的机械结构有什么动作，这几个毫秒的时间已经过去了，下一个运动脉冲已经到达。因此，顺次给17台舵机发送脉冲的过程中，无论是周期宽度不足20ms的脉冲还是周期超过20ms的脉冲，对整个机器人的具体动作都没有实质性的影响。在实际的舵机脉冲发送过程中，我们采用了顺次发送脉冲的方法，经实验证明，此种方法是完全可行而且可靠的。

4. 舵机运动方向控制

在舵机控制中，每个舵机的初始位置、目标位置都不尽相同，每个舵机的转动方向也按照运动数据的要求有所区别。要想让舵机按照预定的动作转动，舵机转动方向的正确判断是一个很重要的因素。在情感机器人控制系统中，每一个舵机都有相应的方向判断函数，且每一个判断函数都是相互独立的。这样，每个舵机的运动也相应比较独立，运动更加灵活，不会受到其他舵机运动状态的干扰。

舵机运动方向判断函数共17组，同17台舵机一一对应，其判断顺序同脉冲发送顺序一样顺次排列，即17台舵机的控制脉冲发送完毕后先执行第1号舵机方向判断函数，然后是第2号舵机，一直到第17号舵机判断函数。舵机方向判断函数所完成的任务是：首先判断舵机是否转动到了目标位置，如果没有转动到，则下一个周期继续转动，舵机转动方向不变；如果已转动到指定的目标位置，则判断下一个周期舵机的转动方向。判断方法是将本周期舵机的目标位置值和下一个周期的舵机目标位置值相比较，如果前者大于后者，则下一个周期舵机的转动方向为负方向；反之则为正方向，这里所谓的正负方向是相对于当前转动方向而言的。

5. 舵机到达目标位置判断

在情感机器人舵机控制过程中，舵机是否转动到指定的目标位置是一个很关键的问题，直接关系到情感机器人是否能够高质量地完成指定动作。舵机转动的目标位置通常用一个数值表示，它是通过前面舵机速度分辨率计算出来的。在本书中舵机在0°时的位置值定义为0，180°时的位置值定义为200，舵机位置与其定义的数值呈线性关系，由此可知，当位置值是100的时候，对应的舵机位置是90°。舵机控制脉冲高电平的宽度也是用数值来衡量的，并且所定义的数值和舵机位置所定义的数值一一对应，对应的依据就是两种数值都可以换算成相应的角度值。例如，舵机位置为90°的时候定义的数值为90，则与之相对的舵机90°时的脉冲高电平宽度所定义的数值也为90，这样描述舵机位置的数值和描述脉冲高电平宽度的数值得到了统一，通过判断脉冲高电平宽度数值与舵机目标位置数值的大小关系便可以确定舵机是否转动到了目标位置。

前面判断的是单个舵机是否达到指定位置，所有动作都是需要17台舵机来协调配合，对于同一个运动周期来说，每个舵机的转动角度并不相同，也就是当所有的舵机同时转动所达到各自目标位置的时间不同。舵机的控制脉冲发送并不是舵机转动到目标位置之后就立即发送下一组运动数据控制脉冲，而是17台舵机均达到指定的目标位置之后，才统一发送下一组控制脉冲。为使17台舵机在下一个周期开始的时候能够依然同时转动，需要在程序中设立一个标志位。当单个舵机转动到目标位置的时候，标志位的值为0，当17台舵机均转动到目标位置时，标志位的值置1，此时机器人执行下一个动作运动数据，同时发送相应的控制脉冲，这样就保证了舵机运动的整体性和规律性。

4.4 舵机在情感机器人中的应用

4.4.1 下位机控制

下位机采用性价比很高的 PIC16F877A 单片机芯片。下位机电路在接收到上位机动作指令号后，通过必要的外围电路驱动电动机进行运动控制。这部分硬件电路主要包括 LPC2132 微控制器及上电/按键复位电路、晶振电路等基本外围模块、电源模块、串口通信模块、舵机接口电路、无线串口通信接口和大容量串行 E2PROM 等。本部分电路板如图 4-13 所示。

图 4-13 多路舵机控制板

4.4.2 上位机控制软件

上位机控制软件由北京科技大学机器人研究课题小组独立开发，本部分上位机软件的作用是生成机器人的运动数据，并对机器人的运动数据进行传输和编辑。其主界面如图 4-14 所示。

控制软件的主界面可以分为以下几个区域：菜单控制区，速度控制区，同步选择控制区，舵机微调控制区，数据发送控制区，运动数据显示区以及功能控制区等。在菜单控制模块中有一个初始位置设定菜单，点击后出现的子菜单如图 4-15 所示。

其中，三个子菜单对应机器人初始化位置控制的三个选项。通过设置初始化位置子菜单，可以设置机器人上电后的初始化位置。点击浏览按钮后，就可以把要加载的机器人运动数据读取出来，点击发送按钮，则控制软件开始向机电综合平台发送数据。如果

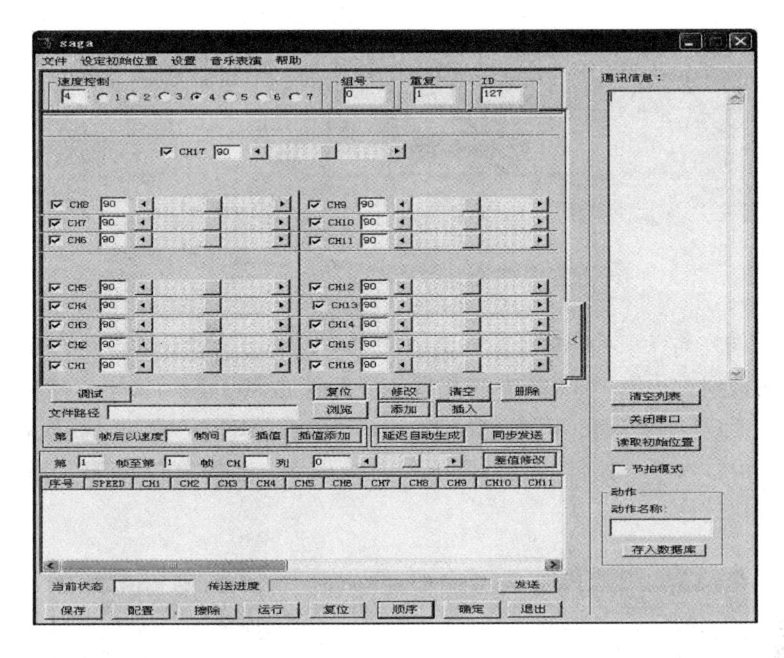

图 4-14　控制软件主界面

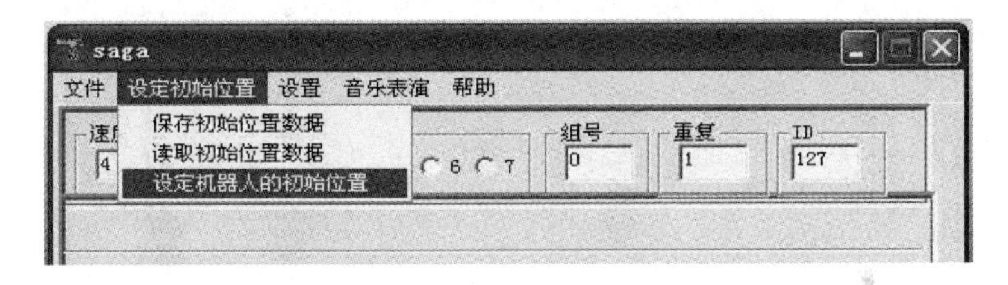

图 4-15　初始化菜单示意图

数据传输成功，点击确定之后，点击运行按钮，机电综合平台就可以按照传输的数据进行动作了。

此外，软件还可以对数据进行微调。在舵机微调控制区选择其中的一组数据，双击之后，这组数据就可以在上面的各个滑动块中体现出来。通过拉动滑动块，可以改变每个 CHx 对应的数据，调整完毕后点击修改按钮就可以把改动的数据重新保存到原来的位置。界面上方有一个同步的选项，有 ON 和 OFF 两个选项，如果选 OFF 选项，点击发送按钮将调整后的数据发送，但此组数据并不执行。如果选择 ON 选项，则在滚动条调整数据的时候，多路舵机控制板就可以控制舵机转动，从而使表情机器人同步的作出相应动作，也就是可以实时显示微调结果。

随着机器人动作数量的增加，如果按照上面介绍的方法对动作数据进行一一传送的话，会使工作量骤增，而且不利于对动作的整体把握。因此，我们在上位机软件中增加了动作编排。动作编排的操作菜单如图 4-16 所示。

动作顺序编排的界面如图 4-17 所示，图中可以看出，最多可以同时编排 20 组动作进行传送。假设我们存取机器人动作数据时的顺序为 1）点头；2）眨眼；3）皱眉；4）左转头；5）右转头；6）向右看；7）向左看；8）向上看，若现在想让它执行 6）向右看——

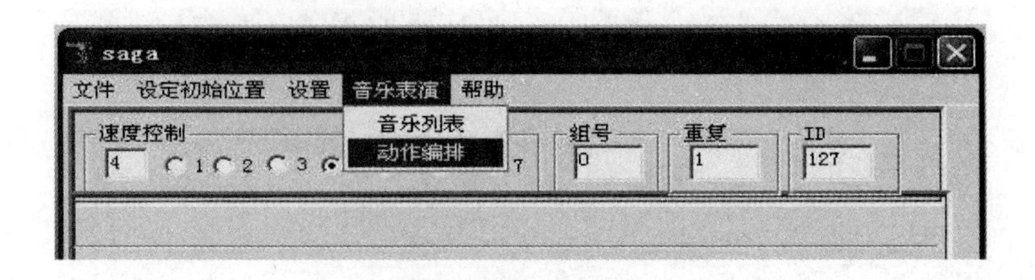

图 4-16　动作编排菜单

1）点头——7）向左看——4）左转头，则依次点击动作 6、动作 1、动作 7、动作 4 即可，此时，我们会注意到右边框里 1—4 中的数据也发生了改变。1—4 对应的数据变成为 6、1、7、4，点击确定后返回主界面，再点击顺序，即可按要求运行。至此，我们就可以看到情感机器人的各种表情，本章开始部分已截取部分表情图片，当然我们也可以通过修改或者扩展得到更多的表情和动作。

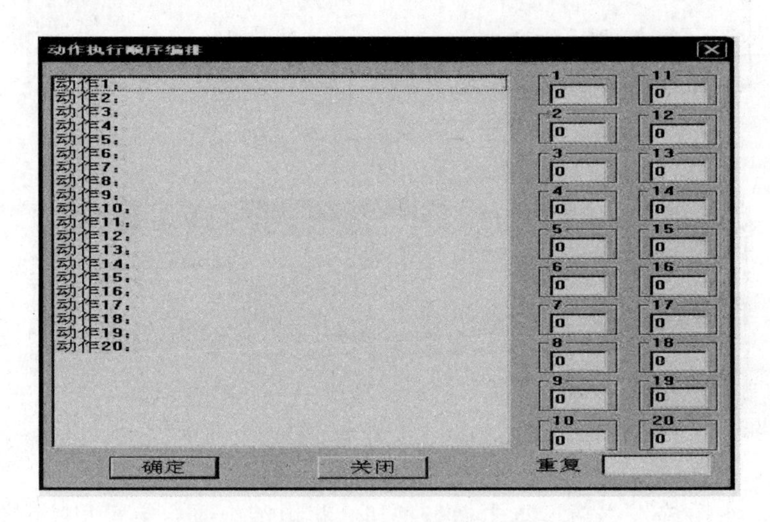

图 4-17　动作执行顺序编排界面（初始）

参考文献

[1]　胡汉才. 单片机原理及接口技术 [M]. 北京：清华大学出版社，1996.

[2]　邓星钟. 机电传动控制 [M]. 3 版. 湖北：华中科技大学出版社，2002.

[3]　王时胜，姜建平. 采用单片机实现 PWM 式 D/A 转换技术 [J]. 电子质量，2004（9）：67-69.

[4]　刘歌群，卢京潮，闫建国，等. 用单片机产生 7 路舵机控制 PWM 波的方法 [J]. 机械与电子，2004（2）：76-78.

[5]　李娜. 用于情感交互的机电综合平台研究 [D]. 北京：北京科技大学，2006.

[6]　邓海波. 家庭服务机器人和谐交互模式的研究 [D]. 北京：北京科技大学，2007.

[7]　窦振中，汪立森. PIC 系列单片机应用设计与实例 [M]. 北京：北京航空航天大学出版社，1999.

[8]　王志良. 人工情感 [M]. 北京：机械工业出版社，2009.

第5章　机器视觉

俗话说“百闻不如一见”，眼睛感知到的信息对认知有着非常大的帮助。让计算机或者机器人具有视觉，能够感知和处理所接收到的信息，是人类多年以来的梦想。计算机视觉（也称为机器视觉）除了包括对视觉信息的获取、传输、处理以及存储以外，还包括视觉知识理解。研究者们通常通过机器视觉产品（即图像摄取装置，可分为 CMOS 和 CCD 两种）将被摄取目标转换成图像信号，传送给专用的图像处理系统，根据像素分布和亮度、颜色等信息，转变成数字化信号；图像系统对这些信号进行各种运算来抽取目标的特征，进而根据判别的结果来控制现场的设备动作。

本章首先介绍了计算机视觉的基础知识、相关技术以及应用范围，然后主要介绍机器视觉在双摄像机视线追踪系统中的应用，涉及视线追踪及标定、摄像机标定等技术。图 5-1 所示为双摄像机追踪系统的原理图和实物图。

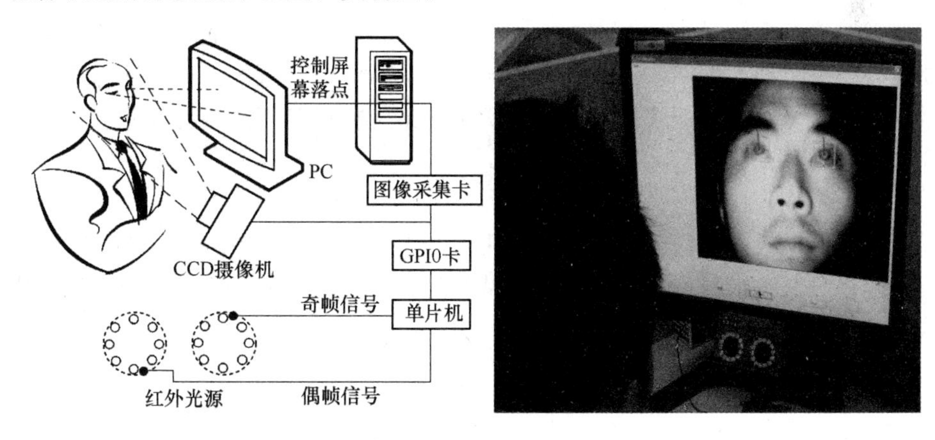

图 5-1　双摄像机追踪系统的原理图和实物图

5.1　机器视觉概述

5.1.1　Marr 的计算机视觉理论框架

机器视觉并不是一个独立的研究课题，需要综合运用其他多个学科的知识，如计算机科学、认知学、生命科学、心理学甚至社会学等众多学科的知识。20 世纪 80 年代初，英国的 D. Marr 首次从信息处理的角度综合了图像处理、心理物理学、神经生理学及临床精神病学的研究成果，提出了第一个较为完善的视觉系统框架，这一框架虽然在细节甚至在主导思想方面尚存在大量不完备的方面，但仍然是广大研究者们所接受的基本框架。

D. Marr 从信息处理系统的角度出发，认为对此系统的研究应分为三个层次，即计算理论层次、表达与算法层次、硬件实现层次。分别解决的问题是各部分的输入输出是什么以及之间的关系，各模块输入输出与内部的信息表达以及实现计算理论所规定的目标的算法，如何用硬件实现以上算法三大问题。

5.1.2 应用范围及前景

正是由于计算机视觉学科不是单独的一门学科，因此它有许多有趣的研究方向吸引着不少研究者们，这些研究包括底层图像处理、图像分割、图像分类、物体识别、物体跟踪、立体视觉等。

计算机视觉的应用前景也是非常丰富的，无论从前沿的高科技产品还是我们的日常生活中，都有可能看到计算机视觉技术的影子，例如自然图像检索，航拍图像处理，人脸识别，工业控制，次品检测，医学图像处理和视频监控等。在我们的情感机器人系统中，计算机视觉技术更是发挥了不可替代的重要作用。下面主要介绍一下一类机器视觉系统标定系统的实现。

5.2 机器视觉系统标定算法

摄像机视线追踪系统是机器视觉的一个重要应用方向，在人与情感机器人交流的过程中，机器人需要采集到人的一些信息才能做出合适的反应，在摄像机视线追踪系统中，我们通常采用双摄像机标定，下面我们对机器视觉中的摄像机标定算法进行介绍。

5.2.1 角点提取

模型标定平面模板中图像角点的提取：用激光打印机打印一张 7×7 个正方形的平面图像作为标定模板。取每个正方形的顶点作为特征点，所提取特征点需要通过精确的角点检测算法实现。

5.2.2 SUSAN 算法原理

角点是图像中重要的纹理特征，它是表征图像边界上曲率突变的点，在图像匹配、目标识别与跟踪、运动估计中均有重要的应用。SUSAN 算法是基于图像灰度信息的角点检测算法，它提出了吸收核同值区的概念，即在图像上移动圆形模板，若模板内的像素灰度与模板中心的像素灰度差值小于给定的门限，则认为该点与中心点是同值的，而由满足这样条件的像素组成的区域则叫做吸收核同值区（Univalue Segment Assimilating Nucleus，USAN）。SUSAN 角点检测算法的核心思想是平坦区域像素点的 USAN 值最大，边界点次之，角点最小；而且角点越尖，吸收核同值区越小。因此通过设定灰度阈值和 USAN 面积阈值，可判断角点位置，USAN 面积阈值可以通过下面的方法进行设定。

首先，设置一个判别函数来判断模板中的像素是否属于 USAN 区域。常用的判别函数如下：

$$c(\vec{r},\vec{r_0})=\begin{cases}1,\text{if}\,|I(\vec{r})-I(\vec{r_0})|\leqslant t\\0,\text{if}\,|I(\vec{r})-I(\vec{r_0})|>t\end{cases} \tag{5-1}$$

其中，r_0是模板中心点的位置，r 是圆形窗内其他任一点的位置，$I(\vec{r})$ 表示图像灰度值，t 则是预设的灰度阈值，c 叫做相似比较函数，是输出的判别值。

其次，利用下式统计 USAN 区域面积的大小。

$$n(\vec{r_0}) = \sum_{\vec{r}} c(\vec{r},\vec{r_0}) \tag{5-2}$$

再次，利用下式比较 SUSAN 区域面积 n 和预设的几何阈值 g 的大小，确定图像的边缘。

$$R(\vec{r_0}) = \begin{cases} g - n(\vec{r_0}), \text{if} \quad n(\vec{r_0}) < g \\ 0, \text{if} \quad n(\vec{r_0}) \geqslant g \end{cases} \tag{5-3}$$

其中，$R(\vec{r_0})$ 表示图像边缘响应。在进行图像边缘信息提取时，g 的取值要大一些，一般设置为 $3n_{max}/4$，n_{max} 是 n 能取得的最大值。

最后，搜索初始边缘响应中的局部最大值，将其对应的像素点标记为角点。

5.2.3 改进的 SUSAN 算法

为减少图像遍历时的运算量，需要先对模板图像进行有针对性的预处理。角点一定是边缘点，先用 canny 边缘检测算子对灰度图像进行边缘检测，获得边缘点的位置；图像的孤立点是伪角点，在对灰度图像进行边缘检测后，对边缘空间使用滤波窗口滤除孤立噪声点，进行伪角点的排除。对 SUSAN 算法的改进主要有如下两个方面：

1）对边缘点利用 USAN 原理检测角点。为了获得更加稳定、有效的信息检测，应实现阈值和比较函数的自适应选取。用下式作为比较函数。

$$c(\vec{r}, \vec{r_0}) = e^{-\left(\frac{I(\vec{r}) - I(\vec{r_0})}{t}\right)^6} \tag{5-4}$$

通过制作正方形面积不同的模板获得灰度值和对比度不同的图像，经过分析，不同对比度下 t 的自适应灰度阈值应满足

$$t = k \times 255 \tag{5-5}$$

大量的实验表明，t 的取值在占到灰度绝对差值 20% ~30% 的时候，能够较好地提取不同对比度下的角点特征，比例系数 k 一般取 0.20 ~0.30。

2）角点检测精度决定了摄像机的标定精度，因此应求得角点的亚像素空间坐标。对于灰度图像，其像素的亚像素空间坐标可根据像素的灰度值求取二维占空比来获得。一种比较简单的算法是通过 $\alpha = \sqrt{(255 - g)/255}$（$g$ 表示该像素的灰度值）来计算空间像素增量∇：当 $\alpha = 0$ 或 $\alpha = 1$ 时，$\nabla = 0.5$；当 $0 < \alpha < 0.5$ 时，$\nabla = t$；当 $0.5 < \alpha < 1$ 时，$\nabla = 1 - \alpha$。如像素坐标（2，3）点的灰度值为 220，则其增量为（0.370，0.370），亚像素空间坐标为（2.370，3.370）。

5.2.4 标定算法

成像模型的求解步骤为：先求解线性方程组得出投影矩阵 $\boldsymbol{M}$，再由投影矩阵元素之间的约束关系分解出内外参数，最后求出畸变系数，优化内参数。在求解外部参数时不考虑畸变，即在 $k_1 = 0$，$k_2 = 0$ 的情况下求解线性方程。

当已知 n 个点的世界坐标和像素坐标，则可以联立 $2n$ 个方程：

$$u_i = \frac{m_1 x_{wi} + m_2 x_{wi} + m_3 x_{wi} + m_4}{m_9 x_{wi} + m_{10} x_{wi} + m_{11} x_{wi} + m_{12}} \tag{5-6}$$

$$\nu_i = \frac{m_5 x_{wi} + m_6 x_{wi} + m_7 x_{wi} + m_8}{m_9 x_{wi} + m_{10} x_{wi} + m_{11} x_{wi} + m_{12}}$$

即

$$\begin{bmatrix} x_{wi} & y_{wi} & z_{wi} & 1 & 0 & 0 & 0 & 0 & -u_i x_{wi} & -u_i y_{wi} & -u_i z_{wi} \\ 0 & 0 & 0 & 0 & x_{wi} & y_{wi} & z_{wi} & 1 & -\nu_i x_{wi} & -\nu_i y_{wi} & -\nu_i z_{wi} \end{bmatrix} \tag{5-7}$$

$$[m_1 | m_2 \quad m_3 \quad m_4 \quad m_5 \quad m_6 \quad m_7 \quad m_8 \quad m_9 \quad m_{10} \quad m_{11}]' = \begin{bmatrix} u_i m_{12} \\ \nu_i m_{12} \end{bmatrix}$$

令 $m_{12}=1$。方程中有 11 个未知数，只要 $n \gg 6$ 即可解出。一般取方程数目远大于未知数数目，这时采用伪逆法求该超定方程得最小二乘解。

解得 $m_1 : m_{11}$后，

$$\begin{bmatrix} f_x & s & u_0 & 0 \\ 0 & f_y & \nu_0 & 0 \\ 0 & 0 & 1 & 0 \end{bmatrix} \begin{bmatrix} r_1 & r_2 & r_3 & t_x \\ r_4 & r_5 & r_6 & t_y \\ r_7 & r_8 & r_9 & t_z \\ 0 & 0 & 0 & 1 \end{bmatrix} = \begin{bmatrix} f_x & s & u_0 & 0 \\ 0 & f_y & \nu_0 & 0 \\ 0 & 0 & 1 & 0 \end{bmatrix} \begin{bmatrix} \gamma_1^{\mathrm{T}} & t_x \\ \gamma_2^{\mathrm{T}} & t_y \\ \gamma_3^{\mathrm{T}} & t_z \\ 0 & 1 \end{bmatrix} = \lambda \begin{bmatrix} l_1^{\mathrm{T}} & m_4 \\ l_2^{\mathrm{T}} & m_8 \\ l_3^{\mathrm{T}} & 1 \end{bmatrix} \tag{5-8}$$

由上式可解出摄像机的外参数和不带畸变的内参数。由于 γ_1^{T}，γ_2^{T}，γ_3^{T}是相互正交的单位向量，所以有

$$\gamma_3^{\mathrm{T}} = \frac{l_3^{\mathrm{T}}}{|l_3^{\mathrm{T}}|}, t_2 = \frac{1}{|l_3^{\mathrm{T}}|}, \nu_0 = \frac{l_3^{\mathrm{T}} \cdot \gamma_3}{|l_3^{\mathrm{T}}|}, f_y = \frac{l_3^{\mathrm{T}} \times \gamma_3}{|l_3^{\mathrm{T}}|}, \gamma_2^{\mathrm{T}} = \left[\frac{l_2^{\mathrm{T}}}{|l_3^{\mathrm{T}}|} - \nu_0 \gamma_3^{\mathrm{T}}\right] \Big/ f_y$$

$$s = \frac{l_1^{\mathrm{T}} \cdot \gamma_2}{|l_3^{\mathrm{T}}|}, f_x = \left|\frac{l_1^{\mathrm{T}}}{|l_3^{\mathrm{T}}|} - u_0 \gamma_3^{\mathrm{T}} - s\gamma_2^{\mathrm{T}}\right|, \gamma_1^{\mathrm{T}} = \left[\frac{l_1^{\mathrm{T}}}{|l_3^{\mathrm{T}}|} - u_0 \gamma_3^{\mathrm{T}} - s\gamma_2^{\mathrm{T}}\right] \Big/ f_x \tag{5-9}$$

$$t_y = t_z(m_8 - \nu_0)/f_y, t_x = (t_z m_4 - u_0 t_z - s t_y)/f_y$$

带畸变的内参数用牛顿迭代法求解优化，初值取线性计算结果，k_1，k_2初值为 0。

5.2.5 空间点的三维坐标

双摄像机标定的作用是建立一个统一的世界坐标系，使整个视线追踪系统都处于同一坐标系中，我们设定左摄像机的光心为世界坐标系的中心。

设定左摄像机 $O-xyz$ 位于世界坐标系原点且无旋转，图像坐标系为 $O_1-X_1Y_1$，焦距为f_1，有摄像机坐标系为 $O_r-x_r y_r z_r$，图像坐标系为 $O_r-X_r Y_r$，焦距为f_r，根据摄像机透视变换模型有

$$S_1 \begin{bmatrix} X_1 \\ Y_1 \\ 1 \end{bmatrix} = \begin{bmatrix} f_1 & 0 & 0 & 0 \\ 0 & f_1 & 0 & 0 \\ 0 & 0 & 1 & 0 \end{bmatrix} \begin{bmatrix} x \\ y \\ z \\ 1 \end{bmatrix} \qquad S_r \begin{bmatrix} X_r \\ Y_r \\ 1 \end{bmatrix} = \begin{bmatrix} f_r & 0 & 0 & 0 \\ 0 & f_r & 0 & 0 \\ 0 & 0 & 1 & 0 \end{bmatrix} \begin{bmatrix} x_r \\ y_r \\ z_r \\ 1 \end{bmatrix} \tag{5-10}$$

$O-xyz$ 和 $O_r-x_r y_r z_r$之间可通过空间转换矩阵相互表示：

$$\begin{bmatrix} X_r \\ Y_r \\ z_r \end{bmatrix} = \begin{bmatrix} r_1 & r_2 & r_3 & t_x \\ r_4 & r_5 & r_6 & t_y \\ r_7 & r_8 & r_9 & t_z \end{bmatrix} \begin{bmatrix} x \\ y \\ z \\ 1 \end{bmatrix}, \ M = [R|T] \tag{5-11}$$

式中，R，T 为 $O-xyz$ 和 $O_r-x_r y_r z_r$之间的旋转矩阵和原点之间的平移变换矢量。

对于 $O-xyz$ 坐标系中的空间点，两摄像机所拍摄图像中，像点间的对应关系为

$$S_{\mathrm{r}}\begin{bmatrix} X_{\mathrm{r}} \\ Y_{\mathrm{r}} \\ 1 \end{bmatrix} = \begin{bmatrix} f_{\mathrm{r}}r_1 & f_{\mathrm{r}}r_2 & f_{\mathrm{r}}r_3 & f_{\mathrm{r}}t_{\mathrm{x}} \\ f_{\mathrm{r}}r_4 & f_{\mathrm{r}}r_5 & f_{\mathrm{r}}r_6 & f_{\mathrm{r}}t_{\mathrm{y}} \\ r_7 & r_8 & r_9 & t_{\mathrm{z}} \end{bmatrix}\begin{bmatrix} zY_1/f_1 \\ zY_1/f_1 \\ z \\ 1 \end{bmatrix} \tag{5-12}$$

由此可得空间点的三维坐标：

$$\begin{aligned} x &= zX_1/f_1 \\ y &= zX_1/f_1 \\ z &= \frac{f_1(f_{\mathrm{r}}t_{\mathrm{x}} - X_{\mathrm{r}}t_{\mathrm{z}})}{X_{\mathrm{r}}(r_7X_1 + r_8X_1 + f_1r_9) - f_{\mathrm{r}}(r_1X_1 + r_2X_1 + f_1r_3)} \\ &= \frac{f_1(f_{\mathrm{r}}t_{\mathrm{y}} - Y_{\mathrm{r}}t_{\mathrm{z}})}{Y_{\mathrm{r}}(r_7X_1 + r_8Y_1 + f_1r_9) - f_{\mathrm{r}}(r_4X_1 + r_5X_1 + f_1r_6)} \end{aligned} \tag{5-13}$$

已知两摄像机的内参数及空间点在左右摄像机图像中的图像坐标时，即可按照上述方法得到被测点的三维坐标。

5.3 摄像机标定技术

情感机器人的视觉系统从机器人的眼睛，即摄像机，获取图像信息，计算得到三维环境物体的位置、形状等几何信息，并由此测量、识别环境中的物体。图像上每一点的亮度反映了空间物体表面某点反射光的强度，而该点在图像上的位置则与空间物体表面相应点的几何位置有关。这些位置的相互关系由摄像机成像几何模型来决定。该几何模型的参数称为摄像机参数，实验并计算得到这些参数的过程称为摄像机标定。在对摄像机标定之前，必须先确定摄像机的模型，称为摄像机建模。摄像机标定就是对摄像机自身的几何和光学特性有关的参数（称为摄机内部参数），以及它相对于某一世界坐标系的三维位置和方向（称为摄像机外部参数）进行确定。其标定方法主要分为传统标定方法、基于主动视觉的标定方法和自标定方法。

摄像机成像模型是影响畸变精度的主要因素之一，在分析了大量的摄像机模型的基础上，采用一种基于直线的摄像机镜头去畸变方法，针对标定参数较多的问题，首先进行畸变校正，再标定摄像机的内外参数。在畸变校正的过程中，使用线性迭代方法，有效避免了非线性算法的初值选择困难、易于收敛于局部极小值等问题，且精度较高。

标定的过程如下：

1）拍摄多张不同姿态的标定模板；

2）检测图像相匹配的特征点，将坐标归一化；

3）根据摄像机畸变模型进行校正；

4）估计每张图像的单应性矩阵；

5）估计摄像机的内外参数。

5.3.1 摄像机成像模型

1. 理想的摄像机成像模型

理想的无透视畸变成像模型是小孔成像模型，它是最简单的摄像机成像模型。设空间一

点 $P(X, Y, Z)$，其在图像上的透射投影为 $p(x, y)$，设 f 为摄像机焦距，根据透射投影的关系有

$$\begin{cases} x = f\dfrac{X}{Z} \\ y = f\dfrac{Y}{Z} \end{cases}$$

用矩阵表示为

$$Z\begin{bmatrix} x \\ y \\ 1 \end{bmatrix} = \begin{bmatrix} f & 0 & 0 & 0 \\ 0 & f & 0 & 0 \\ 0 & 0 & 1 & 0 \end{bmatrix}\begin{bmatrix} X \\ Y \\ Z \\ 1 \end{bmatrix}$$

根据世界坐标系与其在图像上的投影关系可得

$$Z\begin{bmatrix} u \\ v \\ 1 \end{bmatrix} = \begin{bmatrix} 1/\mathrm{d}x & 0 & u_0 \\ 0 & 1/\mathrm{d}y & v_0 \\ 0 & 0 & 1 \end{bmatrix}\begin{bmatrix} f & 0 & 0 & 0 \\ 0 & f & 0 & 0 \\ 0 & 0 & 1 & 0 \end{bmatrix}\begin{bmatrix} R & T \\ 0 & 1 \end{bmatrix}\begin{bmatrix} X_{\mathrm{w}} \\ Y_{\mathrm{w}} \\ Z_{\mathrm{w}} \\ 1 \end{bmatrix}$$

即

$$Z\begin{bmatrix} u \\ v \\ 1 \end{bmatrix} = \begin{bmatrix} f_{\mathrm{u}} & 0 & u_0 \\ 0 & f_v & v_0 \\ 0 & 0 & 1 \end{bmatrix}\begin{bmatrix} 1 & 0 & 0 & 0 \\ 0 & 1 & 0 & 0 \\ 0 & 0 & 1 & 0 \end{bmatrix}\begin{bmatrix} R & T \\ 0 & 1 \end{bmatrix}\begin{bmatrix} X_{\mathrm{w}} \\ Y_{\mathrm{w}} \\ Z_{\mathrm{w}} \\ 1 \end{bmatrix}$$

考虑到读取图像过程中可能会导致 CCD 敏感像元数和缓存中像素数不相等的情况，定义一个比例因子 s 作为补偿。上式最终可表示为

$$Z\begin{bmatrix} u \\ v \\ 1 \end{bmatrix} = \begin{bmatrix} f_{\mathrm{u}} & s & u_0 \\ 0 & f_v & v_0 \\ 0 & 0 & 1 \end{bmatrix}\begin{bmatrix} 1 & 0 & 0 & 0 \\ 0 & 1 & 0 & 0 \\ 0 & 0 & 1 & 0 \end{bmatrix}\begin{bmatrix} R & T \\ 0 & 1 \end{bmatrix}\begin{bmatrix} X_{\mathrm{w}} \\ Y_{\mathrm{w}} \\ Z_{\mathrm{w}} \\ 1 \end{bmatrix}$$

我们称矩阵 $\boldsymbol{K} = \begin{bmatrix} f_{\mathrm{u}} & s & u_0 \\ 0 & f_v & v_0 \\ 0 & 0 & 1 \end{bmatrix}$ 为摄像机标定内参数矩阵，其所有的参数只和摄像机本身有关。而 R、T 为摄像机外参数，由摄像机相对于世界坐标系的方位决定。

2. 摄像机畸变模型

在实际应用中，由于摄像机镜头的畸变和装配误差等影响，实际得到的图像存在畸变。因此，在精度要求高的场合，需要考虑图像的畸变。图像畸变通常包括径向畸变、切向畸变和薄棱镜畸变，图 5-2 所示为理想无畸变图像点位置和有畸变图像点位置之间的关系。

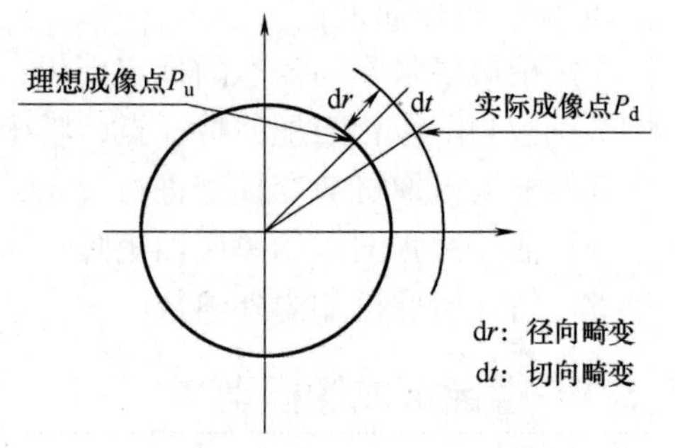

图 5-2　径向畸变与切向畸变图像点位置之间的关系

畸变模型的一般表达式为

$$\begin{bmatrix} x \\ y \end{bmatrix} = \begin{bmatrix} x_{\mathrm{d}} \\ y_{\mathrm{d}} \end{bmatrix} + \begin{bmatrix} \Delta x_{\mathrm{r}} & \Delta x_{\mathrm{d}} & \Delta x_{\mathrm{t}} \\ \Delta y_{\mathrm{r}} & \Delta y_{\mathrm{d}} & \Delta y_{\mathrm{t}} \end{bmatrix}$$

其中，$[x,\ y]^{\mathrm{T}}$表示理想情况下的点坐标，$[x_{\mathrm{d}},\ y_{\mathrm{d}}]^{\mathrm{T}}$表示存在畸变的点坐标。$\Delta_{\mathrm{r}}$为径向畸变，$\Delta_{\mathrm{d}}$为偏心畸变中的切向畸变，$\Delta_{\mathrm{t}}$为薄棱镜畸变。一般来说，薄棱镜畸变影响较小，不予考虑。径向畸变和切向畸变已足够描述非线性畸变。

$\Delta x_{\mathrm{r}} = x_{\mathrm{d}}(k_1 r_{\mathrm{d}}^2 + k_2 r_{\mathrm{d}}^2)$　　　$\Delta y_{\mathrm{r}} = y_{\mathrm{d}}(k_1 r_{\mathrm{d}}^2 + k_2 r_{\mathrm{d}}^2)$

$\Delta x_{\mathrm{d}} = p_1(r_{\mathrm{d}}^2 + 2x_{\mathrm{d}}^2) + 2p_2 x_{\mathrm{d}} y_{\mathrm{d}}$　　　$\Delta y_{\mathrm{d}} = p_2(r_{\mathrm{d}}^2 + 2y_{\mathrm{d}}^2) + 2p_1 x_{\mathrm{d}} y_{\mathrm{d}}$

令 $q = [k_1,\ k_2,\ p_1,\ p_2]^{\mathrm{T}}$，$q$ 为畸变参数向量，则上式可写为

$$\begin{bmatrix} x \\ y \end{bmatrix} = \begin{bmatrix} x_{\mathrm{d}} \\ y_{\mathrm{d}} \end{bmatrix} + Aq$$

其中
$$A = \begin{bmatrix} x_{\mathrm{d}} r_{\mathrm{d}}^2 & x_{\mathrm{d}} r_{\mathrm{d}}^4 & r_{\mathrm{d}}^2 + 2x_{\mathrm{d}}^2 & 2x_{\mathrm{d}} y_{\mathrm{d}} \\ y_{\mathrm{d}} r_{\mathrm{d}}^2 & y_{\mathrm{d}} r_{\mathrm{d}}^4 & 2x_{\mathrm{d}} y_{\mathrm{d}} & r_{\mathrm{d}}^2 + 2y_{\mathrm{d}}^2 \end{bmatrix}$$

3. 摄像机模型畸变参数

根据摄像机畸变的原理，我们观察图像发现越远离图像中心图像畸变越严重，一条直线往往变形成类似圆弧的曲线，而由摄影几何可知，空间直线在像平面的投影仍是直线，如图 5-3 所示。

设空间直线投影到像平面的直线方程为 $x\sin\theta - y\cos\theta + \rho = 0$，其中，$\theta$ 是直线与 x 轴夹角，ρ 为直线到原点的距离。

设一组空间直线投影到像平面，令 I_i（$i = 1,\ 2,\ \cdots,\ n$）为含有投影直线的图像，I_i上包含直线 l_{ij}（$j = 1,\ 2,\ \cdots,\ N$），直线 l_{ij}上的点为 P_{ijk}（x_{ijk}，y_{ijk}）（$k = 1,\ 2,\ \cdots,\ N'$），直线 l_{ij}与 x 轴夹角为 θ_{ij}，到原点距离 ρ_{ij}。直线 l_{ij}满足 $x_{ijk}\sin\theta_{ij} - y_{ijk}\cos\theta_{ij} + \rho_{ij} = 0$，将

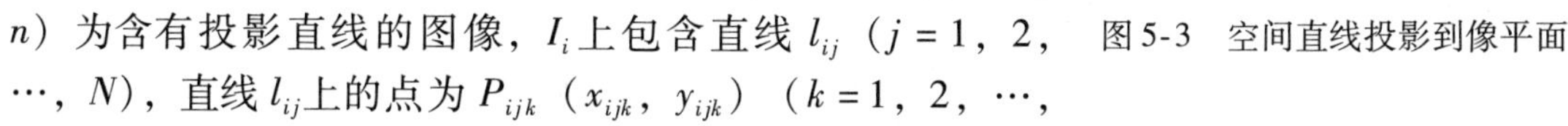

图 5-3　空间直线投影到像平面

$\begin{bmatrix} x \\ y \end{bmatrix} = \begin{bmatrix} x_{\mathrm{d}} \\ y_{\mathrm{d}} \end{bmatrix} + \begin{bmatrix} \Delta x_{\mathrm{r}} & \Delta x_{\mathrm{d}} & \Delta x_{\mathrm{t}} \\ \Delta y_{\mathrm{r}} & \Delta y_{\mathrm{d}} & \Delta y_{\mathrm{t}} \end{bmatrix}$代入，有

$(x_{ijk\mathrm{d}} + \Delta x_{ijk\mathrm{r}} + \Delta x_{ijk\mathrm{d}})\sin\theta_{ij} - (y_{ijk\mathrm{d}} + \Delta y_{ijk\mathrm{r}} + \Delta y_{ijk\mathrm{d}})\cos\theta_{ij} + \rho_{ij} = 0$，令

$S_{ij}(\theta_{ij}, \rho_{ij}, q) = \sum_{k=1}^{N'} [(x_{ijk\mathrm{d}} + \Delta x_{ijk\mathrm{r}} + \Delta x_{ijk\mathrm{d}})\sin\theta_{ij} - (y_{ijk\mathrm{d}} + \Delta y_{ijk\mathrm{r}} + \Delta y_{ijk\mathrm{d}})\cos\theta_{ij} + \rho_{ij}]$ 这样，求解摄像机畸变参数问题被转换为一个求解无约束最小值的问题

$$\min \sum_{i=1}^{n} \sum_{j=1}^{N} S_{ij}(\theta_j, \rho_j, q)$$

通常求解这类问题使用非线性求解算法，如共轭梯度法、L-M 法等。非线性算法虽然具有收敛速度快、精度高等特点，但也存在着初始值的选择困难等问题，因此选用了线性的迭代算法求解。上式也可以写为 $\sum_{i=1}^{n} \sum_{j=1}^{N} \sum_{k=1}^{N'} (B_{ijk} q - C_{ijk}) = 0$，其中

$$B_{ijk} = \begin{matrix} x_{ijkd}r_{ijkd}^{2}\sin\theta_{ij} + y_{ijkd}r_{ijkd}^{2}\cos\theta_{ij} \\ x_{ijkd}r_{ijkd}^{4}\sin\theta_{ij} + y_{ijkd}r_{ijkd}^{4}\cos\theta_{ij} \\ (2x_{ijkd} + r_{ijkd}^{2})\ \sin\theta_{ij} + 2x_{ijkd}y_{ijkd}\cos\theta_{ij} \\ (2x_{ijkd} + r_{ijkd}^{2})\ \cos\theta_{ij} + 2x_{ijkd}y_{ijkd}\sin\theta_{ij} \end{matrix}$$

$$C_{ijk} = -x_{ijkd}\sin\theta_{ij} + y_{ijkd}\cos\theta_{ij} - \rho_{ij}$$

我们按以下过程进行迭代求解：

1）直线 l_{ij} 的初始特征点坐标 $[x_{ijk}(0),\ y_{ijk}(0)]$，初始化迭代次数 $m=0$；

2）使用最小二乘拟合直线 l_{ij} 的参数 $\theta_{ij}(n)$、$\rho_{ij}(n)$；

3）求解方程组，得 $q(n)$；

4）计算 $\xi(n) = |q(n)-q(n-1)|$，如果 $\xi(n)<\xi$，转到6）；

5）$n=n+1$，按式3）~5）计算 $(x_{ijk}(n),\ y_{ijk}(n))$，转到2）；

6）计算结束。

5.3.2 标定摄像机参数

在摄像机畸变校正后，我们采用参考文献［11］中介绍的方法进行参数标定。令模板平面的 Z 坐标为零，其中旋转矩阵可以表示为 $R=[r_1\quad r_2\quad r_3]$，其中 T 为摄像机平移向量，则有

$$s\begin{bmatrix} u \\ v \\ 1 \end{bmatrix} = K[r_1\quad r_2\quad r_3\quad T]\begin{bmatrix} x_w \\ y_w \\ z_w \\ 1 \end{bmatrix} = K[r_1\quad r_2\quad r_3]\begin{bmatrix} x_w \\ y_w \\ 1 \end{bmatrix},$$

其中

$$K = \begin{bmatrix} f_u & s & u_0 \\ 0 & f_v & v_0 \\ 0 & 0 & 1 \end{bmatrix}$$

$H=K\ [r_1\quad r_2\quad T]$，其中 H 为单应矩阵。

令 $H=\ [h_1\quad h_2\quad h_3]$，则 $[h_1\quad h_2\quad h_3]\ =\ \lambda K\ [r_1\quad r_2\quad T]$。

利用 r_1，r_2 的正交关系可以得到

$$h_1K^{-T}K^{-1}h_2=0$$
$$h_1^TK^{-T}K^{-1}=h_2^TK^{-T}K^{-1}h_2$$

单应矩阵 H 有8个自由度，6个内部参数，但我们现在只能得到2个约束方程。令

$$\boldsymbol{B} = K^{-T}K^{-1} = \begin{bmatrix} B_{11} & B_{12} & B_{13} \\ B_{12} & B_{22} & B_{23} \\ B_{13} & B_{23} & B_{33} \end{bmatrix} = \begin{bmatrix} \frac{1}{f_u^2} & -\frac{s}{f_u^2 f_v} & \frac{v_{0s}-u_0 f_v}{f_u^2 f_v} \\ -\frac{s}{f_u^2 f_v} & \frac{s^2}{f_u^2 f_v}+\frac{1}{f_v^2} & -\frac{s(v_{0s}-u_0 f_v)}{f_u^2 f_v}-\frac{v_0}{f_v^2} \\ \frac{v_{0s}-u_0 f_v}{f_u^2 f_v} & -\frac{\gamma(v_{0s}-u_0 f_v)}{f_u^2 f_v}-\frac{v_0}{f_v^2} & \frac{(v_{0s}-u_0 f_v)^2}{f_u^2 f_v^2}+\frac{v_0^2}{f_v^2}+1 \end{bmatrix}$$

注意到 $\boldsymbol{B}$ 是对称的，所以有：$\boldsymbol{b}=[B_{11}\quad B_{12}\quad B_{22}\quad B_{13}\quad B_{23}\quad B_{33}]$。令 H_i 是 H 矩阵的第 I

列，可以得到 $hi^{\mathrm{T}}Bhi = vij^{\mathrm{T}}b$，其中

$$vij = [\, h_{i1}h_{j1} \quad h_{i1}h_{j2} + h_{i2}h_{j1} \quad h_{i3}h_{j1} + h_{i1}h_{j3} \quad h_{i2}h_{j2} \quad h_{i2}h_{j3} + h_{i3}h_{j2} \quad h_{i3}h_{j3} \,]^{\mathrm{T}}$$

这样，**B** 可写为

$$\begin{bmatrix} \nu_{12}^{\mathrm{T}} \\ (\nu_{11} - \nu_{22})^{\mathrm{T}} \end{bmatrix} b = 0$$

如果有 n 个单应性矩阵，则可得到 $2n$ 个约束，显然，当 $n>3$ 时，可求出 b，根据 b 的值和

$$\boldsymbol{B} = K^{-\mathrm{T}}K^{-1} = \begin{bmatrix} B_{11} & B_{12} & B_{13} \\ B_{12} & B_{22} & B_{23} \\ B_{13} & B_{23} & B_{33} \end{bmatrix} = \begin{bmatrix} \dfrac{1}{f_{\mathrm{u}}^{2}} & -\dfrac{s}{f_{\mathrm{u}}^{2}f_{\nu}} & \dfrac{\nu_{0s} - u_0 f_{\nu}}{f_{\mathrm{u}}^{2}f_{\nu}} \\ -\dfrac{s}{f_{\mathrm{u}}^{2}f_{\nu}} & \dfrac{s^2}{f_{\mathrm{u}}^{2}f_{\nu}} + \dfrac{1}{f_{\nu}^{2}} & -\dfrac{s(\nu_{0s} - u_0 f_{\nu})}{f_{\mathrm{u}}^{2}f_{\nu}} - \dfrac{\nu_0}{f_{\nu}^{2}} \\ \dfrac{\nu_{0s} - u_0 f_{\nu}}{f_{\mathrm{u}}^{2}f_{\nu}} & -\dfrac{\gamma(\nu_{0s} - u_0 f_{\nu})}{f_{\mathrm{u}}^{2}f_{\nu}} - \dfrac{\nu_0}{f_{\nu}^{2}} & \dfrac{(\nu_{0s} - u_0 f_{\nu})^2}{f_{\mathrm{u}}^{2}f_{\nu}^{2}} + \dfrac{\nu_0^{2}}{f_{\nu}^{2}} + 1 \end{bmatrix}$$

可求出摄像机的内参数。

5.3.3 实验结果

1. 模拟实验

在试验中，设定了摄像机参数 $[f_{\mathrm{u}}, f_{\nu}, s, u_0, \nu_0, k_1, k_2, p_1, p_2]$ 分别为 [1000, 1000, 0, 320, 240, 0.1, −0.1, 0.02, 0.02]、图像分辨率为 640×480。

为了验证本方法对噪声的敏感性，对各点加入噪声 $[\Delta x, \Delta y]$，单位为像素，噪声水平为（0~1.0）。按照本章中的摄像机标定方法，在每个噪声等级下进行多次独立实验。求得每个噪声级别下的摄像机畸变参数，根据求解得到的结果重新计算该点在图像坐标系下的坐标，并与该点的准确值进行比较，得到重投影误差，如图 5-4 所示，可以看出，根据本方法求解出的值与真实值差别很小。

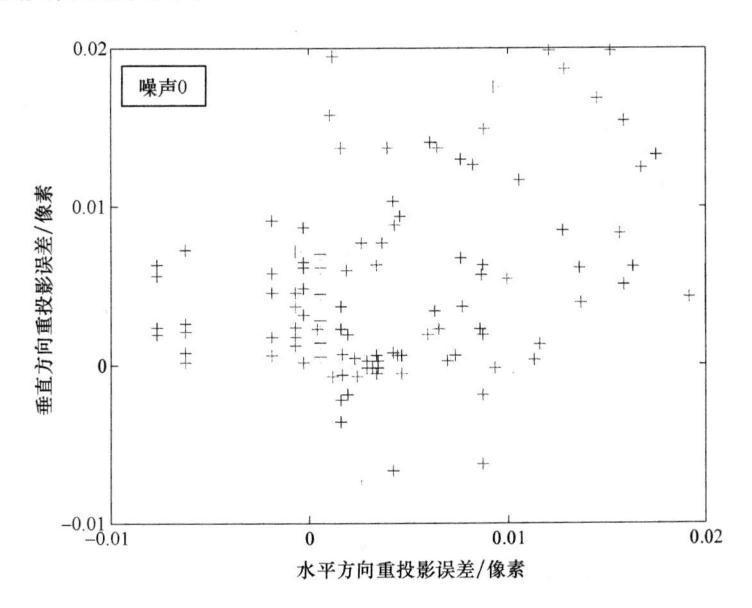

图 5-4　重投影误差分析

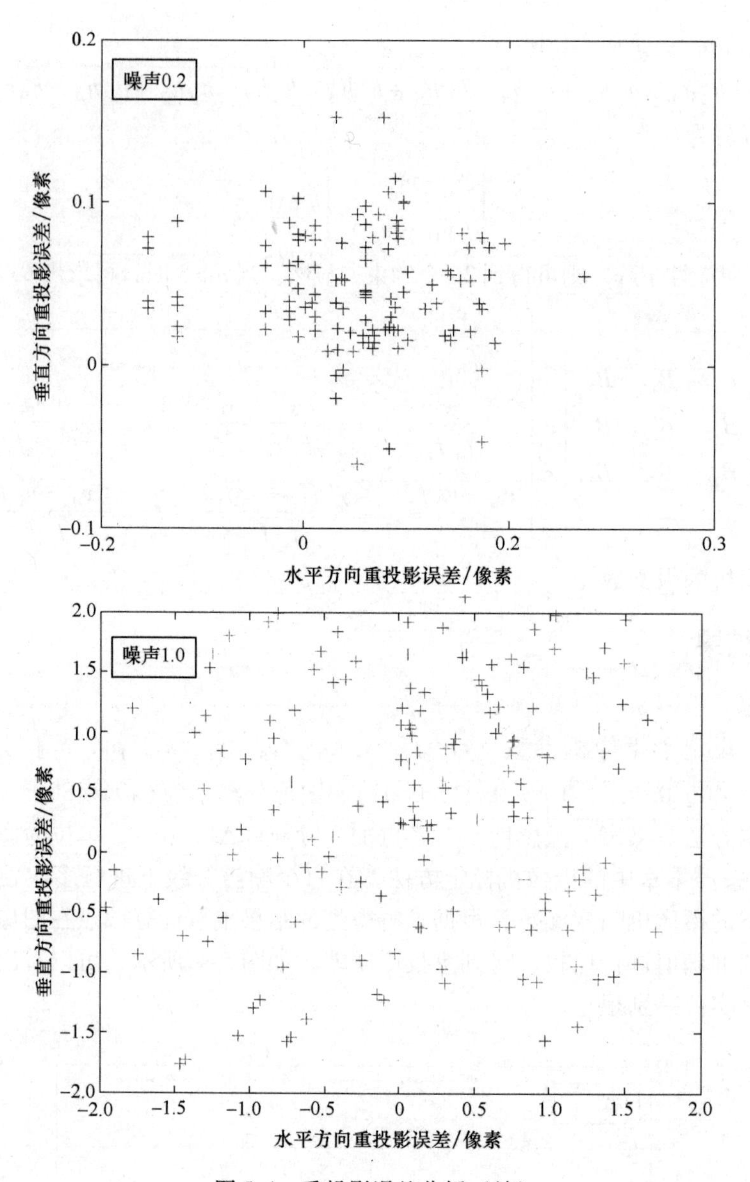

图 5-4　重投影误差分析（续）

2. 真实实验

从拍摄的 20 幅图像中选择一幅，其模板如图 5-5a 所示，棋盘格角点的图像坐标见表 5-1。

表 5-1　图像中部分直线上点的图像坐标

	直线 1	直线 2	直线 3	直线 4
点 1	557.4046，134.4815	555.4156，183.0299	553.3464，232.7608	551.3941，281.2423
点 2	508.3970，132.5511	506.5975，181.2859	504.6472，231.3164	502.5879，279.7635
点 3	460.2309，130.6172	458.4495，179.5411	456.5138，229.6655	454.5398，278.5446
点 4	411.6272，128.8442	409.8345，177.9986	407.9903，228.2517	406.0938，277.1896
点 5	361.4618，126.6861	359.7150，176.0423	357.8321，226.5564	356.0724，275.7643
点 6	311.9529，124.8034	310.2505，174.4116	308.3936，225.0008	306.6555，274.2581

a)　　b)

图 5-5　拍摄的标定模板

a）原始图像　b）去畸变后图像

根据这些点，按照本章中的去畸变方法，得到畸变参数见表 5-2。

表 5-2　畸变参数

畸变参数	k_1	k_2	p_1	p_2
结果	0.110475	0.100990	0.005751	0.008430

经过摄像机畸变校正得到的摄像机内参数矩阵为

$$K=\begin{bmatrix} f_u & s & u_0 \\ 0 & f_v & v_0 \\ 0 & 0 & 1 \end{bmatrix}=\begin{bmatrix} 1943.55758 & -0.00133 & 381.94224 \\ 0 & 1936.63333 & 283.35205 \\ 0 & 0 & 1 \end{bmatrix}$$

针对图 5-1 中的模板参数得到以下矩阵

$$[R\quad T]=\begin{bmatrix} -0.0359 & 0.9942 & 0.1018 & -53.108 \\ 0.9982 & 0.0307 & 0.0519 & -51.688 \\ -0.0485 & 0.1035 & -0.9934 & 618.678 \end{bmatrix}$$

本书提出此种基于直线的摄像机镜头去畸变方法，针对标定参数较多的问题，先进行畸变校正，再标定摄像机的内外参数。在畸变校正的过程中，使用线性迭代方法，有效避免了非线性算法的初值选择困难、易于收敛于局部最小值等问题，且精度较高。

5.4　双目追踪系统的标定

大部分基于瞳孔—角膜反射技术的视线估计可分基于二维映射模型的视线估计方法和直接的三维视线估计方法两类。对于直接的三维视线估计方法，首先要估计三维的视线方向，然后通过视线方向和屏幕的交点即可得到盯视点。三维视线估计方法具有二维视线估计不可比拟的几个优点，但是，采用三维视线估计方法要想达到高精确性及稳定性首先需要解决以下几个问题：

1）需要估计眼睛特征点的空间位置；

2）需要对摄像机进行标定；

3）需要估计屏幕和光源的空间位置。由于屏幕和光源对摄像机并不可见，如何估计屏幕及光源的位置是一难点。

为解决上述问题，我们提出了一种基于平面镜的系统标定方法。首先，对双摄像机进行标定，得到以摄像机为中心的世界坐标系；其次，利用平面镜对摄像机不可见的屏幕和光源进行标定，得到像空间坐标；再通过平面镜的几何特性，求出屏幕和光源的真实空间坐标，最后利用最小二乘法估计屏幕平面。综上，我们的标定方法包括以下两步：双摄像机标定和系统标定。三维视线估计方法的准确性主要依赖于视线估计模型和各特征点及屏幕的三维坐标。为解决屏幕及光源对摄像机不可见的问题，本小节使用的基于平面镜的系统标定方法为视线追踪系统计算视线方向计算提供了重要的支持，且其具有较高的测量精度。此方法可操作性较强、精度高，不仅满足采用三维视线估计方法的视线追踪系统，也可推广到所有需要标定摄像机视野范围外物体的立体视觉系统中去。

5.4.1 双摄像机标定

通过 5.2 节所提出的标定算法分别计算左右摄像机的参数及相互间的关系，转换到以左摄像机为中心的坐标系中。

5.4.2 系统标定

使用平面镜拍摄平面模板图像，求镜子平面及屏幕和光源在镜子中像的三维坐标；通过求得的空间点估计镜子平面及像平面；根据离差求光源的像关于镜子平面的对称点。

以图 5-1 所示的系统为平台，依据本节中的方法进行了大量的实验。

1. 双摄像机标定

标定所用图像共 20 幅，在摄像机前多角度转动拍摄。所拍摄的标定图像如图 5-6 所示，我们设定左摄像机的 CCD 中心为世界坐标系中心，图 5-7 所示为左右摄像机及所有标定图像在世界坐标系中的位置。

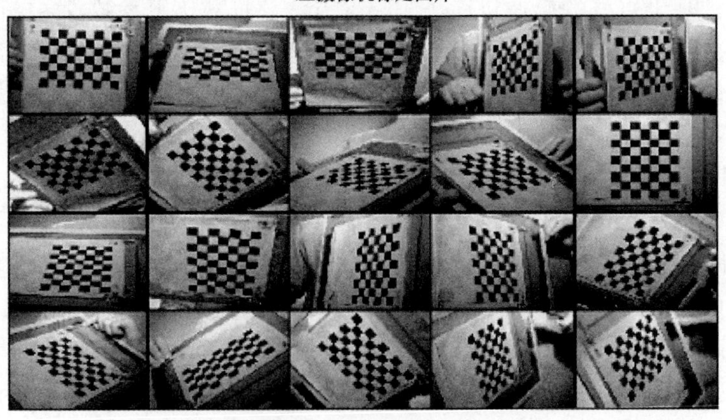

图 5-6 标定图像

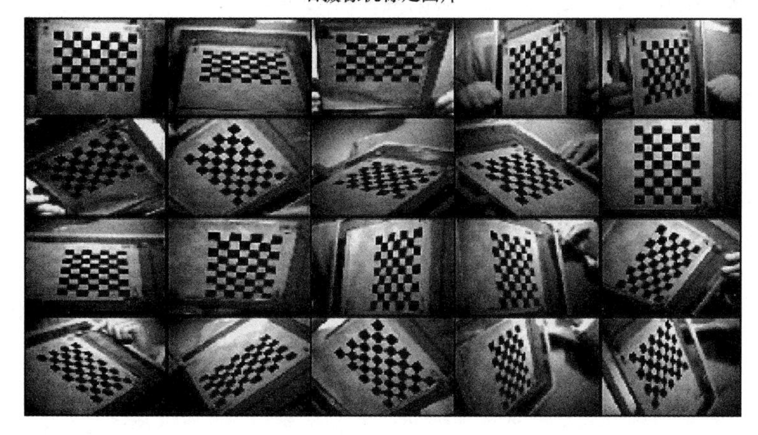

图 5-6　标定图像（续）

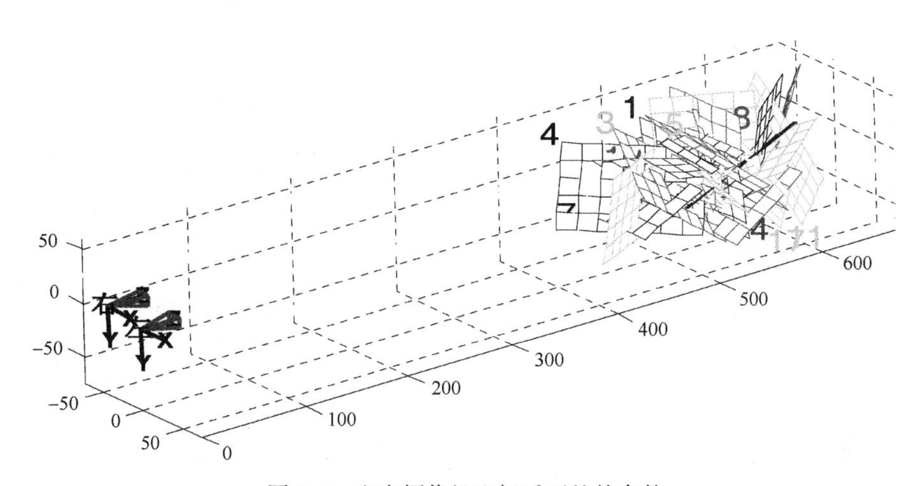

图 5-7　左右摄像机坐标系下的外参数

2. 系统标定

通过平面镜拍摄的图像如图 5-8 所示。从图中可以看出，光源及屏幕都在双摄像机可视范围内。

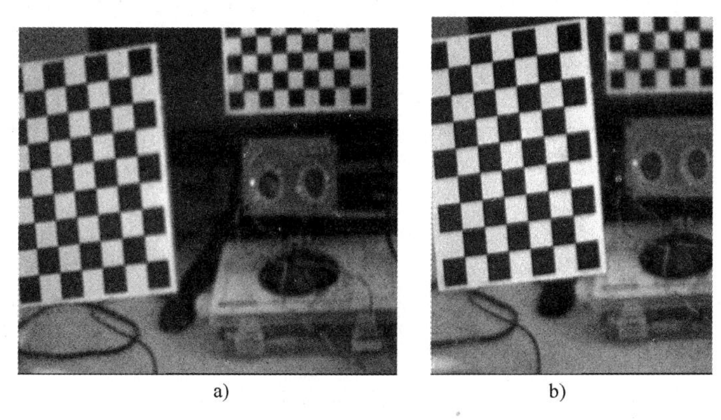

a)　　b)

图 5-8　使用平面镜拍摄的双摄像机图像

a）左摄像机拍摄图像　b）右摄像机拍摄图像

通过角点检测得到图像中标定模板的图像坐标见表5-3。

表5-3　部分点的图像坐标

	图5-8a中部分相邻角点图像坐标	图5-8b中部分相邻角点图像坐标
镜子	(11.68, 108.25)	(35.11, 83.42)
	(53.15, 103.44)	(79.20, 77.53)
	(96.03, 97.61)	(122.70, 73.01)
	(138.90, 93.24)	(165.48, 67.55)
屏幕的像	(447.14, 17.26)	(381.77, 27.05)
	(478.09, 15.30)	(413.02, 26.12)
	(508.44, 13.25)	(442.64, 25.08)
	(539.02, 12.16)	(472.58, 24.13)

首先，通过摄像机标定分别得到左右摄像机的焦距$f_l = 16.46$，$f_r = 16.31$；屏幕标定模板相邻角点的标称值为16mm，镜子标定模板相邻角点的标称值为11mm。然后，计算出镜子和屏幕的像各点的三维坐标，再通过拟合得到镜子平面，求出像点关于镜子平面的对称点。

3. 误差分析

我们使用了一种较为实际的误差评估方法，通过测量可得到标定模板上多个相邻角点的三维坐标，通过两两相邻的角点坐标可得到棋盘格的边长，即$d = \sqrt{(x_1 - x_2)^2 + (y_1 - y_2)^2 + (z_1 - z_2)^2}$，其与实际边长的误差可衡量标定的精度。表5-4给出了镜子和屏幕部分相邻角点的空间距离及与实际边长的相对误差。图5-9显示了屏幕模板上各角点的空间坐标估计误差，由表5-4和图5-9可以看出，通过本文所采用的方法计算得到的空间坐标误差较小，能够满足视线追踪系统对空间三维坐标精度的要求。

从实验结果中可以得出：

1）拍摄更清晰的图片有利于误差的减少；

2）从表5-4中可以看出，使用标定模板中更多的角点进行计算，可以减少误差，使结果更精确。

表5-4　空间距离标定结果及误差

	序　号	部分相邻角点的空间距离/mm	相对误差
镜子	1	11.37	0.03
	2	11.09	0.01
	3	11.21	0.02
屏幕	1	16.17	0.01
	2	16.50	0.03
	3	16.44	0.03

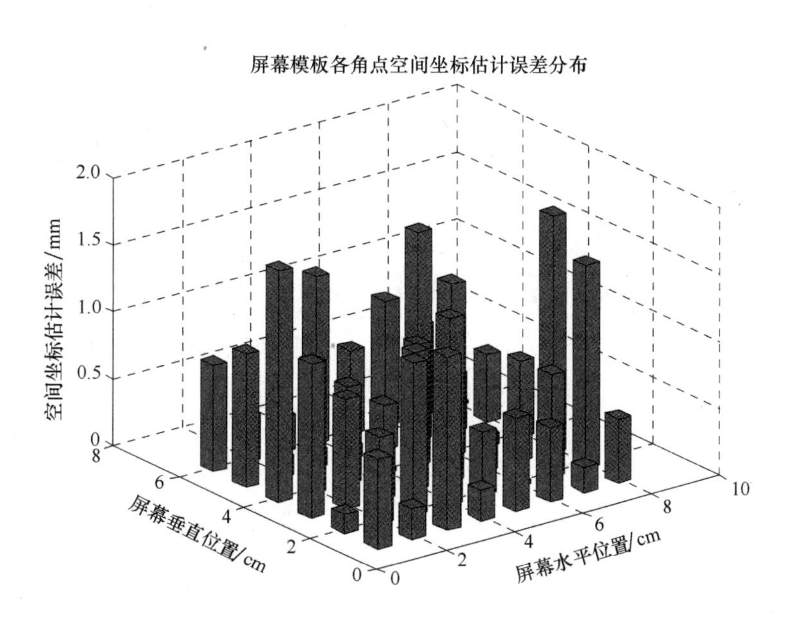

图 5-9　屏幕模板各角点的空间坐标估计误差

5.5　多摄像机系统标定

在使用双目以上摄像机的计算机视觉系统中，都需要进行摄像机标定，并且需要确定系统中各摄像机的关系，将其变换到同一坐标系内。一般的摄像机标定方法，需要所有的摄像机视野有重叠的部分，一些算法还要求摄像机必须同步。但是在一些场合中摄像机可能不具有重叠视野，如窄视野摄像机、分布式多摄像机系统等，在这些系统中，想要标定物在全部摄像机的视野内是很困难的。在这种情况下，前两节中所提出的标定方法无法使用。

为了克服这些局限，我们采用了一种新的标定方法，使用平面镜使一个标定模板在所有的摄像机视野内。根据摄像机的位置移动镜子，使标定模板在摄像机视野内。在标定过程中标定模板保持固定不动，为计算摄像机的镜像姿态提供唯一的确定参考。每个镜子姿态都有四个自由度（3D 法向量和镜子到摄像机的距离），并把这些作为标定过程中的自由参数。镜子姿态用来校正镜像。在我们的方法中，镜子姿态不作为标定的必要条件，取而代之的是摄像机的镜像姿态，当摄像机通过镜子观测标定物时，摄像机的镜像姿态与摄像机真实姿态有唯一的确定关系。

当借助镜子标定时，摄像机的内参数和畸变并不发生变化。在这里，我们可采用第 3 章中提出的标定方法作为标定的第一步，求出摄像机的内参数、畸变及摄像机镜像姿态。此方法与大多数标定技术的不同处在于，我们不移动摄像机和标定模板，只需移动镜子来固定摄像机和标定模板的位置。在标定方法的第二步中，摄像机内参数和镜像摄像机的姿态用来计算摄像机的真实位置。

本例的标定方法包括以下两步：标定摄像机内参数和镜像图像外参数，并计算真实摄像机位置。采用这种标定方法，标定物可以不被摄像机直接看到，通过转动一平面镜，使标定模板在摄像机视野内。通过计算得到摄像机镜像的内参数，即真实摄像机的参数。与上一节提出的标定方法不同之处在于平面镜的位置不作为标定的必要条件，也就是说平面镜的位置并不作为标定过程中的参数，取而代之的是镜像摄像机的位置，当摄像机通过镜子观测标定物时，摄像机的镜像位置与摄像机真实位置有唯一的确定关系。通过求摄像机镜像的位置及其之间的约束关系，可以得到摄像机真实的位置。

5.5.1 标定摄像机内参数和镜像图像外参数

固定摄像机和标定模板，只移动镜子得到不同方位的标定模板图像。通过5.2节所提出的标定算法获得摄像机内参数和镜像图像外参数。

5.5.2 计算真实摄像机位置

通过镜像摄像机与真实摄像机之间的约束关系，计算真实摄像机的位置。为了验证算法的效果，我们进行了大量的模拟实验。在试验中，设定了三个摄像机，选用的摄像机参数 $[f_u, f_v, s, u_0, v_0, k_1, k_2, p_1, p_2]$ 分别为［1000，1000，0，320，240，－0.2，0.2，0.01，0.01］、［1000，1000，0，320，240，－0.1，0.2，0.01，0］、［1000，1000，1，320，240，－0.2，0.2，0.01，0.01］，图像分辨率为 640×480。为了验证本方法对噪声的敏感性，对各点加入噪声 $[\Delta x, \Delta y]$，单位为像素，噪声水平为（0~1.0）。按照前面的摄像机标定方法和本章中的方法，在每个噪声等级下进行多次独立实验，并采用内参数估计值与真实值之差的绝对值与各参数之间的相对误差来度量估计结果。图5-10所示为内参数标定结果，图5-11所示为外参数标定结果。

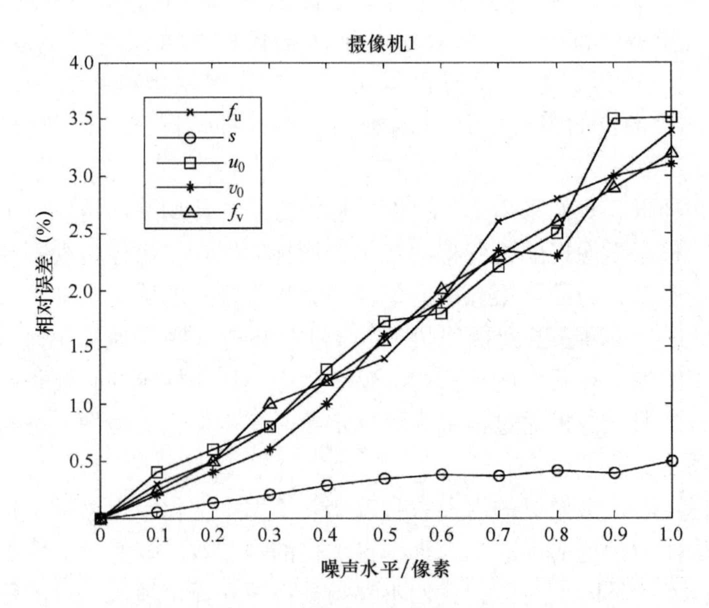

图5-10 摄像机内参数误差分析

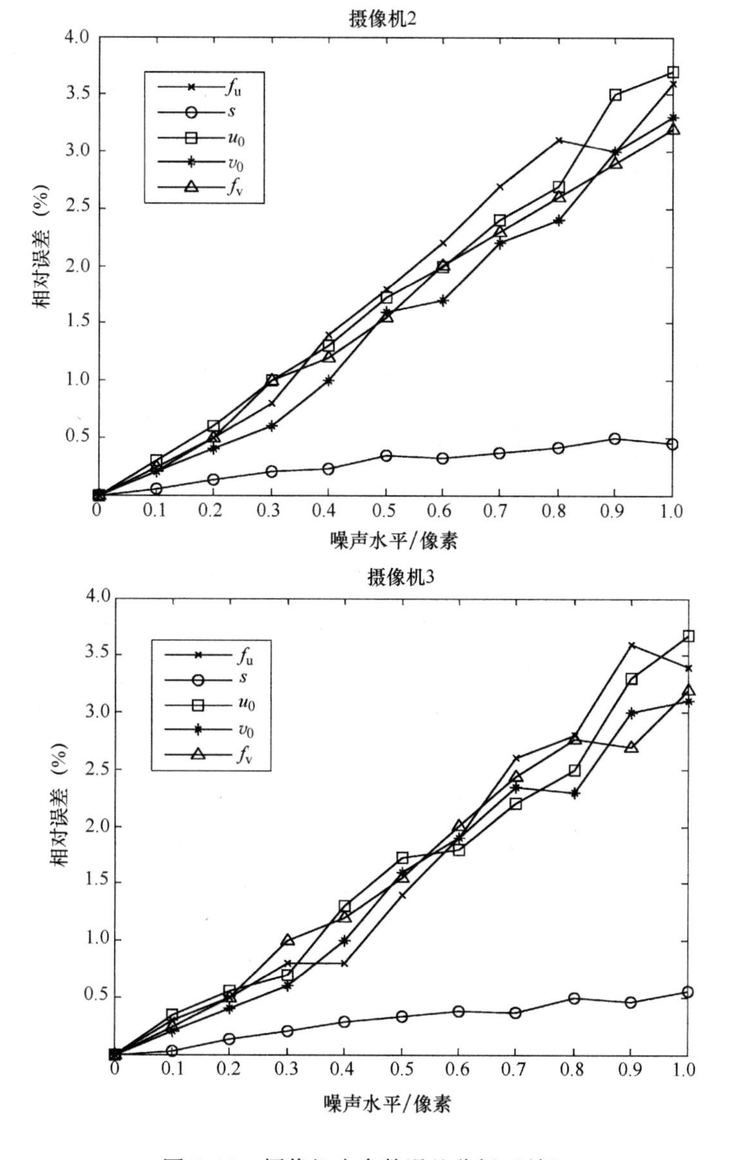

图 5-10　摄像机内参数误差分析（续）

针对情感机器人视觉系统中，眼睛，即摄像机，不能满足普通标定方法的要求，如标定物不能被所有的摄像机看到，我们提出了一种新的标定方法：标定物可以不被摄像机直接看到，通过转动一平面镜，使标定模板在摄像机视野内。通过计算得到摄像机镜像的内参数，即真实摄像机的参数。这种方法的特点在于平面镜的位置不作为标定的必要条件，也就是说平面镜的位置并不作为标定过程中的参数，取而代之的是镜像摄像机的位置，当摄像机通过镜子观测标定物时，摄像机的镜像位置与摄像机真实位置有唯一的确定关系。通过求摄像机镜像的位置及其之间的约束关系，可以得到摄像机真实的位置。

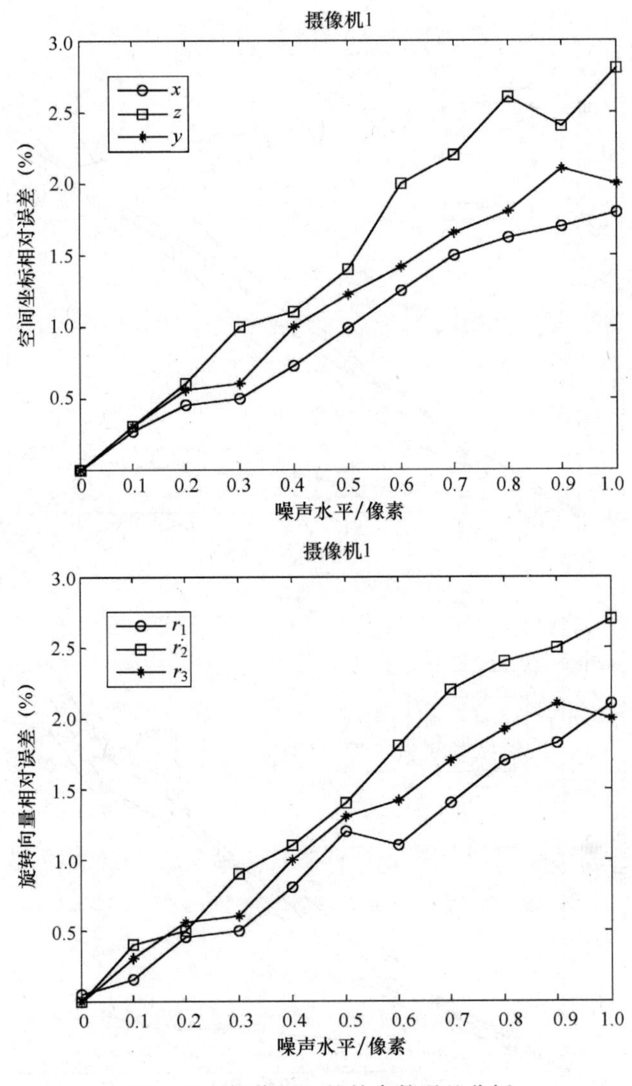

图 5-11　摄像机 1 的外参数误差分析

参 考 文 献

［1］ Zhai S. What's in the Eyes for Attentive Input［J］. Communications of ACM, March 2003, 46（3）, 34-39.

［2］ Zhu Z, Ji Q. Robust real-time eye detection and tracking under variable lighting conditions and various face orientations［J］. Computer Vision and Image Understanding, 2005, 98: 124-154.

［3］ Zhai S, Morimoto C H, Ihde S. Manual and gaze input cascaded（magic）pointing［C］//Proc. ACM SIGCHI-Human Factors in Computing Systems Conference, Pittsburgh, PA, May, 1999, 246-253.

［4］ Beymer D, Flicker M. Eye-Gaze tracking using an active stereo head［J］. Pattern Recognition, 2002, 35: 1389-1401.

［5］ Faig W. Calibration of close-range photogrammetric systems mathematical formulation. photogrammetric eng［J］. Remote sensing. 1975. 41（12）: 1479-1486.

[6] Tsai R Y. A versatile camera calibration technique for high-accuracy 3D machine vision metrology using off-the-shelf TV cameras and lenses. IEEE Journal of Robotics and Automation, RA-3 (4): 323-344.

[7] Roger Y Tsai. An Efficient and Accurate Camera Calibration Technique for 3D Machine Vision. Proceedings of IEEE Conference on Computer Vision and Patern Recognition, Miami Beach, FL, USA, 1986, 364-374.

[8] J. Weng, P. Cohen and M. Herniou . Calibration of Stereo Cameras Using a Non-Linear Distortion Model. In proceedings of International Conference on Pattern Recongnition, 1990, 246-253.

[9] J. Weng, P. Cohen and M. Herniou. Camera calibration with distortion models and accuracy evalution. IEEE Trans. on Pattern Analysis and Machine Intelligence, 1992, 14 (10): 965-980.

[10] Martins HA . Birk JR, Kelley RB. Camera models based no data from two calibration planes [J]. Computer Graphics and Imaging Processing. 1981, 17: 173-180.

[11] Zhang zheng you. A Flexible New Technique for Camera Calibration [J]. IEEE TRANSACTIONS ON PATTERN ANALYSIS AND MACHINE INTELLIGENCE, 2000, 11 (2).

[12] 吴福朝，王光辉，胡占义. 由矩形确定摄像机内参数与位置的线性方法 [J]. 软件学报. 2003 (03): 703-712.

[13] Hartley R. Euclidean reconstruction and invariants from multiple images [J]. IEEE Transactions on Pattern Analysis and Machine Intelligence, 1994, 16 (10): 1036-1041.

[14] 邱茂林，马颂德，李毅. 计算机视觉中摄像机定标综述 [J]. 自动化学报, 2000, 26 (1): 43-55.

[15] Zhang Z Y. Camera calibration with one-dimensional objects [J]. IEEE Transaction on Pattern Analysis and Machine Intelligence, 2004, 26 (7): 892-899.

[16] Yannick Francken, Chris Hermans, Philippe Bekaert. Screen-Camera Calibration Using Gray Codes [J]. CRV, 2009.

[17] T Bonfort, P Sturm, P Gargallo. General specular surface triangulation [J]. ACCV, 2006 (2): 872-881.

[18] Y Francken, C Hermans, P Bekaert. Screen-camera calibration using a spherical mirror [J]. CRV, 2007: 11-20.

[19] M Tarini, H P A Lensch, M Goesele, H-P Seidel. 3d acquisition of mirroring objects [J]. Graphical Models, 2005, 67 (4): 233-259.

第6章　人机交互与合作

前面介绍的重点是情感机器人头部和身躯的机械结构设计，从本章开始我们重点介绍软件部分，了解如何在软件中设计机器人的情感表达。本章主要介绍基于网络的数字家庭环境中人与机器人的交互与合作，采用“虚拟管家”软件人的形式，利用语音、视线、情感等交互技术，更加形象、生动地反映数字家庭中的和谐人机交互理念。虚拟管家系统形象和功能操作界面平台如图6-1所示。

本章主要对情感机器人的基础研究进行讲解，主要内容分以下三部分，人机交互概述，人机交互的相关技术，人机交互系统的设计与评估。

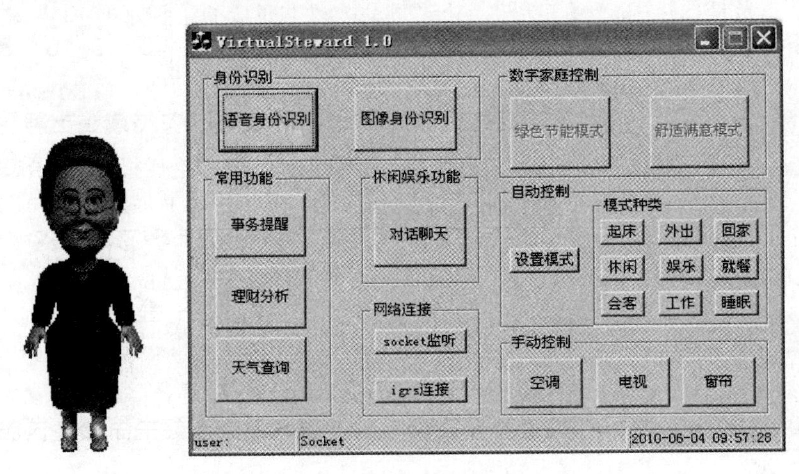

图6-1　虚拟管家系统的形象和功能操作界面平台

6.1　人机交互概述

6.1.1　人机交互的概念

信息技术的高速发展给人类生产、生活带来了广泛而深刻的影响。信息技术、数字技术和网络技术一体化的信息交流方式，使人们明显感觉到快捷与自由、开放与互动，但是作为信息技术的重要内容，人机交互技术比计算机硬件和软件技术的发展要滞后许多，已经成为人类运用信息技术深入探索和认识客观世界的瓶颈。人机交互技术的发展水平直接影响着计算机的可用性和效率。因此，人机交互技术已成为信息领域亟需解决的重大课题，引起多国的高度重视。我国国家自然科学基金委员会、国家重点基础研究发展计划（973）、国家高技术研究发展计划（863）等项目指南中，均将先进的人机交互技术以及虚拟现实技术列为特别关注的资助项目。

人机交互（Human-Computer Interaction，HCI）是关于设计、评价和实现供人们使用的交互式计算机系统，且围绕这些方面的主要现象进行研究的科学。广义地讲，人机交互是人-机-环境系统工程学研究的一个重要领域，它不但研究在设计人机系统时如何考虑人的特性和能力，以及人受机器作业和环境条件的限制，而且还研究人的训练、人机系统设计和开发，以及同人机系统有关的心理学、生物学或医学问题。狭义地讲，人机交互技术主要是研究人与计算机之间的信息交换，包括人到计算机和计算机到人的信息交换两部分。目前，本实验室主要研究这种意义上的人机交互。对于前者，人们可以借助键盘、鼠标、操纵杆、数据服装、眼动跟踪器、位置跟踪器、数据手套、压力笔等设备，用手、脚、声音、姿势或身体的动作、视线甚至脑电波等向计算机传递信息；对于后者，计算机通过打印机、绘图仪、显示器、头盔式显示器（Head Mount Display，HMD）、音箱等输出或显示设备为人提供信息。

6.1.2 人机交互的发展

人机交互的发展历史，是从人适应计算机到计算机不断地适应人的过程，它经历了早期手工作业阶段、作业控制语言及交互命令语言阶段、图形用户界面（Graphical User Interface，GUI）交互阶段和自然和谐的人机交互阶段，可用图 6-2 来表示：

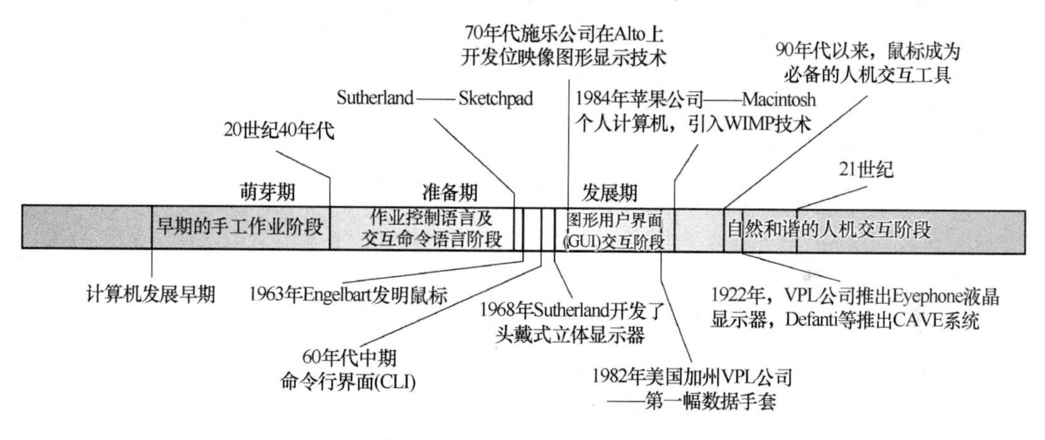

图 6-2　人机交互发展时间轴

20 世纪 40 年代前，是人机交互技术的萌芽期；20 世纪 40 ~ 70 年代是准备期；20 世纪 80 年代进入发展期；进入 21 世纪后，人机交互技术与其他科学不断融合，酝酿着技术创新，它的研究和应用已全面渗入到航空航天、通信、计算机科学、兵器、航海、交通、电子、建筑、能源、煤炭、冶金、管理等领域。随着它的不断发展和完善，必将在新一轮科学技术革命中发挥积极的作用。在未来的计算机系统中，将更加强调“以人为本”“自然和谐”的交互方式，以此为宗旨实现人机高效合作。

6.1.3 人机交互的研究内容

人机交互技术是研究人、计算机及其之间相互影响的技术，是一个跨学科的领域，包括计算机科学、认知心理学、人机工程学等。

1. 人机交互界面表示模型与设计方法（Model and Methodology）

一个交互界面的优劣，直接影响到软件开发的成败。友好的人机交互界面的开发离不开交互模型与设计方法。因此，人机交互界面的表示模型与设计方法是人机交互的重要研究内容之一。

2. 可用性分析与评估（Usability Evaluation）

可用性是人机交互系统的重要内容，它关系到人机交互能否达到用户期待的目标，以及实现这一目标的效率与便捷程度。对人机交互系统的可用性分析与评估研究主要涉及支持可用性的设计原则和评估方法等。

3. 多通道交互技术（Multi-Modal）

在多通道交互中，用户可以使用语音、手势、眼神、表情等自然的交互方式与计算机系统进行通信。多通道交互主要研究多通道交互界面的表示模型、多通道交互界面的评估方法以及多通道信息的融合等。其中，多通道整合是多通道用户界面研究的重点和难点。

4. 认知与智能用户界面（Recognition and Intelligent User Interface）

智能用户界面（Intelligent User Interface，IUI）的最终目标是使人机交互和人-人交互一样自然、方便。上下文感知、眼动跟踪、手势识别、三维输入、语音识别、表情识别、手写识别、自然语言理解等都是认知与智能用户界面需要解决的重要问题。

5. 虚拟环境（Virtual Environment）中的人机交互

“以人为本”、自然和谐的人机交互理论与方法是虚拟现实的主要研究内容之一。通过研究与视觉、听觉、触觉等多通道信息相融合的理论和方法、并协同交互技术以及三维交互技术等，建立具有高度真实感的虚拟环境，使人产生“身临其境”的感觉。

6. Web设计（Web-Interaction）

重点研究Web界面的信息交互模型和结构、基本思想和原则、工具和技术，及其可用性分析与评估方法等内容。

7. 移动界面设计（Mobile and Ubicomp）

移动计算（Mobile Computing）、普适计算（Ubiquitous Computing）等对人机交互技术提出了更高的要求，面向移动应用的界面设计已成为人机交互技术的一个重要应用领域。由于移动设备的位置不固定性、计算能力有限，且无线网络的低带宽高延迟等诸多限制，移动界面设计方法、移动界面可用性与评估原则、移动界面导航技术以及移动界面的实现技术和开发工具，都是当前的人机交互技术的研究热点。

8. 群件（Groupware）

群件是指为群组协同工作提供计算机支持的协作环境，主要涉及个人或群组间的信息传递、群组内的信息共享、业务过程自动化与协调以及人和过程之间的交互活动等。目前与人机交互技术相关的研究内容主要包括群件系统的体系结构、计算机支持的交流与共享信息的方法、交流中的决策支持的工具、应用程序共享以及同步实现方法等。

6.2 人机交互技术

目前，随着多媒体、多通道和虚拟现实技术的发展，人机交互技术正经历着从精确交互向非精确交互、从单通道交互向多通道交互、从二维交互向三维交互的转变，这对传统的WIMP用户界面设计理论提出了巨大的挑战。结合实验室目前的课题研究，本章主要介绍多通道用户界面中的语音、图像和视线交互技术。

人机自然交互的核心是理解交互对象之间所进行交互的内容。特别是使计算机理解人所发出的指令、语句，进行识别，以便执行人的命令，或理解说话内容，回答人所提出的问题。

6.2.1 语音交互技术

语音交互包括语音合成和语音识别两部分。

1. 语音合成

语音合成，又称文语转换（Text to Speech）技术，它涉及声学、语言学、数字信号处理、计算机科学等多个学科技术，是中文信息处理领域的一项前沿技术，主要解决如何将文字信息转化为声音信息，即让机器像人一样开口说话。这在情感机器人的设计中是必不可少的，只有让情感机器人开口说话，才能达到人与机器人的语音交互，才能在语言、语调中体现出机器人的情感状态，才能追求自然和谐的人机交互。下面介绍一下如何实现情感机器人的语音合成功能。

微软的 Speech SDK 5.1 采用了 COM 组件形式实现语音合成，比较简单易学。成功安装 Microsoft Speech SDK 5.1 后，就会在系统的控制面板→语音→文字语音转换下拉框中出现语音合成引擎，其中英文的语音合成有 Mike、Mary 和 Sam 三个角色，而对于中文的语音合成微软仅提供了 simple Chinese 一种声音。

语音合成的具体程序步骤如下：

1）调用 API 函数 CoInitialize 初始化 COM 组件；

2）使用 SpFindBestToken 函数，传入参数，设置中英文语言类型；

3）调用 CoCreateInstance API 函数创建 COM 语音合成接口实例 IspVoice；

4）调用 IspVoice 接口方法 SetVoice，加载前面所设置的声音类型；

5）初始化工作全部成功后，则可以在程序需要的地方调用 IspVoice 接口中的 Speak 方法，将合成的语句以宽字符的形式作为参数即可。

在合成过程中，可以使用 SetVolume、SetRate 等方法调节语音合成的音量、速度等。另外，还可以调用 IspVoice 接口的 SetNotifyWindowMessage 方法，设定在语音合成过程中某一事件发生时合成引擎向程序窗口发送的消息。

2. 语音识别

语音识别是通过机器识别和理解把语音信号转变为相应文本文件或命令的技术。作为一个专门的研究领域，语音识别又是一门交叉学科，它与声学、语音学、语言学、人工智能、数字信号处理理论、信息理论、模式识别理论、最优化理论、计算机科学等众多学科紧密相连。在情感机器人的设计中语音识别是必不可少的一步，语音识别就如同让情感机器人拥有了“耳朵”，这种人性化的设计是完成语音交互的基础。

语音识别模块利用微软的 Speech SDK 5.1 提供的 API 设计开发。Speech SDK 5.1 提供了两套 API 函数。分别是 Application-Level Interfaces 和 Engine-Level Interfaces。前者为语音识别应用程序为开发提供了各种接口和方法。后者提供的是语音识别引擎接口和方法，主要是为了便于用户进行 DDI 或设备驱动程序开发。本应用实例使用 Application-Level Interfaces 提供的 API 进行程序设计与开发。

相比较于语音合成而言，语音识别的实现过程稍显复杂。简单说来，在经历了一系列的初始化之后，设置识别引擎返回消息，当语音识别事件发生后，若识别成功，识别引擎自动向程序窗口发送识别成功的消息，若识别失败消息，开发者根据自身程序的情况进行相应得处理。具体过程如图 6-3 所示。

1）初始化 COM：微软 Speech SDK 以 COM 组件的形式提供给开发人员，因此，在调用 SAPI 之前需要对 COM 进行初始化。由于本系统是 MFC 基于对话框的程序，所以在程序实例初始化 InitInstance 函数中调用 CoInitialize 初始化 COM。

2）初始化识别引擎：首先调用 SpFindBestToken 接口在系统注册表中查找合适的识别引擎。此接口的参数决定识别的语言类别特性——409 表示英文，804 表示中文和音频输入设备，然后调用 CoCreateInstance 初始化 ISpRecognizer 接口实例，最后使用 SetInput 和 SetRecognizer 接口函数将这些特性设置到语音识别引擎接口 ISpRecognizer 中。

3）创建识别上下文：识别上下文 (Reco Context) 就是语音识别的相关环境。一个语音识别引擎可以对应多个识别上下文，每个 Reco Context 规定了识别的语法规则、返回系统窗口的消息等。

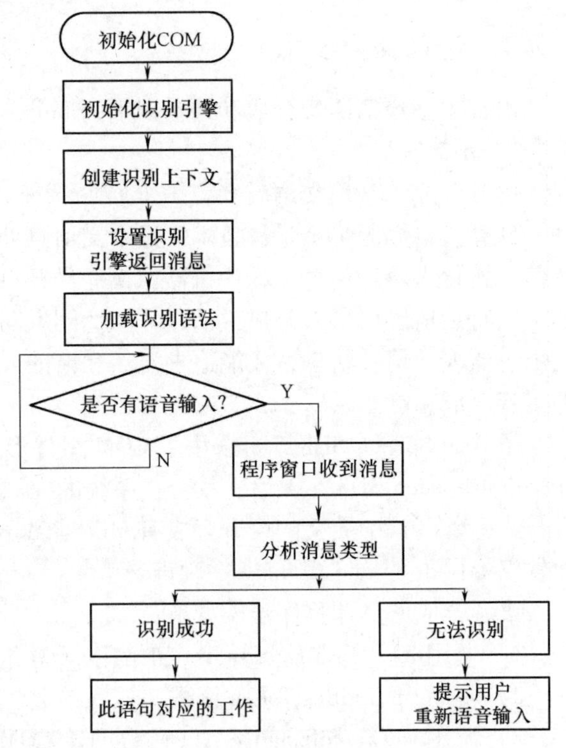

图 6-3　语音识别流程图

4）设置识别引擎返回消息：消息就是当识别引擎检测到某种情况或完成某项任务后向主程序通知的事件，由此程序会对不同的事件作出不同的后继处理。SAPI 所有消息都定义为枚举类型 SPEVENTENUM，其中比较常用的为 SPEI_RECOGNITION（语音已被成功识别）、SPEI_FALSE_RECOGNITION（语音识别不成功）、SPEI_SOUND_START（声卡检测到有声音输入）、SPEI_SOUND_END（声卡检测到声音输入停止）等。应用程序先调用 API 函数 SetNotifyWindowMessage 将自身的主窗口句柄和消息类型通过参数传入。此时的消息是自定义的类型，程序需要调用接口 ISpRecoContext 的方法 SetInterest 指明程序关心的消息，这里可以是单个消息也可是一系列消息的组合。当语音识别引擎检测到相关的事件后自动向程序发送上述设定好的消息，程序根据参数判断具体消息的类型，再做相应的处理。

5）加载识别语法：所谓语法规则就是事先设定好的语音识别的内容。语法规则用 XML 语言形式存储到文件中，然后通过 Speech SDK 带有的编译器编译成 .cfg 文件，在程序运行时动态加入。先使用方法函数 CreateGrammar 创建语法接口，然后调用 LoadCmdFromFile 方法从外部文件将语法规则加载进来。

6）处理消息：本系统所关心的语音识别消息是 SPEI_RECOGNITION 与 SPEI_FALSE_RECOGNITION，自定义的消息类型是 WM_RECOEVENTCH。在自定义消息的响应函数中，首先调用 SetRecoState，在处理语音识别结果时将识别引擎关闭，不接受新的语音输入；然后通过 CSpEvent 与当前的识别上下文关联；随后通过判断 event ID 来确定消息的类型，做相应的处理；最后再次调用 SetRecoState，将识别引擎恢复正常，继续接受语音输入。

在整个语音识别程序中，识别语法和识别状态都可以动态的改变。只要将语法规则预先存储到不同的文件中，就可以因情况不同而更换。在改变识别引擎设置的时候，需要先将识别状态置为关闭状态。此外，可以看出 windows 的消息机制在整个识别处理中起到重要的作用，所有识别功能的实现，必须要在消息到来之后再去执行。所以自定义消息，手动添加消息响应函数，也是不可或缺的一个环节。

图 6-4 所示为简单的应用截图，其中采用了 Microsoft Agent 这个形象载体，语法规则采用的是动态数据库加载方式，这样能够适时地修改、添加和删除语音识别交互内容。通过实验，在安静的环境中经过训练后，可以满足用户的对话交互。

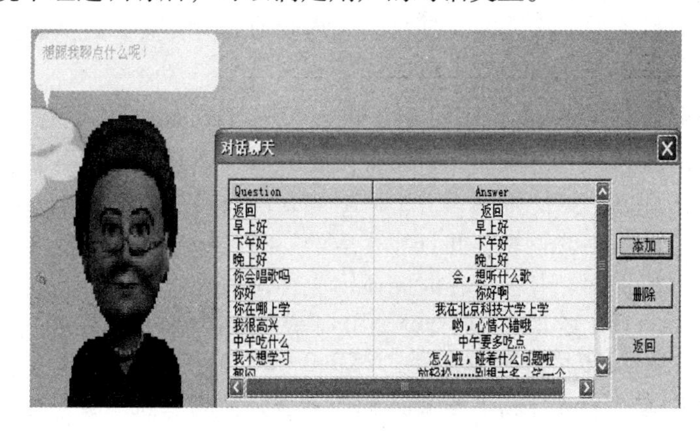

图 6-4　语音交互实例

6.2.2 说话人识别

人与情感机器人的自然交互正如人与人交互一样，首先要知道在与谁交互，即，识别交互的对象或称为说话人识别（speaker recognition）。说话人识别是一种特殊的语音识别，它有 2 个功能：一是说话人辨别（speaker identification）；二是说话人验证（speaker verification）。前者是判断正在说话的是谁，识别交互对象；后者是验证所获取的语言或人脸信号到底是属于哪个人的，常用语情报侦察和安全防范。说话人识别通常是通过计算机的听觉或视觉功能来完成的，音频信号反映了说话人的语音语言特征，视频信号反映了人脸特征。二者共同应用时，由于冗余信息的存在，可以达到更可靠的识别效果。

1. *听觉——说话人识别*

说话人识别是在人机自然交互过程中识别对话对象，是语音识别研究的一个重要分支，从一开始就与语音识别研究共同发展。说话人识别的主要技术大多来自语音识别的最新研究成果，对此具有较长研究历史和学术影响的机构包括：美国电报电话公司（AT&T）及其分支机构，BBN Tech，瑞士感觉人工智能 Dalle Molle 研究所（IDIAP），ITT，MIT 林肯实验室，中国台湾国立清华大学，名古屋大学，日本电报电话公司，RPI，Rutgers 大学，TI 等。

（1）说话人识别的分类

说话人识别可以分为两个范畴，即说话人辨认（Speaker Identification）和说话人确认

(Speaker Verification)。前者是把未标记的语句判定为属于 N 个参考说话人中的某一个，是一个多选一的问题；后者则是根据说话人的语句确定是否与某个参考说话人相符，这种确认只有 2 种可能，既肯定或否定。

说话人识别可以分为与文本相关的（Text-dependent）和与文本无关的（Text-independent）。与文本相关的是指说话人按规定文本发音，或者根据提示发音，这会使问题大为简化；而与文本无关的说话人识别在实际应用中具有更大的价值，尤其是在电话监听等应用场合，系统无法预知说话人将要说什么内容。

（2）说话人识别的方法

1）基于统计模型的算法。利用语音识别的 HMM 技术也可以实现说话人识别。用 HMM 算法实现文本相关的说话人识别系统更为方便。此时采用的方法基本上与语音识别的方法相同，首先采集不同说话人的多次发音，经过训练得到 HMM 模型参数，根据匹配分数的不同来区分说话人。

2）基于模板匹配的算法。模板匹配算法的要点是，在训练过程中，从每个说话人的训练语句中提取相应的特征向量，它们能够充分描述各说话人的特征。这些特征向量称为各说话人的模板，可以从单词、数字串或句子中提取。在测试阶段，从说话人发出的语音信号中按照同样的处理方法提取测试模板，并且与相应的参考模板进行比较。由于说话人的每次发音都是变化的，测试模板和参考模板在时间尺度上不可能完全一致。为使二者在时间等效点上加以比较，最常用的办法就是采用 DTW 算法。在 DTW 的过程中同时计算所有参考模板对测试模板的距离测度并且形成判决函数。

说话人识别系统中对于语音的内容实际上是不感兴趣的，而且语音的内容原则上都是相同的，其任务是区分不同说话人的发音。而语音识别中则是找到说话人说话的内容。

（3）应用实例

本实例是基于模板匹配算法实现的，可分为训练与识别两部分，系统框图如图 6-5 所示。

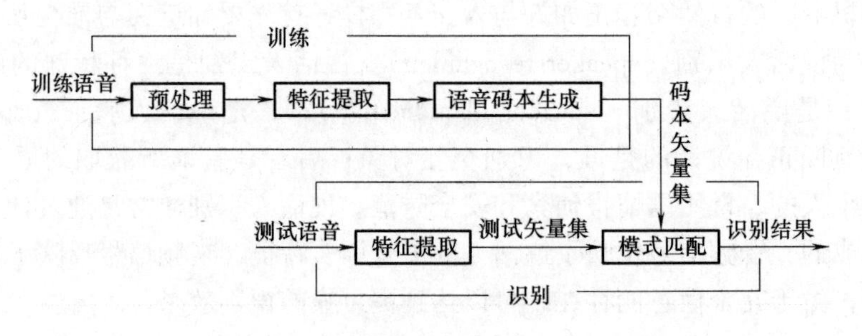

图 6-5　基于模板匹配算法的系统框图

在训练过程中，语音信号需先经过预处理，然后进行特征提取，并将提取的参数生成码本进行存储；在识别过程中，只需将目前的特征参数与存储在码本中的参数进行比较就能得到识别结果。这样情感机器人就可以识别出当前用户的身份。

1）训练。

① 预处理：包含分帧和端点检测两个部分。由于语音信号只在短时间内具有平稳性，因此要将信号作分帧处理；分帧后，语音信号被分割成一帧一帧的短时信号。本实例使用交

叠分帧的方法，即前后相邻的两帧有重叠的部分，这样可以使帧与帧之间平滑过渡，保持其连续性。端点检测是为了减少噪声，也即无声段的影响；短时能量可以区分浊音和噪音，短时过零率可以区分清音和噪音。因此，使用二者的乘积——能频值，实现语音端点检测，可以去除无声段。

ToWork（）——启动控制函数：函数中调用以下几个函数对音频文件进行预处理，以便后面特征提取之用；

Load_Wave_File（）——加载音频文件：通过调用录音函数，将录好的音频文件加载入缓存；

Pretreatment（）——语音信号预处理：首先，对语音信号进行预加重，即在计算短时能量前，对语音信号进行高频提升处理，滤除低频干扰；然后，对语音信号进行分帧处理，语音信号是一种准平稳信号。但是，由于语音的形成过程与发声器官的运动密切相关，这种物理运动比起声波振动速度来讲要缓慢得多，因此可以假定语音信号为短时平稳的，即可以假定在 10～30ms 的时间段内，其频谱特性和某些物理特征参量可近似看作不变。任何语音信号数字处理算法和技术都建立在这种“短时平稳”特性的基础之上。因此，一般在分帧时，帧长选取在 10～30ms 之间。分帧可以是连续的，也可以是交叠的。因为交叠分帧可以平滑信号，减少信号两端处的预测误差，避免频谱出现“破碎”现象，所以本系统中，综合考虑到语音信号的短时平稳性以及之后基音检测的准确性，最终选取帧长为 30ms（在系统采样率为 8kHz 的前提下，相应于每帧有 240 个信号样值），帧移 15ms。

接着计算每帧能频值，调用的函数及功能是

littleEnergy（）——计算短时能量：语音信号一般可分为无声段、清音段和浊音段。无声段是背景噪声段，平均能量最低。浊音段为声带振动发出响应的语音信号段，平均能量最高。清音段为空气在口腔中的摩擦、冲击或爆破而发出的语音信号段，平均能量居于两者之间。基于能量的算法适用于浊音检测，但不适合检测清音，这也为一下检测语音起点与终点打下基础。

littleZero（）——计算短时过零率：即一定时间内信号穿越零电平的次数，适合用来检测清音。

findBeginning（）——检测语音起点。

findEnd（）——检测语音终点。

引入能频值（Energy Frequency Value，EFV）的概念：能频值等于短时能量乘上短时过零率。能频值既顾及到清音的高过零率又顾及到浊音的高能量，从而提高了语音信号与背景噪声的分辨能力。同时，考虑到实际应用中周围环境的变换以及讲话者的语音强弱等影响都会造成阈值的选取无法普遍适用，为此，进一步引入相对阈值的概念，它区别于传统意义上的门限阈值，而是度量两个时刻的语音采样的比值关系，具体来说是当前采样点与分析顺序上第一个极大值点的比值。该相对阈值即能反映出当前采样点能频值的大小，又能通过类似归一化的方法屏蔽掉环境影响，因此具有较好的效果。系统端点检测流程如图 6-6 所示。

② 特征提取：

FeatureExtractor（）——特征提取，即对基音特征进行分析与提取。在语音产生的数字模型中，基音周期是激励源的一个重要参数。基音是指发浊音时声带振动的周期性，这种周期称作基音周期，它的倒数称作基音频率。基音周期只具有准周期性，所以只能采用短时平

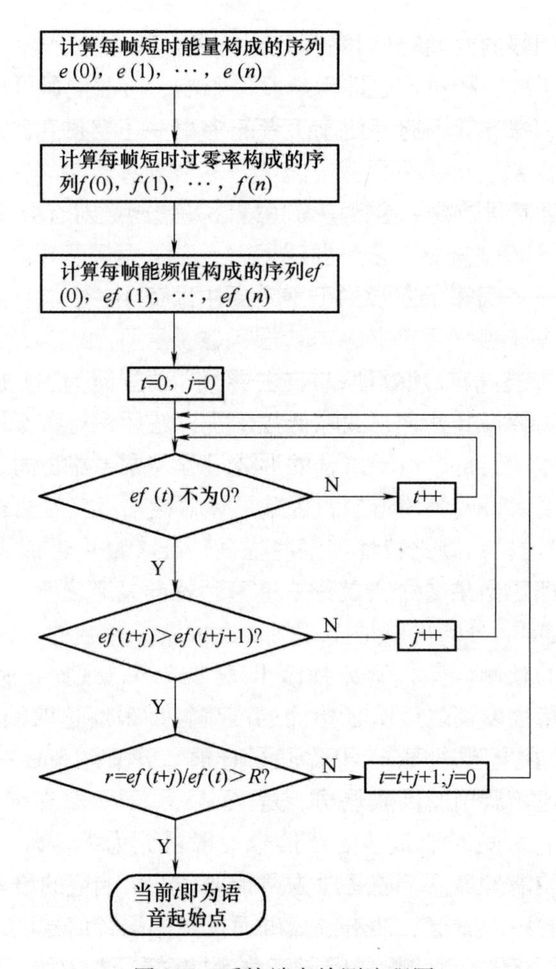

图 6-6　系统端点检测流程图

均方法估计该周期，这个过程也常称为基音检测，分别调用以下四个函数进行处理：

getACF ( )——求解自相关函数：因为清音不具有准周期性，所以基音检测只能针对浊音信号。浊音信号的自相关函数会在基音周期的整数倍位置上出现峰值，因此检测自相关函数是否有峰值可以判断是清音还是浊音，而峰峰之间对应的就是基音周期；

pitchDetection ( )——基因检测：考虑到人的基音频率都在 60 ~ 450Hz，且语音信号采样率为 8kHz，因此，可去除每帧信号的前 16 个点，这样既可以减少计算量，又可以提高算法的精度。对每一帧进行基音频率估计的步骤如下：

首先对一帧语音信号 $\{S_n(m)\}$ 进行滤波去除开头的 16 个输出值，得到 $\{S_n'(m)\}$；然后分别求 $\{S'_n(m)\}$ 前 100 个采样点和后 100 个采样点的最大幅度，并取其中较小的一个，乘以因子 0.68 作为门限电平 L；接着对 $\{S_n'(m)\}$ 进行中心削波得到 $\{y(m)\}$；再计算 $\{y(m)\}$ 的自相关值 $R(k)$，其中 $k=1\sim124$（去点前的第 16 ~ 140 个点）时对应基音频率范围 57 ~ 500Hz，$R(0)$ 对应于短时能量；最后得到自相关值后，可以得到 $R(1)$，…，$R(124)$ 中的最大值 R_{max}，如果 $R_{max}<0.25R(0)$，则认为本帧为清音，令其基音周期为 0；否则基音周期即为 $R(k)$，取最大值 R_{max} 时位置 k 的值，基音频率即为基音周期的倒数。

getFrameLPC ( )——输入帧数据的线性预测系数：线性预测系数是能够有效表征语音全

极点模型的参数，线性预测分析的思想基于语音信号样点间存在相关性，每个语音的抽样都能够用过去若干个语音抽样或者它们的线性组合来逼近；

getFrameLPCC（）——由 LPC 得到 LPC 倒谱：一般采用倒谱系数作为系统的特征参数。它的主要优点是可以较为彻底地去掉语音产生过程中的激励信息，反映出声道响应，因此往往只需十几个倒谱系数就能较好地描述语音信号的共振峰特性。倒谱的求解过程实质上是一个同态处理过程，具体实现是调用 ACFToLPCCoef（）——由自相关函数求解线性预测系数函数，并采用 lpcDurbin（）——杜宾递推方法得到线性预测系数。

③ 生成码本并预存：预存就是把每一个待识别的说话人语音看作一个信号源，用一个码书来表征，码书通过从该说话人的训练语音序列中提取特征矢量聚类而成。通过特征提取出来的特征矢量首先要进行量化，即将若干个幅度连续取值的时域采样信号分成一组，构成矢量，然后用若干个离散的数字值（或称为标号）来表示各种矢量。具体过程：由语音信号波形终 k 个样点的每一帧，或 k 个参数的每一参数帧，构成 k 维空间的一个矢量，然后对这个矢量进行量化。也就是将 k 维无限空间划分为 M 个区域边界，然后将输入矢量与这些边界进行比较，并被量化为“距离”最小的区域边界中心矢量值，最后将这个中心矢量利用 SaveCodeBook（）函数值保存在一个码本中。

2）识别。

识别的过程在预处理和特征提取的基础上，与训练过程相同，采用的也是首先对预测音频文件进行预处理，然后提取特征参数生成码本，接着依次与码本库中的码本进行误差均值计算，最后选择匹配误差平均值最小的码本，输出识别结果。判决中主要用的函数为：DistanceMeasure（）——对两个同维矢量求取欧氏失真度，并选择失真度最小的作为识别结果。

3）实验结果。

训练时的语音输入是：“我是北京科技大学信息工程学院的研究生”；识别时输入的语音是“今天是 2010 年 3 月 15 日星期一，现在是晚上十点”。图 6-7a 编辑框表示的是训练时语音预处理和特征提取的情况，可以看出如表 6-1 所示信息：

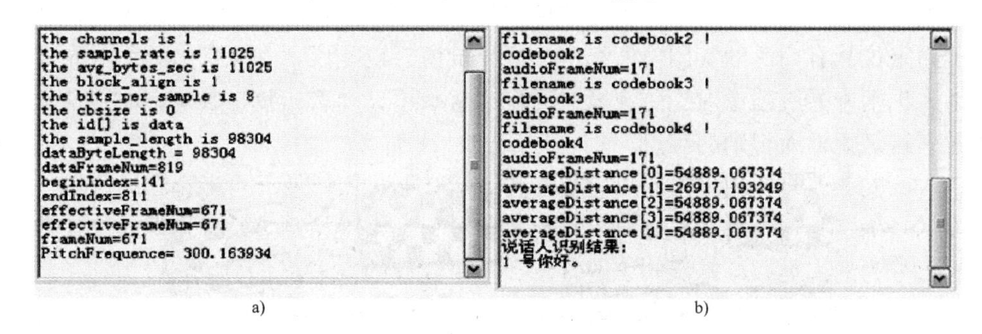

图 6-7 实验结果显示

a）训练结果 b）识别结果图

表 6-1 训练实例参数

分帧数	819	起始帧	141
有效帧数	671	结束帧	811
基因频率均值	300.163934		

图 6-7b 编辑框表示的是识别结果。模板库中暂时存有 5 个模板。在本人的测试语音输入后，系统生成的组合特征参数与所有模板进行聚类，发现与 1 号模板的距离最短为 26917.193249，与其他模板的距离都远远大于这个值。由于本实验在训练时输入的代号是 1，最后识别的结果也是与 1 号匹配，即证明此功能基本实现。

2. 视觉——说话人识别

在人与人的交互过程中信息大部分来源于视觉，因为人的脸部图像或者说人脸特征存在极其复杂的差异性，正如每片树叶都不同一样，人脸也各不相同。当人与情感机器人交互时，同样需要让情感机器人观察到人的面部表情，与此同时人也需要观察到机器人的面部表情。第 5 章的机器视觉部分详细介绍了如何让情感机器人观察、识别、跟踪人的面部表情。既然视觉通道蕴含巨大的信息量和极快的传递与处理速度，那么如何来描述一个人的模样呢？如果我们用程序语言来描述一个人的模样，花很长时间也未必能说得清楚，所以情感机器人就不能对人进行识别，而对视觉来说看一眼就一目了然了。我们就采用以下流程对说话人进行识别。

（1）人脸识别流程

说话人识别的结构如图 6-8 所示。首先对输入的人脸图像或图像序列进行人脸检测和定位，即从输入人脸图像中找到人脸，确定人脸位置，并将人脸从背景中分割出来，接着对分割出来的人脸图像进行标准化。这里，人脸检测与定位和标准化所做的都是人脸图像的预处理工作。然后对标准化的人脸图像进行特征提取，最后完成说话人识别，得到识别结果。

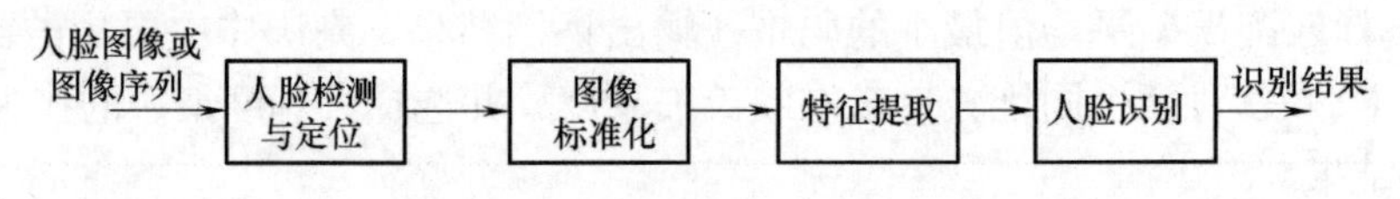

图 6-8　人脸识别的流程示意图

（2）人脸图像的预处理

人脸图像的预处理主要是人脸图像的检测与定位和图像标准化问题。无限定条件被摄对象的检测与定位具有广泛的实用价值和理论研究价值，也是说话人识别中必须首先解决的问题。说话人识别中人脸图像对光照环境的变化非常敏感，随着化妆、眼镜、胡须及发型的变化而变化，这是说话人识别的难点。

所谓人脸检测就是要找出人脸可能存在的区域，通过人脸所有可能存在的区域与人脸模型的匹配度来确定，这个过程也是对人脸的建模过程。人脸检测是基于知识与统计的，其方法基本上可分为两大类，即基于知识的方法和基于统计的方法。

基于知识的方法是依据人脸的知识规定若干准则，使人脸检测问题转化为假设检验问题，这种人脸检测准则来源对人脸的直接观察，有人脸器官分布准则、人脸轮廓准则、人脸颜色纹理准则、相对背景运动准则。

基于统计的方法是将人脸图像视为一个高维向量，将人脸检测问题转化为高维空间中分布信号检测问题，它不像基于知识的方法那么直观。常用的基于统计的人脸检测方法有 3 种，即事例学习法、子空间法和空间匹配滤波器法。

我们将人脸检测与定位算法归为以下 4 类：

1）拓扑法，即通过先定位眼睛再根据人脸的生理比例确定人脸的方法。因为直接利用灰度信息，对光照条件敏感，所以这类方法要求图片的眼部有较高的质量，并能确保其具有一定的尺寸。

2）特征脸检测，即利用主元分析法训练和检测人脸。这类方法定位准确，但算法复杂，计算量大，实时性差。

3）采用神经网络的方法，此方法不适用于人脸跟踪。

4）借用肤色来确定人脸的位置，此方法实时性较好。同种族人的面部肤色在颜色空间中的分布相对比较集中，颜色信息在一定程度上可以将人脸与大部分背景区分开。

人脸图像标准化的目的是将背景、头发、服装等对人脸识别无用或造成干扰的冗余信息或干扰信息去除，使人脸图像经过标准化算法滞后，这样不仅可以保留人脸的主要信息，还有利于后续的特征提取与人脸识别。进行人脸图像标准化时，首先需要标定人脸的左右边界以及眼、嘴的位置，然后根据这些标定参量对图像进行裁剪。其次应确定一个图像缩放系数对图像进行缩放，系数的选定有不同的方法，传统的方法是先确定人眼的2个瞳孔位置，并将2个瞳孔之间的距离作为比例系数进行图像的缩放。

（3）人脸图像的特征提取与识别

特征提取是对模式所包含的输入信息进行处理和分析，将不易受随机因素干扰的基本固有信息作为该模式的特征提取出来。特征提取过程是根据实际应用要求去除冗余信息的过程，具有提高识别精度、减少运算量和提高运算速度的作用。良好的特征应具有可区分性、稳定性和独立性。从数学角度上讲，特征提取过程是一个向量变换的过程，即从原模式向量$X=(x_1, x_2, \cdots, x_n)^T$变换到特征向量$F=(f_1, f_2, \cdots, f_m)^T$的过程。其中，$n$称为数据空间维数；$m$称为特征空间维数。

人脸识别本质上是三维塑性物体二维投影图像的匹配问题，它的困难体现在：

1）人脸塑性变形如表情等的不确定性；

2）人脸模式的多样性，如胡须、发型、眼镜、化妆等；

3）图像获取过程中的不确定性，如光照的强度、光源方向、干扰噪声等。

人脸识别主要依据人脸上的特征，也就是说，依据那些在不同个体之间存在差异而对于同一个人具有较高稳定性信息的度量。由于人脸变化具有复杂性，因此人脸特征表述和特征提取十分困难。

人脸图像的特征提取与识别方法可归纳为几何特征法、特征脸法、局部特征法、弹性模型法、神经网络法、不变矩法、自适应主元提取法、核主元分析法、奇异值特征法、最佳鉴别向量法等。

（4）应用实例

本应用实例在对人脸识别的原理及相关技术和方法进行学习研究后，利用清华大学图像处理实验室的人脸识别开发包（以DLL形式提供）。在视觉通道的说话人识别过程中，包括人脸的注册和识别两个流程，流程框图可如图6-9所示。

在注册流程中，首先检测缓冲区图像中所有满足一定条件的人脸位置，并根据检测结果确定眼睛的位置，然后根据眼睛位置信息来提取人脸特征，将其存放入内存中，形成人脸特征模板，供识别时用。人脸识别时只需检查模板库中是否有与当前缓冲区中人脸特征相似的人脸参数便可得到识别结果。这种基于模板匹配的思路与前面所说的听觉通道上的说话人识别相似。图6-10所示为人脸注册和识别实验。

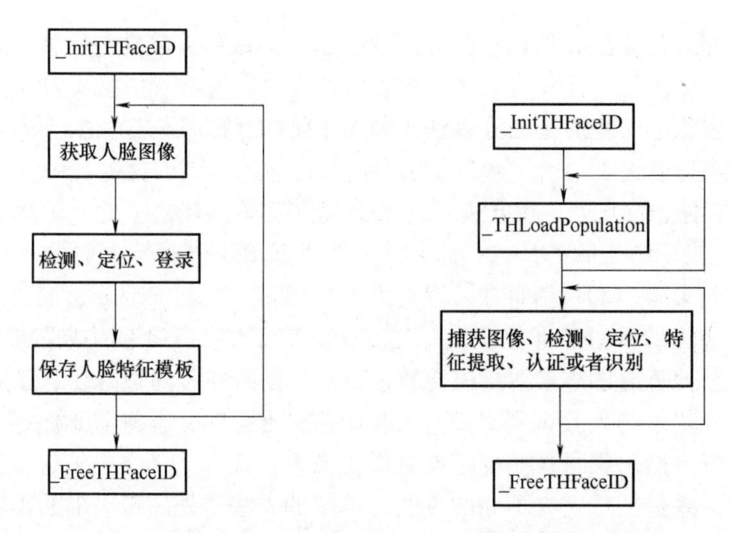

图 6-9　人脸注册流程图（左图）和人脸识别流程图（右图）

图 6-10　人脸注册和识别实验

在图 6-10 中，注册时输入的身份是“妈妈”，识别时的识别结果也为“妈妈”，即验证了视觉通道的说话人识别功能基本实现。

6.2.3　视线交互技术

人类通过视觉获取大部分的外界信息，因此在人机界面设计中所涉及的交互技术几乎都需要视觉的参与。例如，当用户使用鼠标控制屏幕上的光标选择感兴趣的目标时，视线随注意点聚集到该目标上，然后检查光标与该目标的空间差距，再反馈给大脑并经大脑指挥手移动鼠标，直至视觉判断光标已位于目标位置为止，此交互过程自始至终都离不开视觉。

如果用户盯着感兴趣的目标，情感机器人便“自动”将光标置于其上，人机交互将更为直接，视线跟踪技术的目标正在于此。早期的视线跟踪技术主要应用于心理学研究、助残等领域，后来被应用于图像压缩及人机交互技术。视线跟踪技术有强迫式与非强迫式、穿戴式与非穿戴式、接触式与非接触式之分。视线追踪主要用于军事领域（如飞行员观察记录）、阅读及帮助残疾人通信等。

1. 视线追踪概述

在使用计算机界面时，眼动行为和视线在视觉信息加工过程中起着重要作用。在正常视觉观察过程中，眼动不是平滑的和连续的，而是由注视和眼跳构成的交替序列。注视是指视线在某一位置停留 100 ms 以上，一般认为这种停顿主要用于从界面上获取信息或进行内部加工。眼跳是指眼睛在两个注视点之间的快速跳动，持续时间为 30 ~ 120 ms，大小为 1 ~ 40°，最高速度可达 400 ~ 600 °/s。在注视中也存在眼睛快速、微小的运动，其空间大小不超过 1°，称为生理震颤（nystagmus）。眼动行为可用于揭示用户在显示器上注意和感兴趣的空间位置，如 Loftus 和 Macorth（1978）发现用户的眼睛多注视在出乎意料的、突出的和重要的区域上，集中注意以获取最大量的信息量。人类的视线反映出人的注意方向，视线所指通常反映用户感兴趣的对象。眼睛看物体的过程是转动眼球使物体出现在视网膜的中央凹中，因此眼球的位置指示了我们注视场景中的特定区域。

由于视觉交互具有直接性和自然性，人们对这种人机交互方式一直具有很大的兴趣，同时，因为人们的视线中包含注视方向、注视位置、注视时间长度等大量有用信息，所以这也给通过计算机图像处理等技术手段来获得并记录下当前的视线方向和落点位置提供了可能。视线追踪技术就是在这样的情况下逐步发展起来的。视线追踪技术就是利用机械、电子、光学等现有检测手段获取受试者当前“视觉注意”（注视）方向的技术。近年来，随着眼动理论研究的进步和精密视线追踪装置的问世，视线追踪技术已经发展到了可以实际应用的程度。

2. 视线追踪原理

视线追踪技术源于对人类眼睛的研究，因此，要介绍视线追踪技术首先要知道人类的眼球结构。

在视网膜上有一个非常特殊的小区域，称之为小凹。上面集中了绝大部分对颜色敏感的细胞，人对于景物细节的感知全有赖于它。小凹并不是准确的位于由眼球和瞳孔中心所确定的光轴上。眼睛的光轴被称之为视线（line of gaze LoG），源自小凹穿过瞳孔中心的线称为视觉线（line of sight LoS）。正是视觉线而非视线决定了人的视觉关注。如果可以估计视线或视觉线的方向并且掌握景物的信息，那么关注点就由离视线和视觉线交叉点最近的景物来确定。人眼可见光线（visible light）只占全部波长中的一小段（即 400 ~ 700nm）。图 6-11 所示为人眼的主要结构。眼睛近似于球状半径约 12mm。眼睛的外层，可见的依次是巩膜（白色的部分），虹膜（有颜色的部分）和瞳孔（在虹膜中心）。

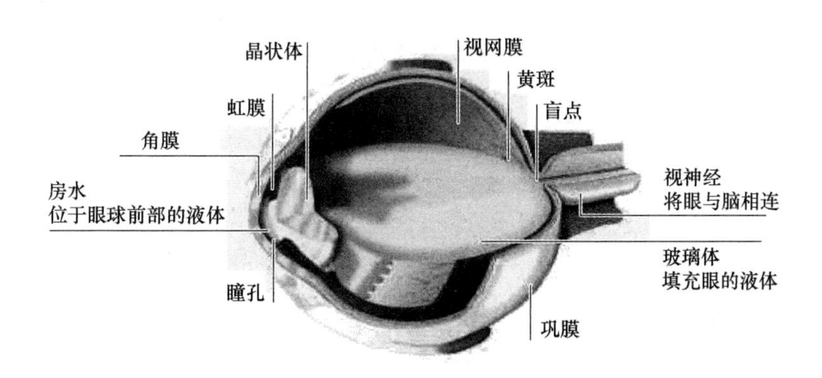

图 6-11　眼球结构图

角膜是一层透明的保护膜，它保护着眼睛前端突出的血管，覆在虹膜外面。虹膜中心有一个环状体，称作瞳孔，它的作用是通过持续改变大小来调节眼睛的进光量。虹膜后面是晶状体，眼球中一种透明的双面凸体，位于虹膜与玻璃体之间，可使穿过瞳孔进入眼球的光线聚集在视网膜上形成图像。视网膜位于眼球的后面，蕴含大量感光细胞。在角膜和晶状体之间是水样体，在晶状体和视网膜之间是玻璃体。光线在进入眼睛后穿过这一系列光介质并在各个层面上经反射和折射后最终到达视网膜。

视线追踪技术原理如图 6-12 所示，视线追踪技术由两部分构成：信息获取和视线方向判别。

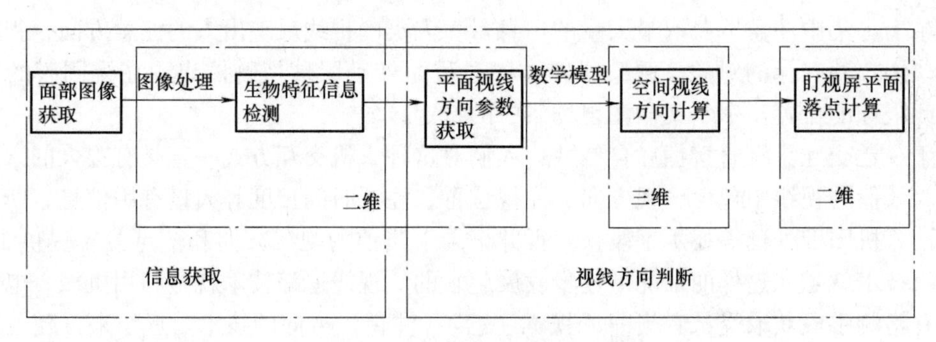

图 6-12　视线追踪技术原理图

信息获取是指眼部生物特征信息的检测，而视线方向判别主要是指根据检测到的眼部特征信息判别视线方向并获取视线落点。视线追踪技术是利用眼部某些结构和特征，在眼球转动时相对位置不变，将其作为参照，然后在位置变化特征和不变特征之间提取视线变化参数，这些参数是判别视线方向的主要依据。据此，可将视线追踪方法分为两类：一类是通常在普通光照条件下，利用眼角、眼皮、眼眶等其他眼部结构的位置、形状不变性来提取视线方向参数。在自然光照的条件下，虽不能将瞳孔与虹膜分开，但可以认定二者是同心圆，且在眼动过程中是同步变化的。这样可以利用虹膜相对于眼角的变化来提取视线方向变化参数。

另一类是在红外光照条件下的瞳孔-角膜反射法，假设角膜是规则的球面，普尔钦斑作为光源在角膜球面上成的像，无论球面如何转动该斑点在球面上的绝对位置不会发生太大变化。这样，当眼球转动时，亮斑在球面上的位置基本不变。普尔钦斑点作为一个位置标准，在视线方向发生变化时可以通过它提取相应变化的参数。

通过眼部特征的检测，可以获得人眼视线方向估计的平面参数，如上文中的普尔钦斑中心至瞳孔中心矢量。然后利用平面视线参数计算 3D 视线方向。在空间视线方向计算阶段，主要采用两种数学模型：一种是从眼球的生理结构出发，建立空间几何模型；另一种是从效果出发，建立平面参数与视线落点平面坐标的映射模型。

3. *应用实例*

视线追踪模块的代码移植自北京科技大学王志良教授带领的机器人研究实验室“视线追踪”课题组开发的视线追踪程序。视线追踪设备有一套硬件系统和一套上位机程序。视线追踪系统利用瞳孔-角膜反射（PCCR）技术得到用户视线在屏幕上的落点，并将该落点坐标提取出来。视线追踪的硬件设备如图 6-13 所示。

在编写视线追踪模块程序时，通过掌握视线追踪的原理以及视线追踪程序的整体结构和运行流程，并根据“虚拟管家软件”中虚拟情感机器人的需求和程序结构，对原视线追踪代码进行了适当的修改和删减，提取出我们所需要的核心代码。然后，对这部分核心代码进行重新设计，封装成视线追踪模块，并设计编写了模块的接口函数。最后将视线追踪模块加入到“虚拟管家软件”程序中。在主程序中调用视线追踪模块的接口函数，成功实现视线追踪功能。程序流程图如图6-14所示。

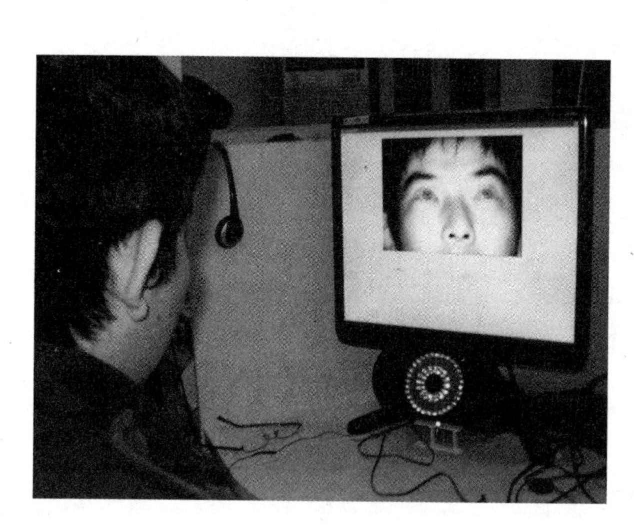

图6-13　视线追踪硬件设备

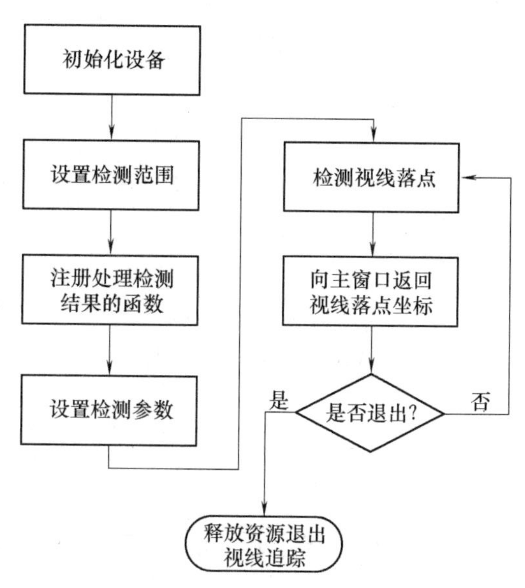

图6-14　视线追踪模块流程图

1）初始化设备。视线追踪模块需要用到图像采集卡和摄像头等硬件设备，所以在开始检测前需要对这些设备进行初始化。调用视线追踪模块的gzInit接口进行初始化。

2）设置检测范围。这一步用来设置视线追踪程序的检测范围，可以指定检测范围为屏幕上某一区域。默认检测范围为全屏幕。调用视线追踪模块的gzSetScreenRect接口进行设置。

3）注册处理检测结果的函数。该步用来设置程序检测结果的处理函数。本模块的处理结果函数SendXY（），可向主窗口发送视线落点坐标。通过向两个函数指针OnRegion和OnPos传递值来实现注册。

4）设置检测参数。不同用户的脸部特征各不相同，为每个用户设置不同的检测参数有利于提高检测精确度。每名用户的参数都存储在一个指定的文本文件中，通过调用视线追踪模块的gzSetParameters接口来读取文本文件中的参数进行设置。

5）检测视线落点。通过调用视线追踪模块的gzStart接口开始进行视线追踪。

6）向主窗口发送视线落点坐标。检测到视线落点之后调用在第三步中注册的结果处理函数向主窗口发送视线落点坐标。

7）判断是否退出视线追踪检测。如果不退出则转到第5步。如果退出则转到第八步。释放占用的内存空间和设备资源退出视线追踪。

下面是利用视线追踪技术替代鼠标单击按钮的实验示例：

图 6-15 所示为通过视线追踪技术将用户在功能按钮区的视线与鼠标关联，即将用户的视线用鼠标来形式化、可视化。此时若检测到鼠标在“对话聊天”按钮上停留超过 5s，则做出用户想激活此按钮的判断。

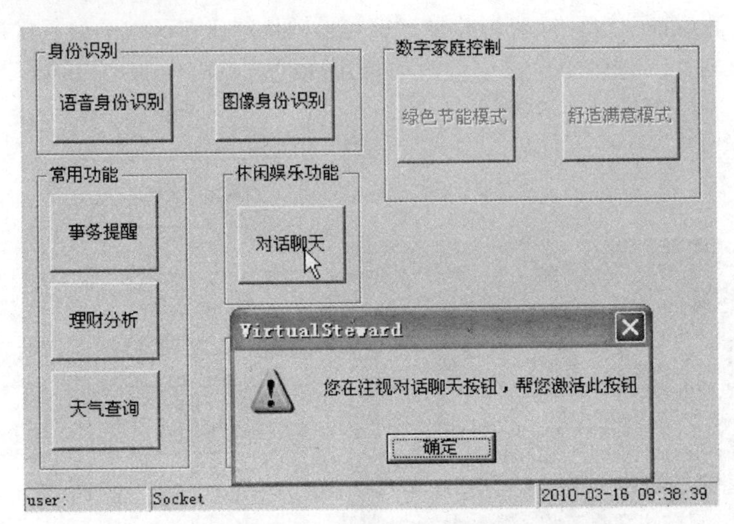

图 6-15　利用视线追踪技术替代鼠标单击按钮实验

6.3　人机交互系统的设计与评估

6.3.1　人机交互系统的设计

人机交互正朝着自然和谐的人机交互技术和用户界面的方向发展，这也是设计交互式系统的核心所在：将用户放在第一位，坚持以用户为中心。程序设计人员在长期的软件研究与开发过程中，积累了大量的人机交互经验，这对研制、设计一个成功的应用系统是十分有效的。这些经验的结晶就构成了人机交互系统的基本设计原则。

1）用户控制原则：在人机交互软件设计中，应该让用户时刻感到是自己在控制计算机，而不是被计算机控制。这主要体现在用户可以控制并改变软件系统的工作环境并选择操作方式。例如：用户可以控制软件地输入/输出处理方式，改变交互状态，选择界面的颜色及背景音乐等。

2）直观性原则：实现拟人的交互方式，按人类容易理解的形式表示处理结果；采用生动形象的方法来缩短用户与计算机系统之间的距离，直接以声音和图形来提示操作步骤，使用户一听就懂、一看就会。

3）可视性原则：可视化设计是软件界面设计中一项非常重要的方面。大量采用可视化（Visual）技术和隐喻、比拟的手法可以减少用户使用计算机的困难。

4）易用性原则：具体体现在以下几个方面：

① 用户无须事先学习许多使用该系统的知识和规定，上机后按照屏幕上的提示信息即可进行操作。

② 为了给用户及时提供帮助，应该对每个选择项配备语音和文字说明，当用户遇到困

难时可以很快得到解答。

③ 鼓励用户实践，允许操作失误而不会破坏系统正常工作，能够及时发现用户的错误操作，并予以纠正。

5）及时响应原则：能对用户的操作尽可能敏感地作出反应。在接受指令后用户对计算机毫无反应的忍耐时间通常在3～5s，若软件需要进行一项耗时的工作，必须向用户反馈其工作进程。

6）简洁性原则：软件界面必须简洁，选择项力求精练，措词要准确，图标要形象生动，使用户一目了然。切忌繁杂的画面和冗长的说明。

7）一致性原则：包括交互一致性、作用一致性、表象一致性、比拟一致性和范畴一致性等。这些一致性使用户能把现有的知识传递到新任务中去，可以更快学习到新的知识。在所有界面元素的设计过程中，保持一致性极为重要。

自然和谐的人与情感机器人交互是在视觉、听觉、触觉、味觉和嗅觉这五种感官通道上进行的交互过程。因此，在设计完整的人机交互系统软件时，除了依据以上所述的原则外，还要考虑多通道的交互及其相互融合。多感官输入能改进我们与现实世界的交互，利用多感官通道的交互系统将提供更加丰富的交互体验。

6.3.2 人机交互系统的评估

既然人机交互系统的设计是以人为中心，那么它的评估也应是人对其可用性、功能性和可接受性的测试。评估有三个主要目标：评估系统功能的范围和可达性、评估交互中用户的经验和确定系统的任何特定问题。系统功能性是重要的，必须与用户的需求一致，换句话说，系统设计要使用户更容易地执行他们期望的任务，这不仅包括使系统具有合适的功能，也包括用户能够清楚地得到需要执行任务的一系列行为，还包括将系统的应用匹配到用户对任务的期望中。

除了依照系统的功能评估系统设计外，评估用户的交互体验和系统对用户的影响也是很重要的。例如对我们设计的面向数字家庭的虚拟管家软件平台的评估，很重要的一个方面就是数字家庭中家庭成员的体验评价，这也就涉及一个更深层次的问题，那就是如何在数字家庭中建立一个良好的人机交互模型。当然还有用户界面方面的评估等。

总之，我们在研究人与情感机器人交互时，需要坚持以人为中心，然后进行多方面的考虑。

参考文献

[1] 张有为. 人机自然交互［M］. 北京：国防工业出版社，2004.

[2] 戴国忠，王宏安，史元春. 走向自然和谐的人机交互［J］. 计算机世界报，2006（36）：12-13.

[3] 董士海，王衡. 人机交互［M］. 北京：北京大学出版社，2004.

[4] 孟祥旭，李学庆. 人机交互技术——原理与应用［M］. 北京：清华大学出版社，2004：57-93.

[5] Reynolds D A. Speaker Identification and Verification using Gaussian Mixture Speaker Models［J］. Speech Communication，1995，17：91～108.

[6] Murthy H A，Beaufays F，Weintraub M. Robust Text-Independent Speaker Identification over Telephone Channels［J］. IEEE Transactions on Speech and Audio Processing，1999，7：554-567.

[7] Campbell J P. Speaker Recognition: A Tutorial [J]. Proceedings of The IEEE, 1997, 85: 1437-1462.

[8] Martin A, Przybocki M. The NIST 1999 Speaker Recognition Evaluation-An Overview. Digital Signal Processing, 2000, 10: 1~18.

[9] Reynolds D A, Quatieri T F, Dunn R B. Speaker Verification Using Adapted Gaussian Mixture Models [J]. Digital Signal Processing, 2002, 10: 19-41.

[10] 张树生，杨茂奎，朱名铨，等. 虚拟制造技术 [M]. 西安：西北工业大学出版社. 2006, 2: 5-17.

[11] GrigoreCBurdea, philippeCoiffet. 虚拟现实技术 [M]. 2版. 北京：电子工业出版社，2005：5-10.

[12] 薛为民，林本敬. 虚拟人技术在人机交互中的应用研究 [J]. 北京联合大学学报：自然科学版，2008，22 (2)：1-5.

[13] NOVAK J. Fatigue monitoring program for the Susquehanna Unit 1 reactor pressure vessel [J]. In: American Society of Mechanical Engineers, 2008, 21 (3): 9-14.

[14] 张利伟，张航，张玉英. 面部表情识别方法综述 [J]. 模式识别与仿真，2009，28 (1)：93-98.

[15] 吴海昕. 人机交互系统软件设计 [J]. 计算机与数字工程，1998，26 (6)：41-47.

第7章 软件集成

第6章介绍了虚拟情感机器人与人的交互与合作，本章将要介绍的是物理情感机器人与人的交互与合作。主要内容包括介绍上位机程序的设计与集成，上位机程序对情感机器人的控制，以及人与情感机器人的交互功能。本章将重点通过对整体设计思路以及各个模块的具体设计方式向大家讲述软件平台的搭建，如图7-1所示。

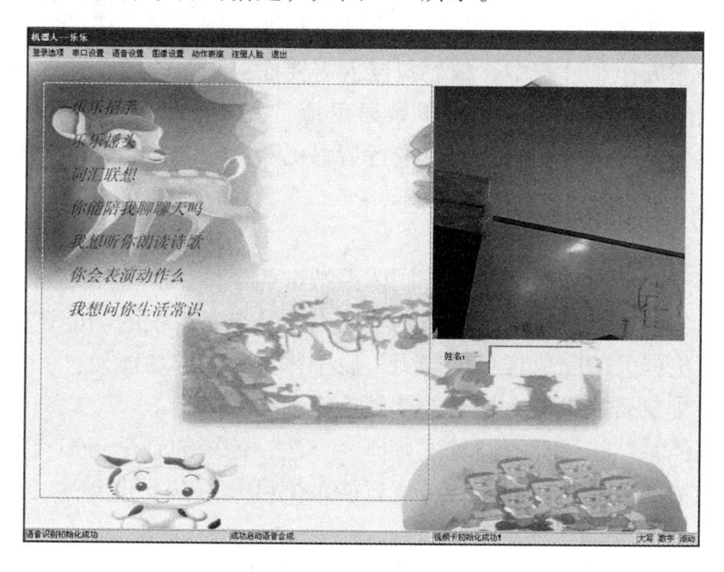

图7-1 物理情感机器人软件平台

本章对各模块之间的关系，以及各模块间相互通信的方式进行了详细介绍，最终实现机器人与人的情感交互功能。北京科技大学王志良教授带领的机器人研究实验室制作的机器人如图7-2所示。

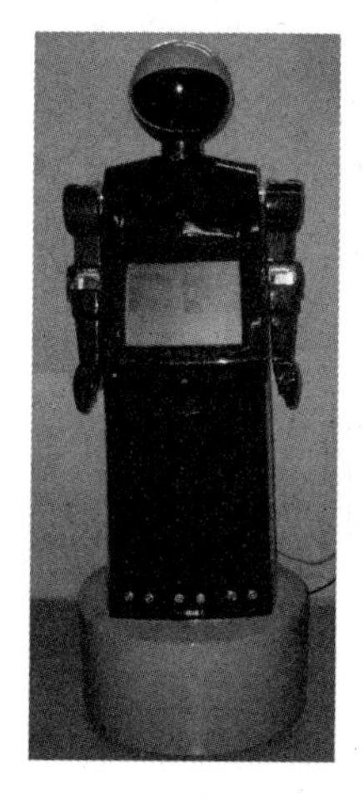   

图7-2 北京科技大学王志良教授带领的机器人研究实验室制作的机器人

其中第一个机器人可以实现简单的人机交互功能；第二个机器人在外形上做了很大的改进，更加类似于人型，并能实现人机交互的基本功能；第三个机器人是仿人机器人，能够实现模仿人的简单表情；第四个机器人也是仿人机器人，该机器人模仿爱因斯坦的外形，能够实现各种面部表情表演，能够与人进行语音交互。

7.1 情感机器人体系结构规划设计

体系结构是情感机器人系统研究的一个重要内容，是指在智能机器人系统中智能、行为、信息、控制的时空分布模式，是机器人智能的逻辑载体。体系结构主要是研究如何设计、控制机器人的硬件和软件系统，最终实现情感机器人所需要完成的功能。在实际的情感机器人与人交互或完成作业过程中，情感机器人需要面对一个不断变化的环境，在这样的环境中，情感机器人需要保持对各种情况的及时反应，决策规划行为，以及时进行和谐的交互。为使情感机器人表现出这样的特质，进行情感机器人控制体系结构的研究是必要的。

7.1.1 国内外研究现状

任何机器人都有自己的体系结构，不同体系结构的个体，决策所采用的方法、过程也不尽相同。通常对机器人体系结构的研究有两个层面，一个是系统的功能逻辑层面，主要研究如何使机器人具有更强大的完成任务的能力，属于体系结构的功能设计；另一个层面是体系结构的实现模型，主要研究机器人控制的软硬件实现问题。

机器人的控制体系结构研究有两种主要研究方法，传统的基于认知模型的功能规划法和近来兴起的基于行为的方法。目前，自主式智能系统可分为以下几类：

1. 传统结构

传统的机器人控制体系结构源自基于认知的人工智能（AI）模型，在AI模型中，智能任务由运行于符号模型之上的推理过程来实现，它强调以环境模型为基础的抽象推理，是机器人智能不可缺少的组成部分，而且该模型必须是准确的、一致的。因此传感器信息的校验具有与模型本身同等的重要性。并且传统方法遵循的是一条从感知到动作的串行功能分解控制路线，是一种典型的自顶向下构建系统的方法，如图7-3所示。从这个意义上讲，动作不是传感器数据直接作用下的结果，而是经历一系列从感知、建模到规划等处理阶段之后产生的结果，这类系统的特点是能够完成用户明确描述的特定任务。但世界模型过于理想化，对感知器提出了一些不切实际的要求，而且由于认知过程和符号化世界模型的建立过程中存在的计算瓶颈，使得传感器到驱动机构的控制环路中存在着延时，因而缺乏实际运行所要求的实时性和灵活性。

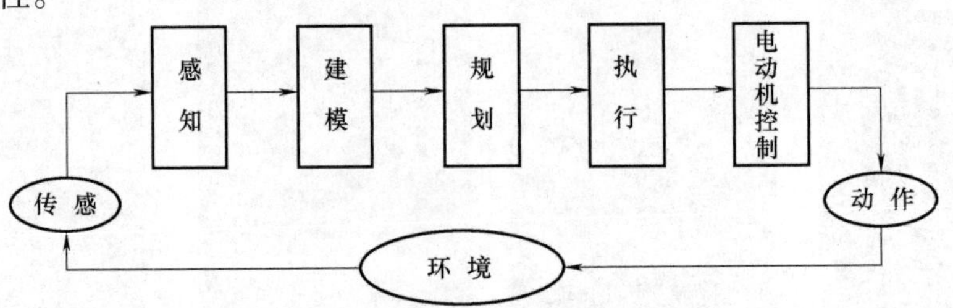

图7-3 机器人的串行功能分解体系结构

2. 分层递阶式结构

美国学者 Saridis 提出一种关于智能控制系统的三级分层递阶式体系结构，其分层的原则是随着控制精度的增加智能降低，较好地解决了智能和控制精度的问题。分层递阶结构一般按功能要求划分系统模块，模块之间以分层递阶方式相联系。每层只能与其相邻的上下层交换信息，下层要等待上层的规划，上层要等待下层任务的完成。其优点是系统的功能和层次分明，易于实现，且能满足一些复杂任务的要求。典型的形式如图 7-4 所示。但是该结构由于采用串行处理方式，使得对外部事件的反应时间变长，任何环境的变化都有可能导致重新规划的发生，从而降低了任务完成的效率。

3. 包容式体系结构

包容式体系结构是美国麻省理工学院的 R. Brooks 提出的，其结构图如图 7-5 所示。包容体系结构模拟了动物反应式行为的特点，采用所谓“感知—动作”的结构，也称基于行为（Behaviour - based）的结构，否定知识符号表示的重要性。实验表明，包容体系结构在动态环境中不确定性处理和模仿动物的低级反射行为方面具有很多优点。包容式体系结构强调了单元的独立、并行工作，缺少全局的指导和协调，对于长远的全局性目标跟踪缺少主动性，目的性较差。

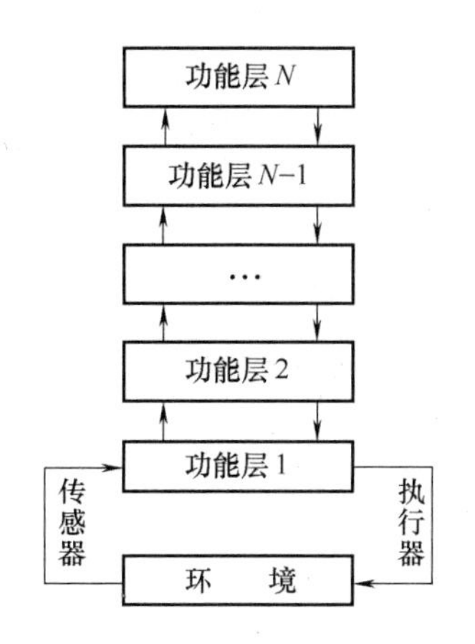

图 7-4　分层递阶式体系结构

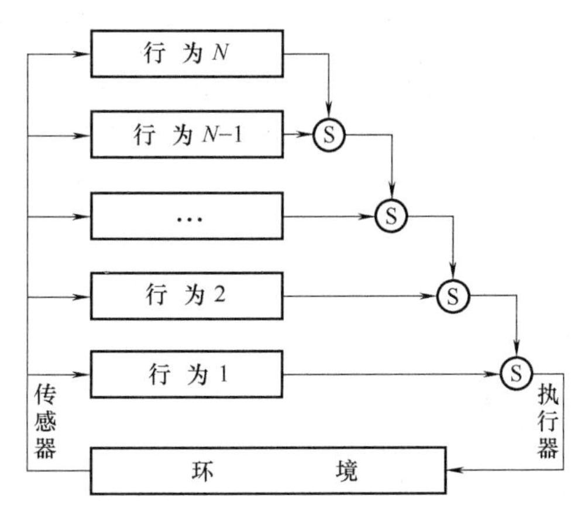

图 7-5　包容式体系结构

4. 混合式体系结构

混合式体系结构是一种综合分层递阶式结构和包容式体系结构二者优点的体系结构，以克服分层递阶式体系结构在不确定和未知环境中建模困难、实时性和适应性差等缺点；同时实现对已有环境信息进行有效表示和利用，完成单一结构无法实现的复杂导航任务。

5. 基于功能/行为集成的进化体系结构

基于传统 AI 认知模型的机器人控制结构缺乏实用性和必要的灵活性与普适性；以 R. Brooks 的 SA 结构为代表的基于行为的控制体系结构提高了系统的响应速度和自主性，但同样存在着缺乏必要的理性和受到诸如设计者预见能力限制等问题。为此，他提出了一种综合二者优点的体系结构，并在其中融入进化控制的思想，即基于功能/行为集成的进化体系结构，整个体系结构包括进化规划与基于行为的控制两大模块。这种综合体系结构的优点是使系统既具有基于行为的实时性，又保持了基于功能的目标可控性。将其应用于移动机器人的控制取得较好效果。

6. 基于人工情感的拟人机器人控制体系结构

对人工情感（即机器的情感）的研究分为两种：外在情感和内在情感。前者是研究机器如何表达它的情感以及机器如何检测人所表达的情感，目的是建立一种和谐的人机交互环境，即所谓的情感计算。后者的目的则是研究如何在计算机内部应用情感来对其决策过程做出贡献，其研究的合理性已得到神经科学家 Damasio 实验研究证据的支持。在此基础之上，提出了基于人工情感的拟人机器人控制体系结构，根据机体标记理论，在资源受限的条件下，通过不完全复现部分表达交互过程，以人工情感为核心设计了如图 7-6 所示的机器人控制体系结构，在这种结构中，情感作为内部状态影响到从信息输入到行为输出的各个部分。

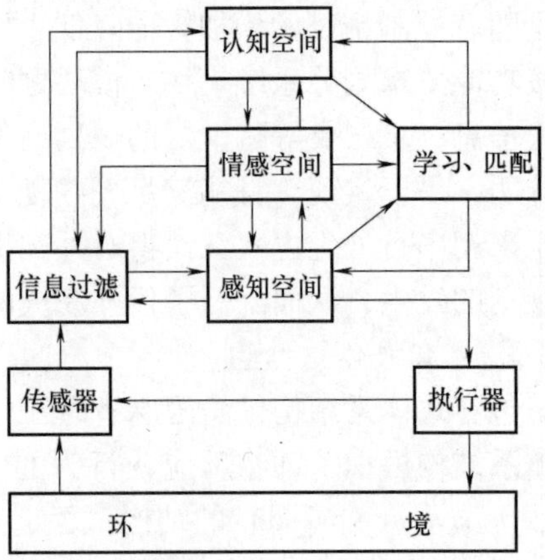

图 7-6　基于人工情感的拟人机器人控制体系结构

7.1.2　基于人工心理认知/行为的分层式交互机器人体系结构

机器人是智能模拟的重要手段和研究载体，其体系结构决定了机器人智能、行为、信息、控制的时空分布模式，也从根本上决定了机器人的智能水平和行为方式。

具有情感的智能机器人主要应用于直接与人进行面对面的交互场合，为人类提供信息查询或者娱乐服务。这种机器人作为人类的伙伴参与到人类社会的各种活动中，它们可以有像人一样的身体，可以提供内容丰富的各种信息和交互途径，使我们可以流畅地与机器人进行各种形式的沟通。

情感机器人交互平台采用多智能体结构，系统中的基本单元被称为智能体（Agent）。它们是具有自主功能的能独立完成一定子任务的功能模块，并具有一个协调机构负责组织协调各个智能体，使之总体行为有利于预定目标的实现。多 Agent 系统可以通过并行机制加速系统的运行。一个任务可以分解为若干子任务，这些任务分别由不同的 Agent 完成。利用多 Agent系统中的冗余 Agent 可以提高系统的鲁棒性。多 Agent 系统具有可扩充性，在多 Agent 系统中增加一个 Agent 要比增加系统的功能方便得多。多 Agent 系统的模块化程度更高、系统设计更简单。

根据情感机器人交互应用特点的要求，即反应的时效性和智能性。我们提出了基于人工心理的情感智能机器人控制体系结构——基于人工心理认知/行为的分层式体系结构，如图 7-7 所示。机器人在交互层通过各种交互感应器获取周围的环境状态信息，并经过简单反射决策，输出一种简单的反射动作，然后再通过上层的信息融合输出符合智能决策层处理规则的准确信息，智能决策层根据当前心理状态，当前交互任务调用规则知识库来输出较复杂的有目的的交互行为，最终通过自身的行为来表达对外部交互刺激的反应。

这种体系结构的设计与前面提到的几种体系结构相比，能够更加显著地体现情感机器人的交互主动性心智特征以及情感机器人动作交互的智能性和时效性。

从图 7-7 中可以看出，情感机器人的控制体系结构分为四个层次：信息交互层、本能反射层、信息融合层、智能决策层，下面分别介绍一下各层的功能和划分的意义。

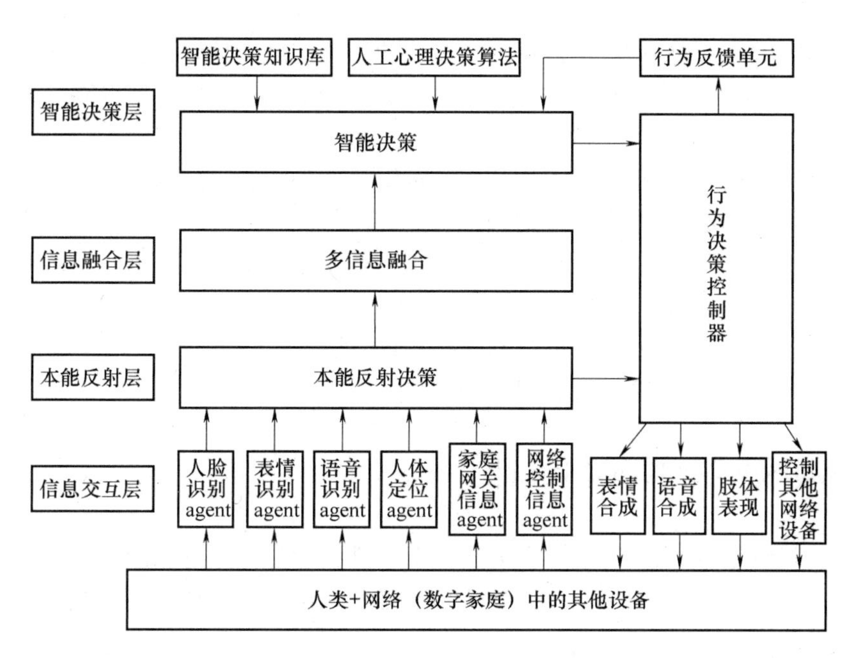

图 7-7　基于人工心理认知/行为的体系结构

信息交互层：这一层作为我们交互逻辑的最底层，直接与环境、交互者和网络中的其他在线设备发生联系。它包括机器人的各种硬件传感器、网络接口和具有信息采集及处理功能的软件 agent，还包括机器人的信息输出执行机构。这里我们之所以把有信息处理功能的智能 agent 放在这一层，主要考虑到，首先，从人类自身处理信息的流程来分析，我们会发现在交互层中用 agent 所实现的功能基本上是人类不需要经过太多逻辑思维就能够实现的，这些能力由于人类的频繁使用已经接近于人类的本能，比如说我们在听一个人说话，我们把听到的声音信号转化为可以理解的语音信号的过程，此过程并没有运用大脑的逻辑分析功能，只是一种本能的表现。由于智能交互机器人最重要的特点是交互的实时性，所以需要把信息处理的能力尽可能分散开，以减轻智能决策层处理信息的压力，提高处理速度。

本能反射层：这一层模拟了人类的本能反射动作和无意识动作，在这一层中包含了我们所设计的一个简单本能反射规则库，在这个库中包含了最基本最简单的一些“感应—行动”规则，这些规则是一对一的形式，不允许有复合推理形式出现。人体神经系统的调节方式是反射，人生下来就有的反射称为简单反射，又称为非条件反射，例如，缩手反射、眨眼反射等都属于简单反射，是一种比较低级的动作调节方式，反射过程不需要经过大脑皮层，只要有脊髓或脑干的神经中枢参与就可以完成，因此这种动作是没有逻辑成分的。人类还有一动作叫做无意识动作，比如当一个人在无聊的时候他可能会做抖脚，搓手，玩头发等小动作，这些动作无需经过大脑的逻辑思维就可完成的，因此我们把机器人的无意识动作也放到这一层。在这一层中我们接收到的是各种传感智能体经过初步处理的较原始交互信息。这种信息流中可能会有冗余或冲突性质的信息体存在，但是在简单反射层中我们的主要任务是反应机器人动作的时效性，在这层中我们的主要任务是完成简单的反射动作，在制定简单反射规则时可以利用简单的优先级规则来对各种交互信息体进行简单融合以决定当前要执行的交互动作。

信息融合层：这一层中接收本能反射层过滤的交互信息和环境信息，对这些信息进行融合，去除信息中包含的噪声信息，去除多信息中的冗余信息，最后得到智能决策层可以处理的标准信息格式。

智能决策层：这一层模拟了人类大脑中的逻辑推理和智能决策过程。我们在做出一个决策的时候，不但与得到的信息及掌握的知识有关，还与当时的心理状态以及要达到的交互任务有关，因此，在这一层中我们创建了一个人工心理状态模型以及一个交互任务库，并把这个模型中的值和交互目标作为机器人在智能决策过程中的输入变量，让机器人做出的决策能够反映出它当前的心理状态及当前的交互目标。这一层中主要用一些推理和智能决策的算法把输入的标准交互信息转化为交互输出行为信息。

7.2 情感机器人软件平台设计

要想设计情感机器人交互平台，首先需要对软件的设计流程有深刻的认识。如图 7-8 所示，在整体设计流程中，需求分析是第一步，也是软件能否达到预期要求的关键环节。

7.2.1 结构设计

软件体系结构描述的是系统各部分软件以及它们相互之间的关联，它既不是软件应用的需求，也不是软件系统的具体实现，而是软件系统内部结构配置的一种抽象描述，它定义了各部分软件系统的应用接口规范及互相操作和数据通信的协议和限制。总体上说，体系结构 = 软件组件 + 连接接口（或通信协议）。

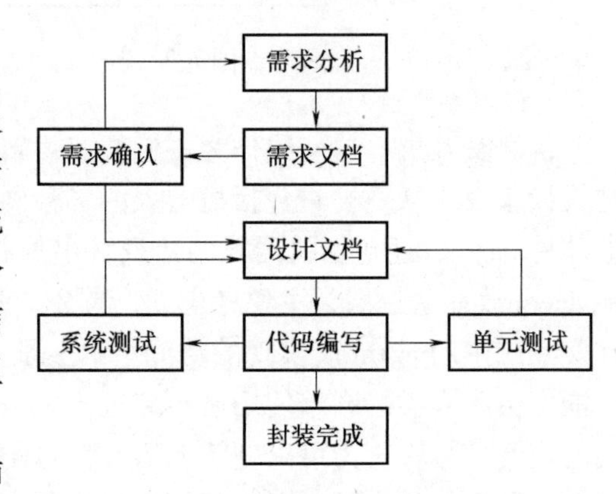

图 7-8 软件设计流程图

开放式软件总线结构满足应用程序的“即插即用”服务功能，通过总线中的通信模块，任何应用程序，不论具有何种功能，只要遵循该“总线”接口标准，都能直接集成到系统环境中，与其他应用程序进行各种类型的信息交互，实现数据集成和模块间的通信。所以总的来讲，软件总线支持基于网络的任何应用程序间的功能共享和信息交互，交互的内容可以是用户定义的任意类型的消息。软件总线是一种“即插即用”的集成框架，通过这种框架可以大大降低应用程序之间和构件之间的耦合度。

开放式软件总线结构的开发包括以下两个步骤：构件的开发和构件在软件总线上的集成。总线中的通信模块只要遵循总线的接口标准，任何构件都能直接集成到系统环境中，此结构充分发挥软构件“即插即用”的特性，它与传统的软件开发方法流程对比如图 7-9 所示。

基于软件总线结构与传统结构的对比，其在模块间的功能共享、可扩展性、总体性能方面都占有优势，更适合于机器人软件交互平台。因此，设计的软件平台可以选择总线式体系结构。

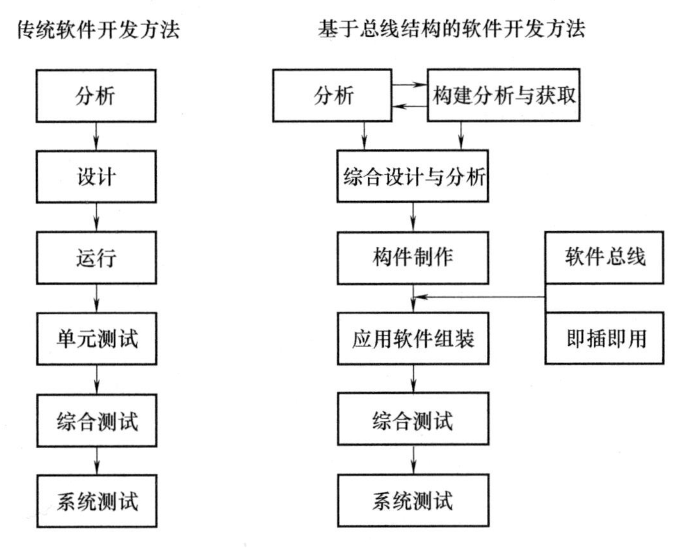

图 7-9　软件总线结构开发比较

7.2.2　模块设计划分

我们所设计的情感机器人应能同人进行生动顺畅的语言交流；能够识别不同的交互对象及人类的表情；拥有丰富的面部表情、语调和身体姿态；能够自主移动；具备简单的情感和心理活动；能判断测量周围物体的距离；能够与数字家庭网络中的其他设备（家用电器，家庭网关等）进行信息交互与控制。

根据上述特点，可将情感机器人的具体功能抽象成相应的程序和算法来实现，见表 7-1。

表 7-1　机器人功能软件实现

机器人功能	软件技术实现
视觉	人脸识别
听觉	语音识别
触觉	红外传感
语音表达	语音合成
面部表情和肢体动作	行为规则库、串口通信
情感和心理活动	情感建模、人工心理算法
远程信息交互	网络信息传输、远程控制

在软件交互平台的设计中采用了模块化的设计思想。根据表 7-1 的抽象关系，将每一个功能的程序代码封装成一个独立的模块，再将这些相对独立的功能模块集成进软件平台中，不仅使程序的结构清晰、接口简单，还有利于以后加入新的功能模块，从而提高了系统的可扩展性。具体功能模块设计如图 7-10 所示。

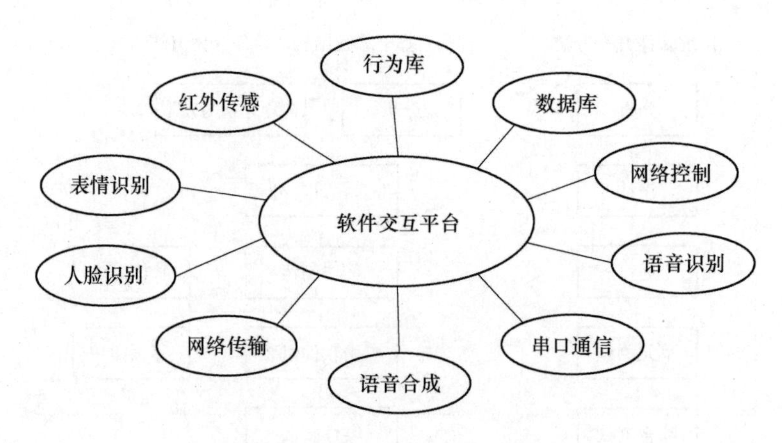

图 7-10 软件功能模块设计图

软件交互平台集成了语音识别、语音合成、人脸识别、表情识别、串口通信、网络控制、网络传输、红外传感、数据库、行为库等功能。这些模块的具体功能介绍如下：

语音识别功能模块：实现中文语音的识别，可以通过基于内容的语音情感识别来获取情感信息。

语音合成功能模块：实现中文语音的合成，可以切换男生或女生发音，通过语音内容来表达机器人的情感状态。

人脸识别功能模块：通过人脸检测得到人脸区域，通过模板匹配等算法对此区域的图像进行特征提取和识别，确定人脸信息。

表情识别功能模块：识别人脸的表情，确定人脸的检测区域，对此区域运用光流法等算法识别表情，可作为表情交互的重要通道。

串口通信模块：实现上下位机通信，向下位机发送控制命令，控制机器人动作并获取下位机的传感器反馈信息，对机器人的动作进行在线纠错。

多传感器融合模块：本模块中配置四种传感器，热释电红外传感器，声源点位传感器，超声波传感器和触摸传感器。热释电红外传感器主要检测是否有人到来；声源点位传感器主要用于检测人在哪个方位与机器人进行交谈，以便于机器人能够正面面向人；超声波传感器主要用于检测人与机器人的距离以满足机器人三原则；触摸传感器主要用来实现机器人与人的一个交互手段。此模块通过多传感器的信息采集实现机器人对外部世界的感知。

网络控制及传输模块：通过无线网络，机器人能够与数字家庭中的其他在线设备进行交互；传输获取其他设备信息；遥操作其他网络设备；在网络环境中实现自主行为（主动与人打招呼，家庭安防等）。

数据库及行为库模块：通过模块中具体的行为规则和情感建模与数据库进行参照和匹配，从而决策交互机器人的行为。

7.2.3 人机交互界面设计

目前，智能机器人大都为交互模式，所以机器人的用户界面又称为人机交互界面（Human Computer Interface，HCI），是指通过计算机输入、输出设备，以有效的方式实现人与机器人交互的技术。它包括机器人通过输出或显示设备给人提供大量有关信息及提示请示等，人通过输入设备给机器人输入有关信息及提示请示，回答问题等。人机交互技术是计算机用户界面设计中的重要内容之一。它与认知学、人机工程学、心理学等学科领域有密切的联系。

人机交互界面研究已经历了两个界限分明的时代，第一代是以文本为基础的交互，如菜单、命令、对话等，难用且不灵活。第二代则是直接操作界面，它引出更自然的视觉通信交互。而下一代则是以多媒体集成方法为基础的交互，多媒体人机交互技术是多媒体技术和人机交互技术的结合体。信息表示和输入输出设备的多样化是多媒体人机交互技术的重要内容。多媒体人机交互基于视线跟踪、语音识别、手势输入、感觉反馈等新的交互技术。需要大量使用语言，自然语言和高级图形，也可使用其他交互媒体，如人的动作、手势和三维图像等。而人机交互界面的研究已超越心理学，并进入到社会学的研究领域，界面技术、多媒体技术以及通信技术，特别适于人工智能技术。

根据对智能机器人的功能划分和定位，自然和谐的智能人机界面沟通特征应该包括：

1）自然沟通：能看，能听，能说，能触摸；

2）主动沟通：有预期，会提问，并及时调整；

3）有效沟通：对情境的变化敏感，理解用户的情绪和意图，对不同用户、不同环境、不同任务给予不同反馈和支持。而这些特征在很大程度上依赖于心理科学、认知科学和计算机科学对人的智能和情感研究所取得的新进展。为使机器人具备更智能的人机交互能力，我们需要知道人是如何感知环境的，人会产生怎样的情感和意图，人如何做出恰当的反应，从而帮助计算机正确感知环境，理解用户的情感和意图，并做出合适的反应。因此，人机交互界面的“智能”不仅应具有高的认知智力，也应具有高的情绪智力，从而有效地解决人机交互中的情境感知问题、情感与意图的产生与理解问题，以及反应应对问题。以语音接口为例，具有警示作用的语调与语速，对吸引使用者的注意力，有相当大的帮助。而在轻松的情境下，感性缓慢的语调或动画接口将有助于使用者进入舒缓的状态。

由于人类从外部世界接受信息的 80% 以上来自视觉通道，用户界面的可视化能更加直接地引起人们的注意且更具趣味性。根据界面布局的科学研究，拥挤的屏幕让人难以理解，因而难以使用。屏幕总体覆盖度让人看上去，不能太拥挤，也不能太松散。除了总体设计，文字和控件的对齐方式、界面采用的分辨率等也是在设计界面时需要注意的内容。人机交互界面设计的流程如图 7-11 所示。

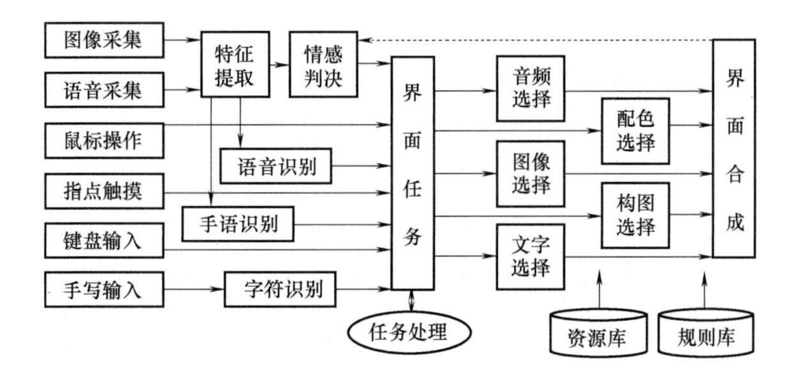

图 7-11　人机交互界面设计流程

根据人们习惯的阅读浏览方式及以上原则，机器人交互平台界面设计如图 7-12 所示。

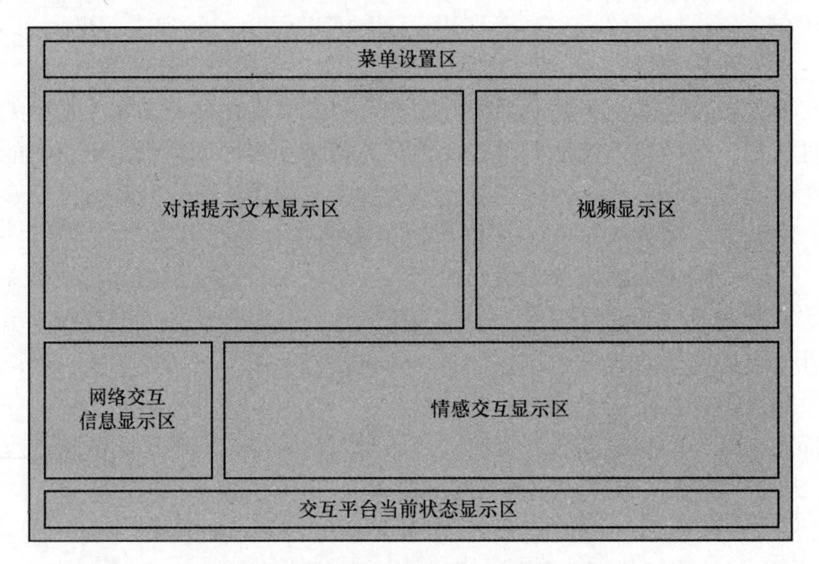

图 7-12　机器人交互平台界面设计

交互平台按照功能划分为

菜单设置区：供操作者对机器人交互平台的具体功能进行配置及更改设置。

对话提示文本显示区：用于提示使用者按照显示的文本（机器人可以识别的语音）和机器人进行对话交流网络中的在线设备提供服务功能。

视频显示区：显示机器人采集到的图像、人脸识别及表情识别信息，并按帧显示在该区域。与使用者以最直观的方式进行交互。

网络交互信息显示区：显示数字家庭网络中设备的状态信息及网络消息等。

情感交互显示区：显示机器人判断出的使用者当前情感状态、机器人情感状态信息及机器人相应行为决策。

交互平台当前状态显示区：显示机器人当前各通道信息采集结果。

7.3　各功能模块的设计

7.3.1　语音识别模块设计

语音交互是自然和谐人机交互的基本组成单元。语音交互主要包括语音识别与合成。语音识别功能的实现就是使机器人能够完成“听”的功能，即从声音到文本的转换（Speech To Text，STT）并通过模式匹配技术和数据库技术实现对语言的“理解”和对问题的“思考”。语音合成则是实现机器的自然语言表达功能，即从文本到声音的转换。

语音识别技术以语言为研究对象，涉及生理学、语言学、计算机及信号处理等多个领域，是语言信号处理的一个重要研究方向。典型的语音识别系统如图 7-13 所示。其中，预处理包括语音信号采样，反混叠带通滤波去除个体发音差异和设备、环境引起的噪声影响等，并涉及语音识别基元的选取和端点监测问题；特征提取部分用于提取语音中反映本质特征的声学参数，如平均能量、平均跨零率、共振峰等；训练在识别前进行，通过让讲话者说出一些句子，有时需多次重复某些语音，从原始样本中去除冗余信息，保留关键数据，再按照一定规则对数据加以聚类，形成语音模式库；模式匹配部分是整个语音识别系统的核心，它是根据一定的准则（如某种距离测度）以及专家知识（如构词规则、语法规则、语义规则物，计算输入特征与库存模式之间的相似度（如距离匹配、似然概率），判断出输入语音的语义信息。

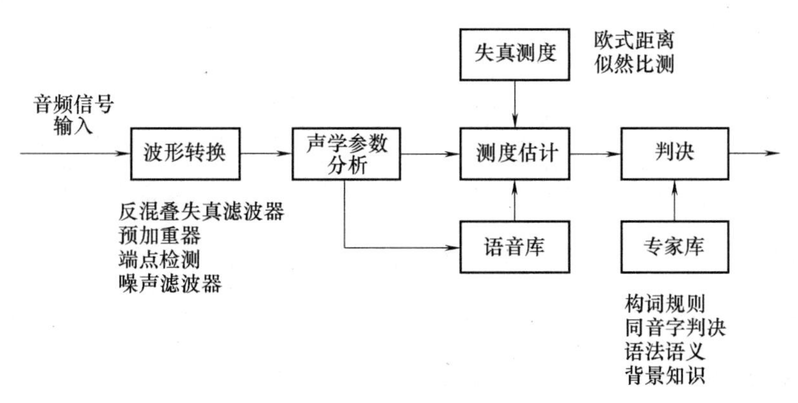

图 7-13　语音识别系统

目前中文语音识别的研制和开发厂商有 Speechworks、Nuance、Philips、Microsoft、IBM、L&H、Infotalk、中科模式识别、天朗、得意音通、安可尔通信、声硕科技等。衡量一个语音识别系统的优劣的标准包括：

1）对说话者的依赖程度，是否能识别非特定人的说话。

2）识别语音的类型，能识别孤立词的、断续的、还是连续的语音。

3）系统词汇量，是小词汇量、中词汇量还是大词汇量。

目前识别效果比较好的系统是：中科模式识别的 Patter ASR 和 IBM 的 Viavoice。

Viavoice 是 IBM 开发的语音识别引擎，属于特定人的识别。其最大的优势在于可以连续识别语音。在使用 Viavoice 之前，必须要对其进行特定人的口音训练，使它熟悉用户的说话方式，从而提高识别率。IBM 的 Viavoice 软件的主要功能有汉字语音输入、编辑、打印等；语音听写功能；语音命令功能；其内核的接口适用于多种变成环境。该软件针对每个人不同的噪音和说话特征，提供口音适应的功能。它可以支持多用户使用，只要每个用户都在自己的用户名下进行相应的语音训练就可以了。

Pattek ASR 具有易用性强，识别率高的特点。用户无需进行训练，引擎的设计已经保证了非特定人这一重要特点；API 提供的管理工具可以使用户自如地定义自身所需的词表和语法，便于进行二次编程开发。

因为 Pattek ASR 具有非特定人这一重要特点，以及其在应用中具有识别率高易开发等特点，所以在本系统中选用该 SDK 作为语音识别引擎。

7.3.2　语音合成模块设计

语音合成技术又称文语转换技术，即 TTS 技术，是指使用计算机把文本信息转换为相应文本发音的音频数据，然后播放出来——使机器人能够像人一样说话，这在情感机器人的交互功能中也是必需的。文本分析和语音合成是 TTS 系统的两个基本步骤：前者从文本中提取各种韵律控制信息来控制后者的合成，这些韵律信息对提高合成语音的自然度至关重要；后者是用各种合成信号来模拟人类的语音。语音合成研究的目的是制造一种会说话的机器，使其存储的信息能转换为语音，让人们能通过听觉方便地获得。现在语音合成已经广泛地应用于人机对话中，它也是第五代智能计算机的重要功能之一。当前，语音合成的研究已经进入文字—语音转换阶段，其功能模块可分为文本分析、韵律建模和语音合成三大模块。语音合成系统的流程如图 7-14 所示。

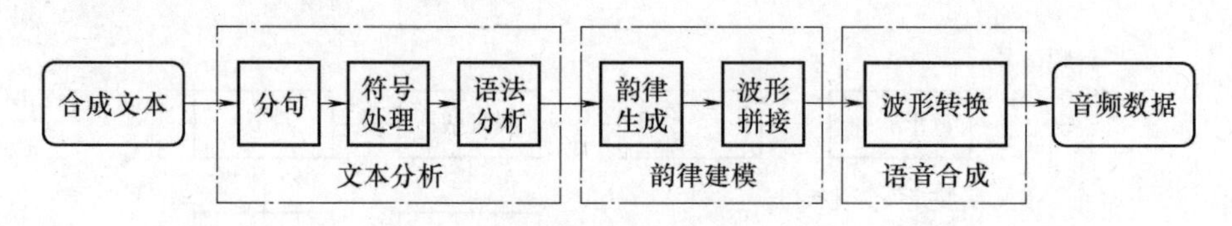

图 7-14　语音合成系统流程图

目前，中文语音合成的研制和开发的厂商有捷通华声、炎黄新星、Infotalk、科大讯飞、IBM. Microsoft 等。评价一个 TTS 引擎的优劣，主要有以下几个方面：合成语音的自然度、合成语音的表现力、合成性能、多种文语合成等。

Interphoinc 语音合成系统是科大讯飞面向中、高端应用的语音合成系统，以先进的大语料语音合成技术和语音韵律描述体系为基础，提供面向任意文本、任意篇章的连续语音合成功能，合成音质可媲美真人发音。目前，Interphoinc 系列产品已经成为市场上的主流语音合成系统，在各个行业及各个研究领域都有广泛的应用。讯飞语音合成开发包（iFly TTS SDK）是在讯飞语音合成系统基础上，为语音合成开发者提供的一个能够使用讯飞语音合成技术进行应用开发的用户编程接口，可以实现实时的语音合成。其还具有高质量的文本语音转换效果，采用了大语料库合成技术、超大规模的自然语流数据库制作技术，并以此作为数据统计和机器学习的训练数据；依据语言学、语音学、人工智能知识基础，利用机器学习中的决策树、神经网络系统分别建立了较为完善的基频、时长、能量、停顿模型并且在中文合成的自然度、可懂度、音质等主要指标上均名列前茅，是国内电信级应用最多的一个 TTS 产品。

以上所说的语音合成的方法都是以软件的形式，据我们所了解，TTS 产品的硬件形式也很多，最常见的就是科大讯飞的语音合成芯片 XF-S4240，这款芯片语音合成功能稳定，接口简单，而且与计算机相接方便。我们将 XF-S4240 与软件形式的开发包（iFly TTS SDK）进行了下对比，发现使用硬件合成时候语音识别的准确率要远远高于使用软件包合成。因此，本软件平台采用的是硬件合成语音方式。

7.3.3　人脸识别模块设计

人脸识别是利用计算机分析人脸图像，用来辨认身份的一门技术，它涉及模式识别、图像处理、计算机视觉、生理学、心理学及认知学等诸多学科的知识，并与基于其他生物特征的身份鉴别方法以及计算机人机感知交互领域都有密切的联系。

人脸识别方法的效果如何，主要决定于它在多大程度上利用和保留了图像的原始信息。我们在看一个人的时候，可以明显地观察到他面部的各个器官和脸庞。因此，我们可以利用一组数值特征来描述各个器官包括脸庞，并且利用这种数值特征数据来对人脸进行识别。但是模式识别研究的经验表明，简单地利用一组数值特征不能很好地解决人脸的识别问题。由于视觉识别人脸的机制十分微妙，人们对此的认识还非常肤浅。因此，人脸应当作为一个整体来描述，不仅仅包括各个器官的数值特征，还应当包括各个器官的不同表象和相互关联。对于已检测出的人脸图像，自动识别系统将它与数据库中的已知人脸进行比较匹配，得出识别结果。这部分工作由人脸识别算法来完成。对于自动人脸识别系统，一个对环境适应性强且识别率高的算法是整个系统的关键。在本文的系统中，人脸识别部分采用了一种较为成熟的人脸识别方法——基于隐马尔可夫模型（Hidden Markov Model，HMM）的人脸识别方法。它为描述不同表象和相互关联的人脸识别提供了解决方案。

近几年来，基于 HMM 的人脸识别已经取得了较大的进展。它们所采用的系统结构大致相同。本文所设计的 HMM 人脸识别基本框架如图 7-15 所示。

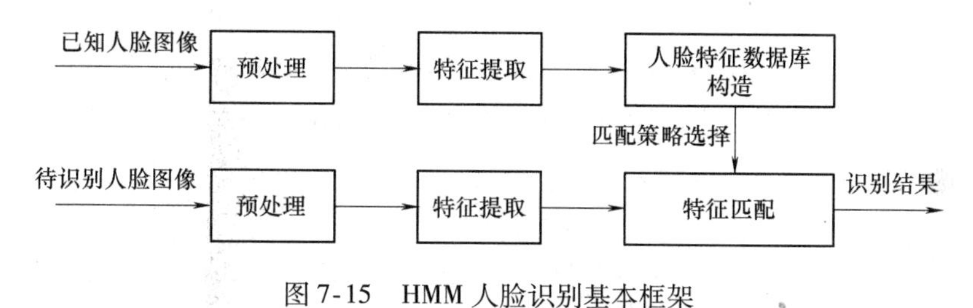

图 7-15　HMM 人脸识别基本框架

从上图可以看出，本交互平台的人脸识别系统要经过训练和识别两个部分。训练就是 HMM 建模的过程，如图 7-16 所示。根据一定的参数重估算法，不断调整模型参数，得到鲁棒性较好的模型。通过对基本模型的改进和优化，提高模型的精确度，以达到较好的识别效果。人脸隐马尔可夫模型的训练就是要为每一个人确定一组经过优化了的 HMM 参数。每个模型可以用单幅或多幅图像进行训练。

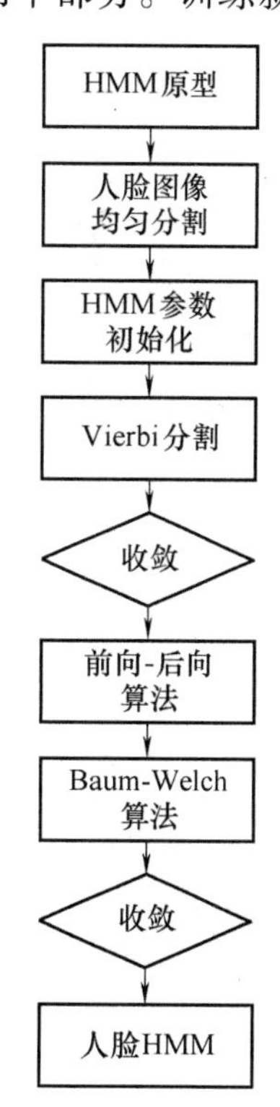

图 7-16　HMM 训练建模过程

人脸图像采样生成观察值序列，这些观察值序列就用来训练出人脸的模型。

人脸训练的算法如下：

1）将要训练的人脸图像进行统一分割，按照 DCT 算法提取出人脸特征相联系的观察值序列 O_i，$1 \leqslant i \leqslant T$。

2）建立一个通用的 HMM 模型 $\gamma=(A,\ B,\ \tau)$，确定模型的状态数，允许的状态转移和观测序列向量的大小。

3）迭代计算初始 HMM 参数。首先，图像被统一分割，每部分对应 HMM 的一个状态。然后，上述的分割数据被 Viterbi 分割代替。这一过程输出的是一个初始 HMM 模型，用作下一步重估 HMM 参数的输入。

4）使用 Baum-Welch 方法对 HMM 模型参数进行重估。隐马尔可夫模型的各个参数在这个步骤中进行重新估计，得到一个新的 $\gamma=(A,\ B,\ \tau)$。然后利用前向-后向算法或者 Viterbi 算法计算出观察值序列 O 在这个模型下的 $P(O|\gamma)$。为了估计出最接近于观察值序列 O

的模型，设定门限值 C，当时 $|P(O|\gamma)-P(O|\gamma')|<C$ 时（此时 P（收敛），即得到训练出的隐马尔可夫模型，否则令 $\gamma=\gamma'$，重复此步骤，直至 P（收敛），得到最接近于观察值序列的隐马尔可夫。根据训练图像的观察向量，HMM 参数将会被调整到一个局部极大值。这个过程的输出即为数据库中人脸图像最终的 HMM 模型。

在训练好若干人脸的隐马尔可夫模型（HMM），即建好人脸数据库后，才能进行人脸的识别。识别就是根据已经建立好的人脸 HMM 模型库，使用某种搜索算法搜索最佳匹配的过程。

识别的过程如下：

1）首先要对识别的人脸图像进行采样，形成观察向量序列。

2）然后计算此人脸的观察向量序列与人脸数据库中各人脸的隐马尔可夫模型的最大似然概率 $P(O^{(k)}|\gamma_n)$。最大似然概率 $P(O^{(k)}|\gamma_n)$ 的计算可以通过前向-后向算法或者 Viterbi 算法得出。

3）最大似然概率反映了待识人脸观察向量序列与数据库中的人脸隐马尔可夫模型的相似程度。计算出每一个训练模型产生该序列的最大似然概率，最大值的模型即为待识别人脸所属的类，可以用公式表达为

$$P(O^{(k)}|\gamma_m)=\max_n P(O^{(k)}|\gamma_n) \tag{7-1}$$

如果第 m 个模型 γ_m 产生序列 $O^{(k)}$ 的最大似然概率值取最大值，则将图像 k 归入第 m 类。人脸识别的流程图如图 7-17 所示。

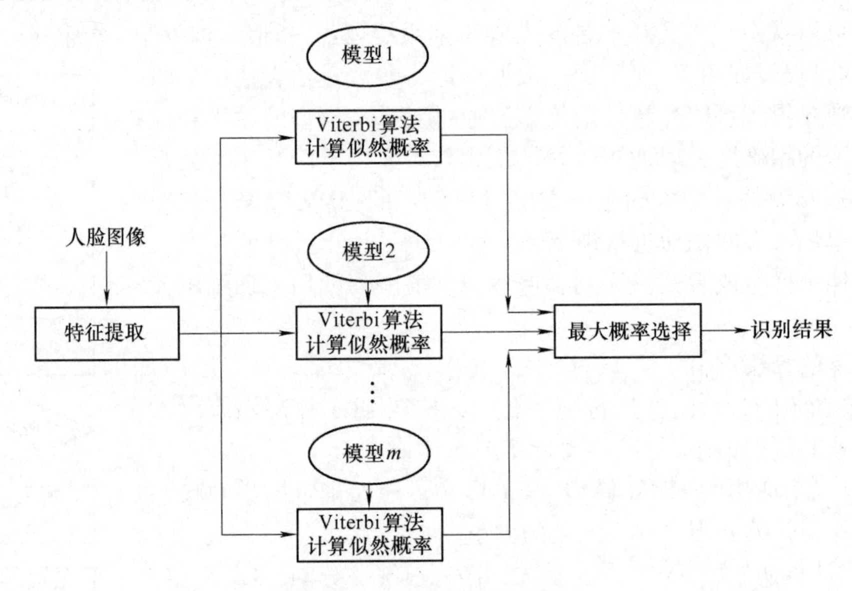

图 7-17　人脸识别流程图

根据隐马尔可夫人脸识别算法的特点和步骤，机器人交互平台选择以 OpenCV 库为基础进行开发。

根据算法，同时利用 OpenCV 所提供的功能函数，将人脸识别模块的功能实现，并封装在 DLL 库中，这样此功能模块不仅能实现平台的通用性，而且便于进行集成。

7.3.4 动作行为模块设计

对于情感机器人的研制与开发，我们不仅要求其能够模拟人的视觉、听觉、语言表达等能力，还要求其在外表上也能够拟人化，同时能够模仿人类的面部表情和肢体动作，即情感机器人应具备类似人类的动作行为模式。设计智能情感机器人行为的基础在于其能够模仿人类的外形，本章所开发的交互平台是由北京科技大学王志良教授带领的机器人研究实验室自主制作的仿人机器人。根据各情感机器人具体功能和目的的不同，实验室所研发制作的情感机器人的外形如图 7-18 所示。

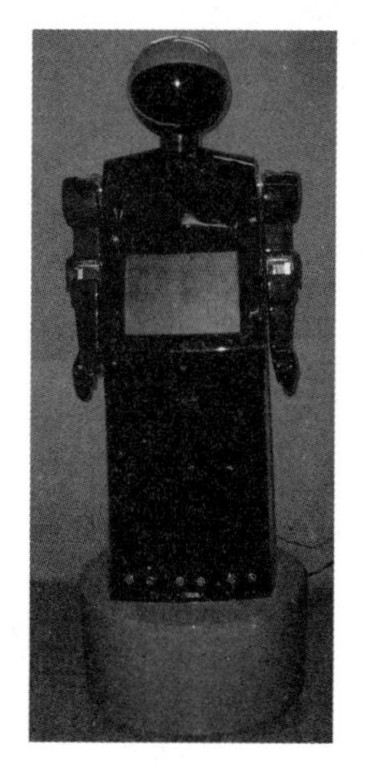

图 7-18 实验室自主研发制作的智能机器人外形

身体语言，是指经由身体的各种动作，代替语言以达到表情达意的沟通目的。身体语言包括身体与四肢所表达的手势、姿势和面部表情。身体语言比语言本身更容易暴露出真实的自己。心理学家认为：情感表达 = 7% 语言 + 38% 声音 + 55% 身体语言。可见人的身体语言在人与人的交流中发挥着重要作用。

为实现复杂的动作行为模式，更加细腻的表达情感，将情感机器人硬件结构分为脸部、颈部、肢体和底盘四个行为模块，分别使用四个处理器独立控制。这样可以方便地完成动作组合和动作序列的模块化。动作组合在上位机上完成。行为模式设计平台是由北京科技大学王志良教授带领的机器人研究实验室自主研发制作的机器人硬件结构。

机器人上身肢体结构如图 7-19 所示。

机器人脸部及头部结构如图 7-20 所示。

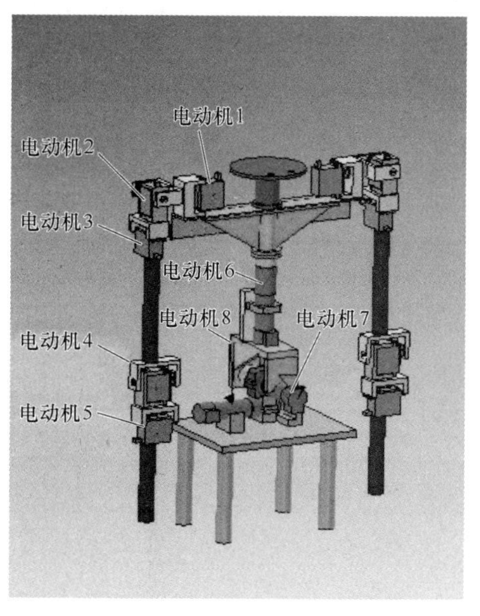

图 7-19 机器人上身肢体结构

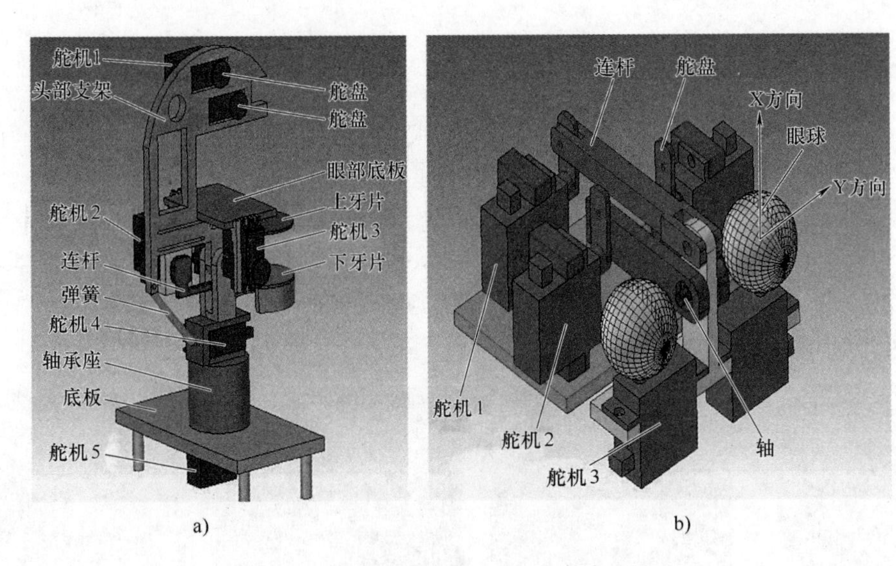

a) b)

图7-20 脸部及头部结构
a）头部结构 b）眼部结构

可交互的情感机器人将不同硬件模块的独立动作集成为一套完整的行为来模仿人类。将情感机器人的动作行为按照四个行为模块进行分类，见表7-2。

表7-2 情感机器人动作行为模块划分

动作行为	脸部动作	头部动作	肢体动作	底盘动作
招手	0	0	1	0
鼓掌	0	0	1	0
握手	0	0	1	0
晃动拳头	0	0	1	0
摆手	0	0	1	0
扬眉	1	0	0	0
皱眉	1	0	0	0
瞪眼	1	0	0	0
眯眼	1	0	0	0
微笑	1	0	0	0
张嘴	1	0	0	0
抿嘴	1	0	0	0
撅嘴	1	0	0	0
仰头	0	1	0	0
低头	0	1	0	0
摇头	0	1	0	0

（续）

动作行为	脸部动作	头部动作	肢体动作	底盘动作
点头	0	1	0	0
前进	0	0	0	1
后退	0	0	0	1
左转	0	0	0	1
右转	0	0	0	1

上表是四个行为模块的划分，以及行为动作对应的情感机器人舵机运行情况，1 代表是，0 代表否。

为使情感机器人具有更自然的行为动作，对不同模块以及不同部位的动作进行分析，四个行为模块中相应的功能器官设计应具备的自由度数量见表 7-3。

表 7-3　情感机器人行为模块自由度设计

行为模块	功能器官	自由度数量
脸部	眼睛	6
	眉毛	2
	嘴	3
颈部	颈	2
肢体	上臂	10
	上身躯干	3
底盘	移动轮盘	2

机器人整体架构采用上下位机的分布式结构。上位机为嵌入式 PC，PC 包含各通用接口，操作系统选用 Windows XP。软件平台、数据库，知识库及各硬件输入输出设备的驱动都安装于该操作系统中。下位机由单片机控制位于各器官模块的舵机来实现机器人的行为动作。

上下位机（上位机中的 PC 与下位机中的单片机）通过无线发射盒进行通信。此系统的无线模块采用了市场上的 ASK 无线数传模块。这种模块全部采用 SMT 贴片组装，体积小，可靠性高，可以长时间连续发送和接收。而且它的频率源采用高稳定度晶体振荡加 PLL 电路构成，频率稳定度高，抗干扰能力强。另外，数据信号可以透明传输。将其安装于嵌入式 PC 上，选用串口连接无线发射盒。

经过近几年的使用和发展，在 RS232 标准的基础上不断进行改进，使得 PC 串行通信接口标准日益多样化。RS232C 标准公布于 1969 年，是由美国 EIA（电子工业联合会）与 BELL 等公司联合开发的通信协议。RS232C 标准（协议）的全称是 EIA-RS-232C 标准，其中 EIA（Electronic Industry Association）代表美国电子工业协会，RS（Recommended standard）代表推荐标准，232 是标识号，C 代表 RS232 的最新一次修改（1969）。整个通信系统的结构设计为主从式串行总线形。RS232C 标准最初是为远程通信连接数据终端设备（Data Terminal Equipment，DTE）与数据通信设备（Data Communication Equipment，DCE）而制定的，因而，它的电平与 TTL 电平之间需要转换。通信结构如图 7-21 所示。

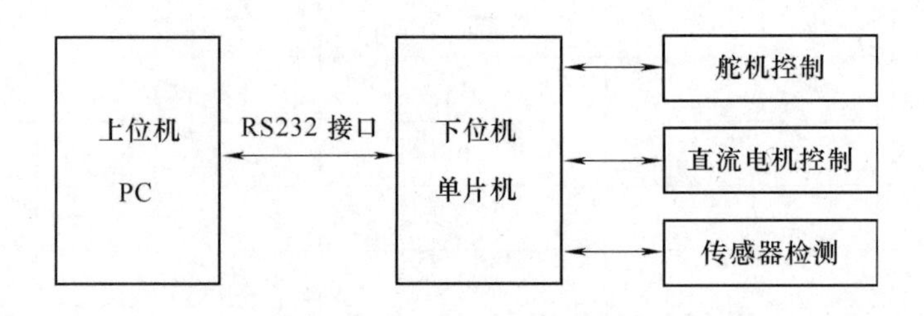

图 7-21　上下位机通信结构图

在标准串口通信方面，VC + + 提供了具有强大功能的串口编程控件 MSComm。MSComm 控件可设置串行通信的数据发送和接收，对串口状态及串口通信的信息格式和协议进行设置。在 PC 和单片机的通信中，确定一个明确而合理的通信协议是关键。现今流行的通信协议应该对数据格式、通信方式、传送速度、传送步骤、检纠错方式以及控制字符定义等问题做出统一规定。

情感机器人下位机的四个行为模块分别对应于四个独立的单片机，为了区别不同的单片机，必须为每个分机分配一个唯一的地址，此地址唯一区别各单片机。并且规定一特殊符号标志为广播方式。数据格式采用数据包的形式，一次传输一组数据。数据包格式设计如下所示：

起始标志位	单片机地址	数据组号	数据长度	数据内容	校验和	结束标志

7.3.5　网络功能模块设计

情感机器人的智能性是离不开网络的，我们在追求人机和谐交互的同时，更希望情感机器人能够智能地为人类及其家庭服务。目前我们所研究的情感机器人主要服务于家庭，因此情感机器人的网络功能主要基于 IGRS 协议来实现。下面简单介绍一下 IGRS 协议。

闪联（Intelligent Grouping Resource Sharing，IGRS）是一种技术体系标准，致力于打破“信息孤岛”，解决各种信息终端设备的互联互通、资源共享和协同工作的问题。

闪联是多个信息终端依据一定的标准在有限范围内动态组网，以实现智能互联、资源共享和协同服务的应用模式技术理论为基础。通过调用闪联基础应用、闪联智能应用框架、闪联基础协议所提供的接口来实现更为复杂、功能更强的应用。

协同服务是指在智能互联、资源共享的基础上，在一定范围内通过应用和资源的优化组合，相互协作，充分发挥并释放网络的能量，从而在个人、企业、社会三个层面产生新的应用形式，并更好地服务于个人、企业和社会。协同服务是关联应用的目的，是智能互联、资源共享的落脚点。

为了在软件平台上实现该协议，我们将该协议封装在 DLL 库中，向外部提供 API 接口供 IGRS 协议栈的应用开发者调用。

7.4 软件平台的实现

7.4.1 总体架构与模块化编程

1. 软件平台总线式架构

软件总线技术是一种新的信息集成化技术。软件总线起到类似于计算机系统硬件总线的作用，只要将应用模块按总线规范做成软插件，通过规范的接口函数插入总线即可实现集成运行。

根据软件平台的总体需求分析和模块划分，情感机器人的各部件运行关联由信息来建立，而不是通过功能来建立，因此应用软件总线技术进行具体的编程，系统功能可以保持彼此相对的独立性。情感机器人交互软件平台总线式编程结构如图7-22所示。

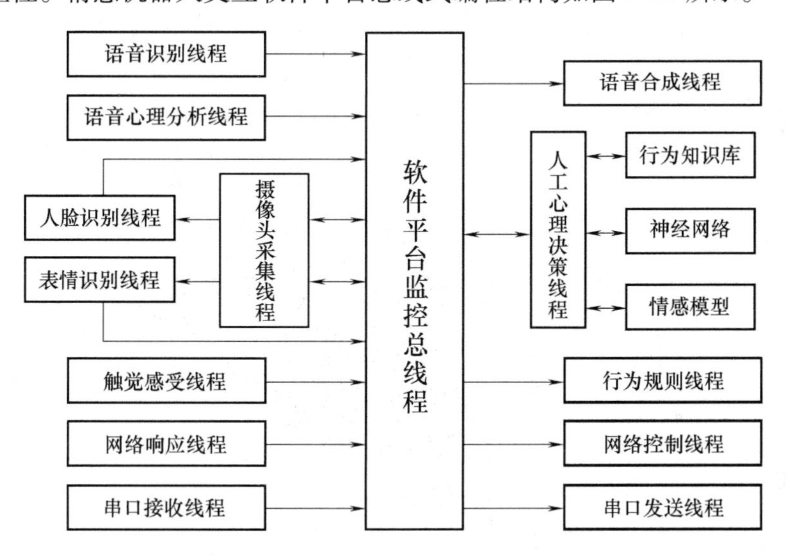

图7-22 情感机器人交互软件平台总线式编程结构

软件平台监控总线程是整个系统的核心，它就像一部自动程控交换机，系统的各个功能就像一部部程控电话机，而集成于平台的各具体功能模块则用来建立各功能与系统、功能与功能之间的信息关联。

使用这种技术编程的优势在于系统的存在不依赖于任何功能组件，所有功能组件也不依赖于其他功能的存在，只是通过通用接口与总线程形成关联，最大程度上实现了各功能模块之间的独立。软件平台提供这样的通用接口，它集成了与各个主流数据库的接口，以及各功能模块，回调函数，网络服务的接口。不同的组件实现不同的功能，其功能实现只依赖于数据，而不依赖于其他功能，组件可以单独开发然后嵌入软件集成平台。

2. 软件平台模块化编程实现

伴随计算机技术和机器人技术的飞速发展，越来越多的软件技术和硬件交互设备应用于机器人交互平台中，交互效果更好的模块替代老的功能模块的现象也层出不穷，这就要求软件交互平台有方便的可扩展性和可替换性。因此软件平台模块化编程的重要性也与日俱增。

情感机器人交互平台集成了多种功能，并且随着传感器、网络技术的发展以及人们对于智能机器人要求的提高，情感机器人平台会集成越来越多的功能。为了便于在平台中集成新的功能并替换旧的功能，我们在设计软件平台的时候，按照功能把平台进行模块化划分，各个功能模块分别设计出与平台间的消息交互接口，主控制平台负责监视各个模块的消息交互接口是否有交互信息提交。如图 7-23 所示。

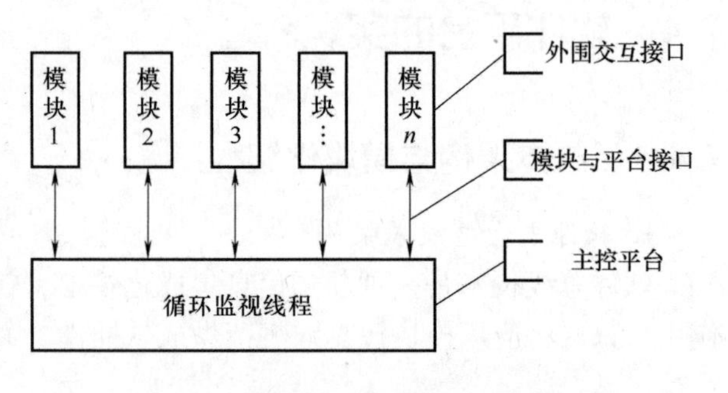

图 7-23　软件交互平台模块化结构

当软件平台需要加入新功能时，我们只需把新的功能处理程序做成动态链接库，按照规定留出该动态库与主控制平台的消息交互接口，平台只需在处理规则库中加入对该功能模块交互消息的处理规则，替换老的模块时操作与此相似。因此只需修改少量的平台代码，即可在平台中加入新的功能。大大提高了程序的扩展性和替换性。

平台集成的各个功能模块（Module Name）与平台主线程进行交互的接口采用规范化的设计，不同的模块具体的接口会有所不同，但主要的交互功能都可以用下面这四个接口来完成：

初始化该模块，包括申请内存，调用系统资源，初始化设备等。

对该模块进行逆初始化操作，包括释放内存，释放系统资源，关闭设备等操作。

功能模块通过接口从平台中获得所要的数据信息，不同的模块所获得的信息会有所不同。

接口为模块向平台传送数据，一般为交互信息数据。

3. 人机交互界面的实现

图 7-24 所示为北京科技大学设计的软件集成平台界面，主要包括登录选项，串口设置，语音设置，图像设置，动作表演，注册人脸，退出等菜单。其中登录选项主要是确定用户是否为管理员身份；串口设置主要是用来设置串口的 ID 号，波特率，停止位以及奇偶校验位；语音设置主要是用来设置语音声音信息的大小；动作表演主要用于情感机器人动作表演的调试使用；注册人脸主要实现将用户的人脸信息写入数据库，以保证能够识别用户；退出主要是用于用户退出系统，以上是对交互界面主要功能的介绍。

7.4.2　各个功能模块的具体实现

1. 语音识别模块实现

情感机器人语音识别模块选择 Pattek ASR SDK 在 Visual C ++ 6.0 环境下进行开发。Pattek ASR SDK 提供动态链接库以及 C ++ 头文件：ASRAPI. h：头文件，提供所有函数原型以及参数定义等；asrapi. lib：静态链接库；asrapi. dll：动态链接库。语音识别流程如图 7-25所示。

2. 语音合成模块实现

经过对多家语音合成开发包以及硬件合成芯片进行对比，发现采用硬件合成芯片语音识别模块运行比较稳定，且识别效率比较高。最后对多家硬件合成芯片进行对比，认为科大讯飞的 XF—S4240 与电脑连接和通信实现起来比较简单方便，因此选用该芯片作为本平台的语音合成模块。

图 7-24　人机交互界面实现

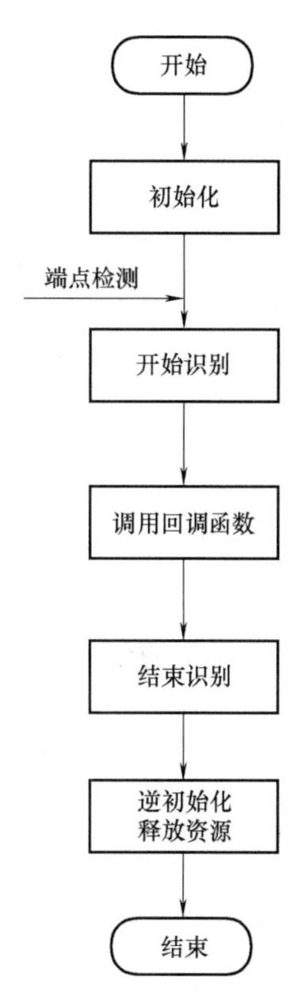

图 7-25　语音识别流程图

XF-S4240 中文语音合成模块，是安徽中科大讯飞信息科技有限公司（科大讯飞）推出的基于科大讯飞在嵌入式中文语音合成领域的最新研究成果——InterSound4.0 中文语音合成系统，而设计的一款中文语音合成模块。该模块可以通过异步串口（UART）、SPI 接口及 I^2C 总线三种方式接收待合成的文本，直接合成为语音输出；主要面向中高端应用，为其提供一套完整的语音解决方案。

该模块可合成任意的中文文本，支持英文字母的合成，支持 GB2312、GBK、BIG5、UNICODE 四种内码格式的文本；具有智能的文本分析处理算法，可正确识别和处理数值、号码、时间日期及一些常用的度量符号，具备多音字处理和中文姓氏处理能力。

计算机和芯片的通信方式采用的串口通信，其连接电路如图 7-26 所示。

3. 语音交互模块实现

仅有语音识别和语音合成模块并不能实现真正的语音交互功能。交互的关键在于如何将识别和合成模块进行衔接，使其能够平滑地进行交互。而本软件平台使用的交互模块很好地实现了这方面的功能。语音交互流程如图 7-27 所示。

语音交互模块介于语音识别、语音合成模块和知识数据库之间。对语音识别结果进行关键词模糊查询再将结果转换为知识库匹配的格式。再通过交互模块的查询函数对数据库进行查找和调用，最终将结果发送给语音合成模块进行音频输出。

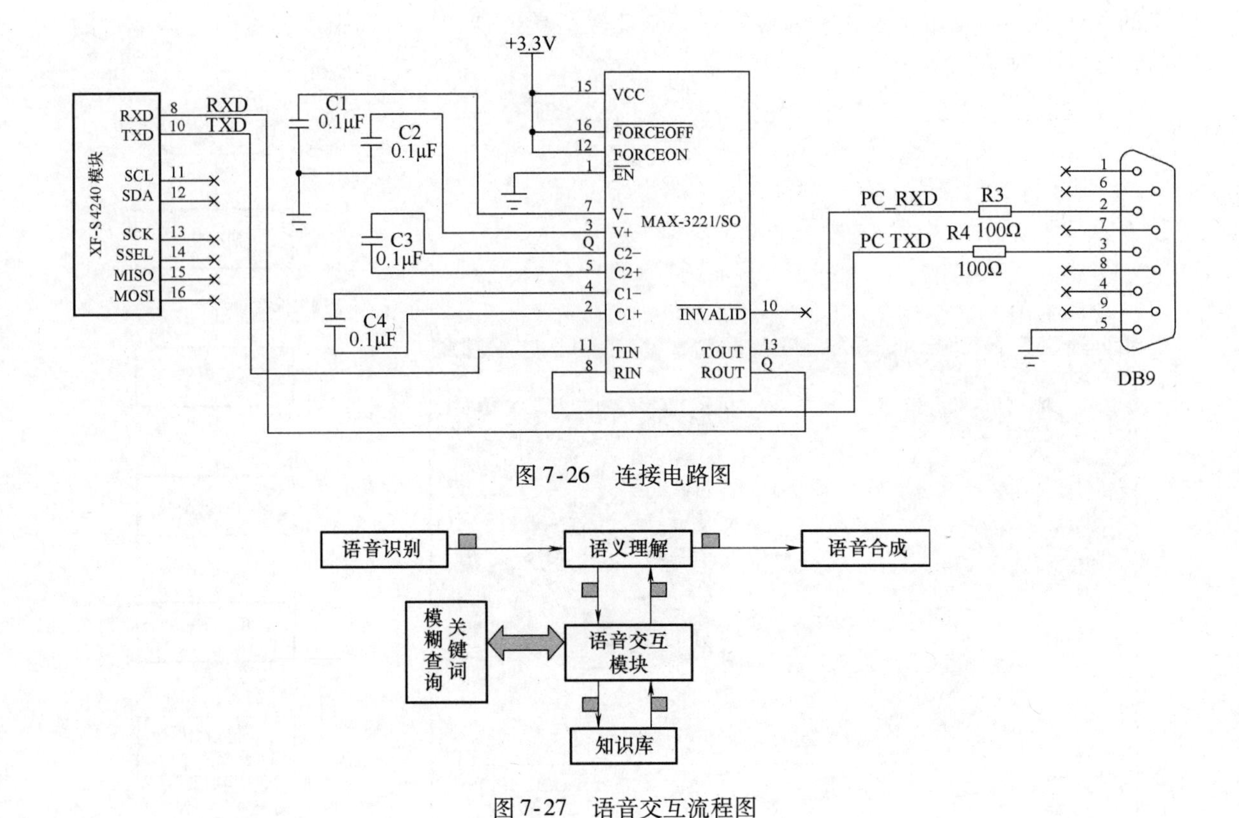

图 7-26　连接电路图

图 7-27　语音交互流程图

我们通过 Windows 的消息机制来触发事件。机器人情感交互的流程如图 7-28 所示。

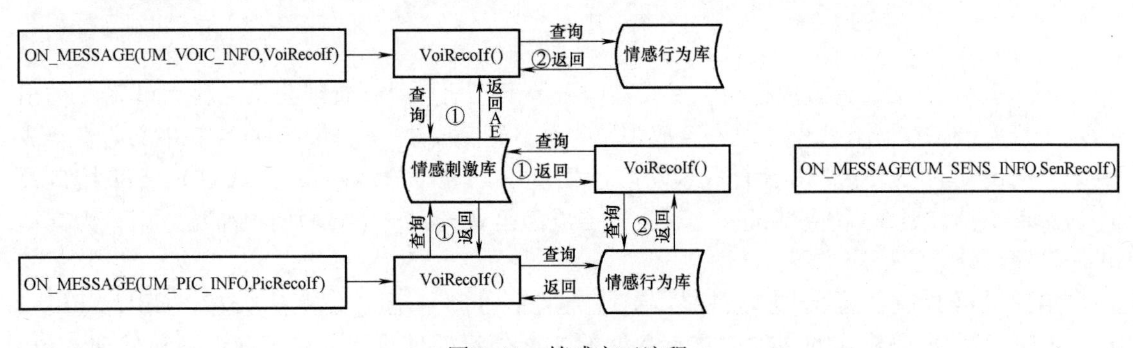

图 7-28　情感交互流程

4. 动作行为模块实现

机器人交互软件平台通过 PC 的 RS232 串口与下位机中的单片机实现通信。本软件平台通过 VC ++ 的 Mscomm 控件编程来实现上位机 PC 同时向四个硬件设备发送数据，硬件设备均接收数据到缓冲区，根据 ID 号匹配情况来决定这帧数据的取舍。下位机通过单片机串口编程实现向上位机反馈信息和发送传感器信息。上位机通过串口向下位机发送控制指令的流程如图 7-29 所示。在通信过程中采用事件驱动方式来处理通信，用 OnComm 事件捕获并处理通信事件，还可以检查和处理通信错误，具有程序响应及时，可靠性高的特点，适合用于机器人控制。

5. 人脸识别模块实现

（1）算法实现

本交互平台采用 Windows 的 VFW 库以及 OpenCV 作为开发工具，对于摄像头采集的彩色图像，包含复杂的背景，利用 VFW 库将人脸检测出来，对检测出的结果利用 OpenCV 进行二次处理，创新性的运用隐马尔可夫算法实现最终的人脸识别。

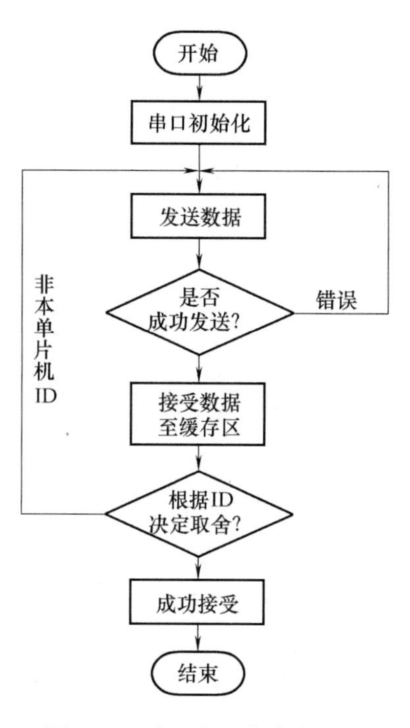

图 7-29　串口发送指令流程图

我们采用 YC_bCr 颜色模型。对输入彩色图像进行颜色空间转换，将其从相关性较高的 RGB 空间转换到颜色分量互不相关的 Y/Cb/Cr 颜色空间。转换公式如式（7-2）所示。

$$\begin{bmatrix} Y \\ C_r \\ C_b \end{bmatrix} = \begin{bmatrix} 0.2989 & 0.5866 & 0.1145 \\ 0.5000 & -0.4184 & -0.0817 \\ -0.1688 & -0.3312 & 0.5000 \end{bmatrix} \begin{bmatrix} R \\ G \\ B \end{bmatrix} \tag{7-2}$$

为检测场景中的人脸区域，建立一个有效的肤色模型是非常重要的。统计方法是一种常用的工具。在此，用一个随机变量表示像素值的变化。该随机变量的概率密度函数具有特定的统计分布形式，其参数通过训练数据来估计。为了得到这个统计分布。我们在 30s 内取 1000 帧图像对人脸面部肤色的某一像素值进行观察。从实验中，我们发现，人的肤色在色度空间分布符合二维高斯分布 $N(\mu,\delta)$，其中均值 $\mu = E\{\chi\}$，$\chi = (C_r, C_b)\ T$；假设 C_r、C_b 颜色分量相互统计独立。则协方差 $\delta = E\{(x-\mu)(x-\mu)^T\}$。根据肤色在色度空间的高斯分布，对于图像上任意一点从 RGB 颜色空间变换到 YCbCr 颜色空间，从而得到该点属于肤色区域的概率如式（7-3）所示：

$$P(C_r,C_b) = \exp[-(x-u)^T\delta^{-1}(x-u)/2]/\{(2\pi)^{3/2}|\delta|^{1/2}\} \tag{7-3}$$

在实验中，属于肤色的 C_r、C_b 颜色分量的均值取：$\mu = (117.4361, 156.5599)^T$，协方差 δ 如式（7-4）所示：

$$\delta = \begin{pmatrix} 160.1301 & 12.1430 \\ 12.1430 & 299.4574 \end{pmatrix} \tag{7-4}$$

通过肤色模型将一副彩色图像转变为灰度图像，灰度值对应于该点属于皮肤区域的程度。然后我们采用动态平均阈值法对图像进行二值化处理，结合水平灰度投影和垂直灰度投影，找到人脸区域的上下边界，对人脸进行标记。

将人脸检测标记出的人脸区域进行二次处理，调用 OpenCV 算法进行人脸识别，开发包组件包括头文件：cv. h，highgui. h，ImageProcess. h，export. h 动态引入时刻库和运行时刻库 FaceSys. lib，ImageProcess. lib，开发中需要动态库 cv099. dll，FaceSys. dll，highgui099. dll 的支持。

为了使程序更加模块化，我们将以上所说的算法整体都封装在 DLL 库，这样可以使开发者使用起来更加方便，尤其是进行二次开发时。我们向外部提供的三个文件：头文件（FaceID. h），FaceID. lib 文件，动态库文件（FaceID. dll）。

（2）程序实现

1）图像采集实现：基于算法的要求，我们所采集的人脸图像必须是 bmp 图片，无论是注册还是识别。这一点我们在程序主要通过微软的 vfw 来实现。

2）人脸注册与识别的实现：根据动态库提供的接口，我们分析出注册和识别的流程图，如图 7-30 所示。

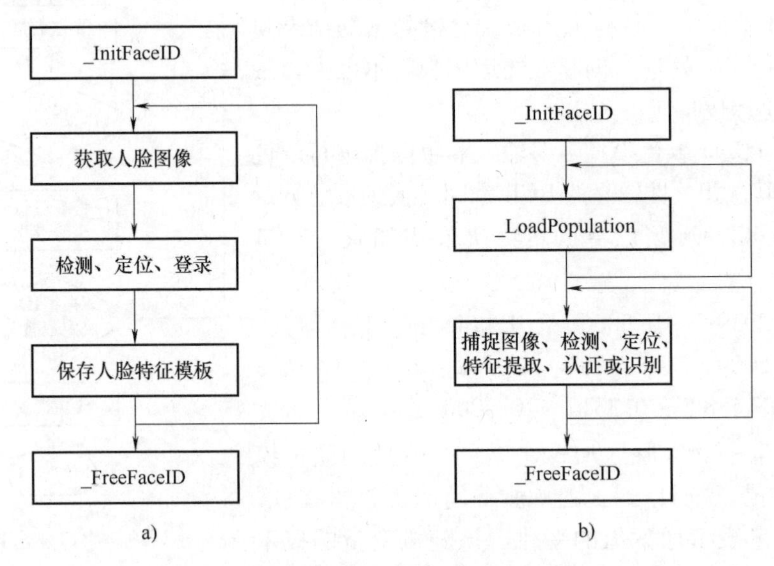

图 7-30　人脸注册和识别流程图
a）人脸注册流程图　b）人脸识别流程图

人脸注册界面如图 7-31 所示。

图 7-31　人脸注册界面

图7-31主要是演示人脸注册的过程，我们在注册的时候，会向数据库中写入用户的人脸姓名，动作号以及对应的语音信息，这样做的目的是使系统可以实现根据不同的人，调整回话内容和表演动作。在注册对话框上有两个主要的按钮，代表两种不同的注册方式：一个是视频采集，另一个是照片注册。视频采集的注册方式是采用摄像头采集的bmp照片来完成人脸信息的写入以及注册；而照片注册是通过加载现有的bmp文件来实现人脸信息写入以及人脸的注册。

人脸识别结果界面如图7-32所示。

图7-32　人脸识别结果

当用户向情感机器人说：认识我吗，机器人就会让你看看他的眼睛，然后就合成我们注册时候写入的语音信息，并在姓名所对应的编辑框中写入人脸的姓名。

6. 网络功能模块实现

（1）协议的实现

根据闪联的标准以及提供的文档，我们将该协议封装在库中，只向外部提供接口，在此平台上，主要利用动态库提供的接口来实现IGRS设备的功能。

（2）集成IGRS功能流程（见图7-33）

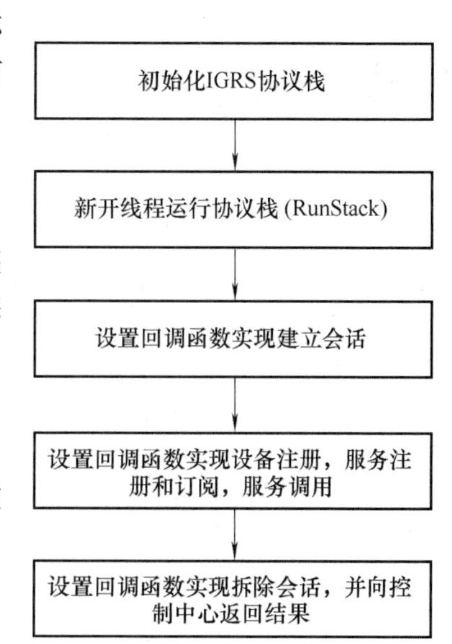

图7-33　集成IGRS功能流程图

（3）代码实现

主要包括：初始化协议栈、定义和设置回调函数（全局函数）和服务调用函数。

7.4.3　故障检测

软件平台集成了很多功能模块，每个功能模块之间又直接或者间接的进行信息交互，如果平台上的某个功能出了问题会直接影响到其他功能模块的运行以及整个软件系统总体的性能。

为了减少检测错误的时间我们需要在软件平台的设计中加入模块检错功能，这样对每个模块的运行状态进行测试就能很快地确定故障出在哪里，减少平台故障检测的时间。

模块化的故障检测方法如下：首先断开其他模块与平台的链接，只测试一个模块的功能，如果有其他模块与待测试模块的交互，则模拟交互数据进行测试，如图 7-34 所示。

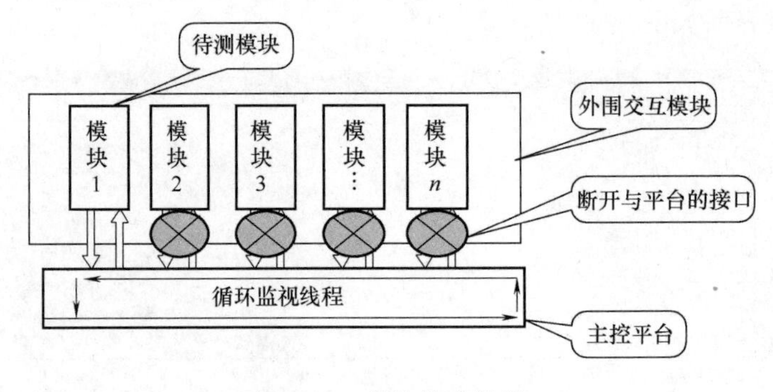

图 7-34　模块故障检测

1. 语音故障检测

语音故障检测有两种检测方式：一是通过调用已经录好的 wav 声音文件进行识别，这种方式把故障锁定在识别处理模块内部，消除了麦克风（mic）或者声卡的故障对语音识别的影响。另一种是直接通过 mic 进行语音的识别，通过以上两种方法就能分析出语音故障出现的具体位置。如图 7-35 所示。

2. 语音合成故障检错

如果语音识别检测无误，即可对语音合成功能模块进行故障检错，检测界面如图 7-36 所示。

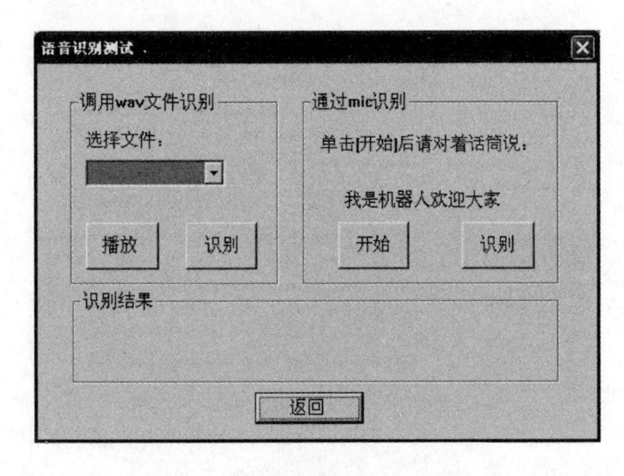

图 7-35　语音故障检测界面

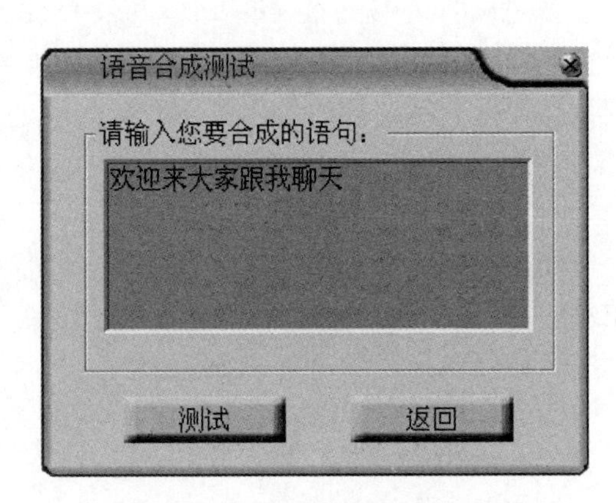

图 7-36　语音合成故障检测界面

图 7-36 是我们对语音合成模块进行故障检测的测试界面，判断该模块是否正常运行，当我们在编辑框中输入语音合成文本后，点击测试按钮，如果能通过正确语音输出该文本信息，则表明该模块能够正确运行，否则表示该模块出现故障。

3. 通信检错

串口通信检测首先要进行串口的设置如图 7-37b 所示，然后在第二步中输入数字发送，下位机收到数字后会反馈一个这个数字如图 7-37a 所示。以此来确定串口通信是否有问题。

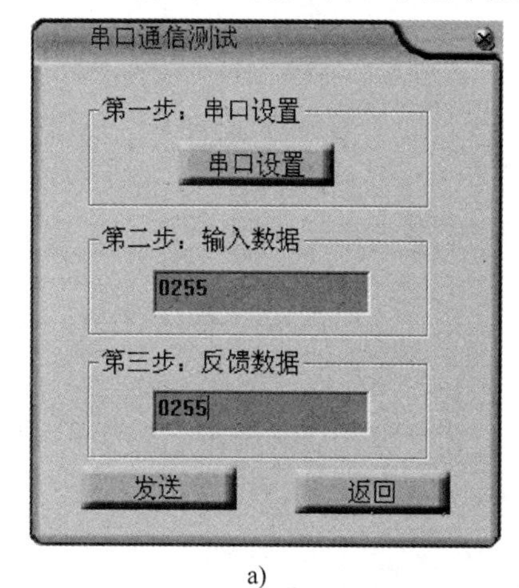

a)

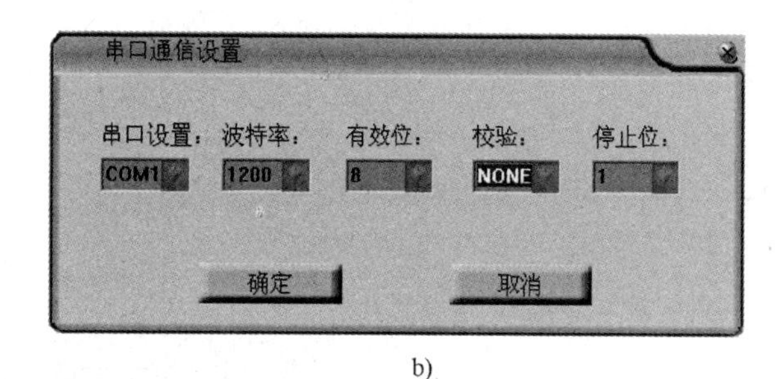

b)

图 7-37 通信故障检测界面
a）串口通信检测界面 b）串口通信设置

参 考 文 献

[1] 王志良. 人工心理学——关于更接近人脑工作模式的科学 [J]. 北京科技大学学报，2000，10：478-481.

[2] 涂序彦. 智能机器人、情感机器人、拟人机器人 [J]. 华中科技大学学报（自然科学版），2004，10（32）：1-4.

[3] 方建军，何广平. 智能机器人 [M]. 北京：化学工业出版社，2004.

[4] Aaron Sloman. What Are Emotion Theories About? [R]. American Association for Artificial Intelligence. 2004.

[5] BREAZEAL C，SCASSELLATI B. How to build robots that make friends and influence people [C]. 1999，IROS'99，853-863.

[6] A Ortony，G Clore，A Collins. The cognitive structure of emotions [M]. Cambridge University Press，1988.

[7] 滕少冬，王志良，王莉，等. 基于马尔可夫链的情感计算建模方法 [J]. 计算机工程，2005，31（5）：17-19.

[8] 谷学静. 基于人工心理的 HMM 情感建模方法及虚拟人技术研究 [D]. 北京：北京科技大学，2003.

[9] 斯托曼. 情绪心理学 [M]. 沈阳：辽宁出版社，1986：25-35.

[10] H F Durrant-Whyte. Consistent integration and propagation of disparate sensor observations Int [J]. Robot，res.，1987，6（3）：2-24.

[11] Chung A C S，Shen H C. Entropy-based Markov chains for multisensor fusion [J]. Journal of Intelligent and Robotic Systems：Theory and Applications，2000，29（2）：161-189.

[12] R Mckendall，M Mintz. Robust fusion of location information [J]，Proc. IEEE Int. Conf. Robotics and Automat，1988：1239-1244.

[13] M Zeytinoglu，M Mintz. Robust fixed size confidence procedures for a restricted parameter space [J]. Ann，Statist.，1998，16（3）：1241-1253.

第 8 章　数据库技术

通过第 6 章和第 7 章对人机交互与合作的介绍，我们可以联想到情感机器人进行语音交流的内容以及面部表情的状态都是存储在哪里呢？这无疑涉及数据库与知识库的相关技术。本书的第 8 章和第 9 章就重点介绍有关数据库和知识库的内容。为了详细说明数据库技术在情感机器人系统中的应用，本章介绍了一种面向数字家庭的健康保健数据库系统，该系统通过软件工程方法与理论研究相结合、实际健康变化和预测分析相结合的研究方法，建立了一个科学、有效的智能化交互健康指标预测模型，并实现了一套切实可行的健康保健数据库系统。图 8-1 所示为健康保健系统的示意图。

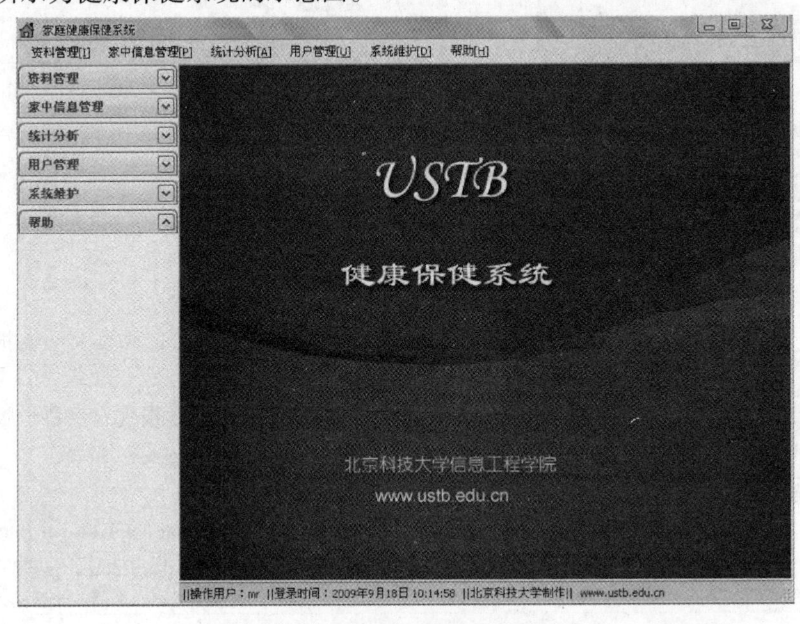

图 8-1　健康保健系统示意图

8.1　数据库基础知识

1. 数据库的定义

数据库是按照一定结构组织的相关数据的集合，在计算机存储设备上合理地存放相互关联的数据集。

数据库的定义包含了以下两个含义：存储数据的目的是为了应用处理服务；数据的存储不是杂乱无章的，而是按照特定的结构进行存储的。

2. 数据库模型的种类

（1）关系型数据库

关系型数据库以行和列的形式存储数据，以便于用户理解。这一系列的行和列被称为表，一组表组成了数据库。用户用查询（Query）来检索数据库中的数据。每个 Query 对应于一个用于指定数据库中行和列的 SELECT 语句。关系型数据库通常包含下列组件：客户端应用程序（Client）；数据库服务器（Server）；数据库（Database）。

Structured Query Language（SQL）是 Client 端和 Server 端的桥梁，Client 用 SQL 来向 Server 端发送请求，Server 返回 Client 端要求的结果。现在流行的大型关系型数据库有 IBM DB2、IBM UDB、Oracle、SQL Server、SyBase、Informix 等。

关系型数据库管理系统中储存与管理数据的基本形式是二维表。

（2）网状数据库

网状数据库处理以记录类型为节点的网状数据模型的数据库。处理方法是将网状结构分解成若干棵二级树结构，称为系。系类型是两个或两个以上的记录类型之间联系的一种描述。在一个系类型中，有一个记录类型处于主导地位，称为系主记录类型，其他称为成员记录类型。

系主和成员之间的联系是一对多的联系。网状数据库的代表是 DBTG 系统。1969 年美国的 CODASYL 组织提出了一份“DBTG 报告”，以后，根据 DBTG 报告实现的系统一般称为 DBTG 系统。现有的网状数据库系统大都是采用 DBTG 方案。DBTG 系统是典型的三级结构体系：子模式、模式、存储模式。相应的数据定义语言分别称为子模式定义语言 SSDDL、模式定义语言 SDDL、设备介质控制语言 DMCL，另外还有数据操纵语言 DML。

（3）层次型数据库

层次型数据库管理系统是紧随网状数据库而出现的。现实世界中很多事物是按层次组织起来的。层次数据模型的提出，首先是为了模拟这种按层次组织起来的事物。层次数据库也是按记录来存取数据的。层次数据模型中最基本的数据关系是基本层次关系，它代表两个记录型之间一对多的关系，也叫做双亲子女关系（PCR）。

数据库中有且仅有一个记录型无双亲，称为根节点。其他记录型有且仅有一个双亲。在层次模型中从一个节点到其双亲的映射是唯一的，所以对每一个记录型（除根节点外）只需要指出它的双亲，就可以表示出层次模型的整体结构。层次模型是树状的。最著名且最典型的层次数据库系统是 IBM 公司的 IMS（Information Management System），这是 IBM 公司研制的最早的大型数据库系统程序产品。从 20 世纪 60 年代末产生起，如今已经发展到 IMSV6，提供群集、N 路数据共享、消息队列共享等先进特性的支持。这个具有 30 年历史的数据库产品在如今的 WWW 应用连接、商务智能应用中扮演着新的角色。

3. 数据库的种类及其特点

（1）Access 数据库

Access 数据库是美国 Microsoft 公司于 1994 年推出的微机数据库管理系统。它具有界面友好、易学易用、开发简单、接口灵活等特点，是典型的新一代桌面数据库管理系统。其主要特点如下：

1）完善地管理各种数据库对象，具有强大的数据组织、用户管理、安全检查等功能。

2）强大的数据处理功能，在一个工作组级别的网络环境中，使用 Access 开发的多用户数据库管理系统具有传统的 XBASE（DBASE、FoxBASE 的统称）数据库系统所无法实现的客户服务器（Cient/Server）结构和相应的数据库安全机制，Access 具备了许多先进的大型数据库管理系统所具备的特征，如事务处理/出错回滚能力等。

3）可以方便地生成各种数据对象，利用存储的数据建立窗体和报表，可视性好。

4）作为 Office 套件的一部分，可以与 Office 集成，实现无缝连接。

5）能够利用 Web 检索和发布数据，实现与 Internet 的连接。Access 主要适用于中小型应用系统，或作为客户机/服务器系统中的客户端数据库。

（2）Informix 数据库

Informix 数据库是美国 InfomixSoftware 公司研制的关系型数据库管理系统。Informix 有 Informix-SE 和 Informix-Online 两种版本。Informix-SE 适用于 UNIX 和 WindowsNT 平台，是为中小规模的应用而设计的；Informix-Online 在 UNIX 操作系统下运行，可以提供多线程服务器，支持对称多处理器，适合大型应用。

Informix 可以提供面向屏幕的数据输入询问及面向设计的询问语言报告生成器。数据定义包括定义关系、撤销关系、定义索引和重新定义索引等。Informix 不仅可以建立数据库，还可以方便地重构数据库，系统的保护措施十分健全，不仅能使数据得到保护而不被权限外的用户存取，而且能重新建立丢失的文件及恢复被破坏的数据。其文件的大小不受磁盘空间的限制，域的大小和记录的长度均可达 2KB。采用加下标顺序访问法，Informix 与 COBOL 软件兼容，并支持 C 语言程序。Informix 可移植性强、兼容性好，在很多微型计算机和小型机上得到应用，尤其适用于中小型企业人事、仓储及财务的管理。

（3）Orcale 数据库

Orcale 数据库是美国 Orcale 公司研制的一种关系型数据库管理系统，是一个协调服务器和用于支持任务决定型应用程序的开放型 RDBMS。它可以支持多种不同的硬件和操作系统平台，从台式机到大型和超级计算机，为各种硬件结构提供高度的可伸缩性，支持对称多处理器、群集多处理器、大规模处理器等，并提供广泛的国际语言支持。Orcale 是一个多用户系统，能自动从批处理或在线环境的系统故障中恢复运行。系统提供了一个完整的软件开发工具 Developer 2000，包括交互式应用程序生成器、报表打印软件、字处理软件以及集中式数据字典，用户可以利用这些工具生成自己的应用程序。Orcale 以二维表的形式表示数据，并提供了 SQL（结构式查询语言），可完成数据查询、操作、定义和控制等基本数据库管理功能。Orcale 具有很好的可移植性，通过它的通信功能，微型计算机上的程序可以同小型乃至大型计算机上的 Orcale 相互传递数据。另外，Orcale 还具有电子表格、图形处理等软件。Orcale 属于大型数据库系统，主要适用于大、中型应用系统，或作为客户机/服务器系统中服务器端的数据库系统。

（4）DB2 数据库

DB2 数据库是 IBM 公司研制的一种关系型数据库系统。DB2 主要应用于大型应用系统，具有较好的可伸缩性，可支持从大型机到单用户环境，应用于 OS/2、Windows 等平台下。DB2 提供了高层次的数据利用性、完整性、安全性、可恢复性，以及小规模到大规模应用程序的执行能力，具有与平台无关的基本功能和 SQL 命令。DB2 采用了数据分级技术，能够使大型机数据很方便地下载到 LAN 数据库服务器，使得客户机/服务器用户和基于 LAN 的应用程序可以访问大型机数据，并使数据库本地化及远程连接透明化。它以拥有一个非常完备的查询优化器而著称，其外部连接改善了查询性能，并支持多任务并行查询。DB2 具有很好的网络支持能力，每个子系统可以连接十几万个分布式用户，可同时激活上千个活动线程，对大型分布式应用系统尤为适用。

（5）Sybase 数据库

Sybase 数据库是美国 Sybase 公司研制的一种关系型数据库系统，是一种典型的用于 UNIX 或 Windows 平台上客户机/服务器环境下的大型数据库系统。Sybase 提供了一套应用程序编程接口和库，可以与非 Sybase 数据源及服务器集成，允许在多个数据库之间复制数据，适于创建多层应用。系统具有完备的触发器、存储过程、规则以及完整性定义，支持优化查询，具有较好的数据安全性。Sybase 通常与 SybaseSQLAnywhere 用于客户机/服务器环境，前者作为服务器数据库，后者为客户机数据库，采用该公司研制的 PowerBuilder 作为开发工具，在我国大、中型系统中具有广泛的应用。

（6）FoxPro 数据库

FoxPro 数据库最初由美国 Fox 公司 1988 年推出，1992 年 Fox 公司被 Microsoft 公司收购后，相继推出了 FoxPro2.5、2.6 和 VisualFoxPro 等版本，其功能和性能有了较大的提升。FoxPro2.5、2.6 分为 DOS 和 Windows 两种版本，分别运行于 DOS 和 Windows 环境下。FoxPro 比 FoxBASE 在功能和性能上又有了很大的改进，主要是引入了窗口、按钮、列表框和文本框等控件，进一步提高了系统的开发能力。

（7）SQL Server 数据库

SQL Server 是由 Microsoft 公司推出的一种关系型数据库系统。它是一个可扩展的、高性能的、为分布式客户机/服务器计算所设计的数据库管理系统，实现了与 WindowsNT 的有机结合，提供了基于事务的企业级信息管理系统方案。

其主要特点如下：

1）高性能设计，可充分利用 Windows 的优势。

2）系统管理先进，支持 Windows 图形化管理工具，支持本地和远程的系统管理和配置。

3）强大的事务处理功能，采用各种方法保证数据的完整性。

4）支持对称多处理器结构、存储过程、ODBC，并具有自主的 SQL 语言。SQL Server 以其内置的数据复制功能、强大的管理工具、与 Internet 的紧密集成和开放的系统结构为广大的用户、开发人员和系统集成商提供了一个出众的数据库平台。

在本研究中，主要使用关系型数据库——MS SQL SERVER 2005，下面主要介绍 SQL Server 的功用。

SQL Server 数据平台包括以下工具：

1）关系型数据库：安全、可靠、可伸缩、高可用的关系型数据库引擎，提升了性能且支持结构化和非结构化（XML）数据。

2）复制服务：数据复制可用于数据分发、处理移动数据应用、系统高可用、企业报表解决方案的后备数据可伸缩存储、与异构系统的集成等，包括已有的 Oracle 数据库等。

3）通知服务：用于开发、部署可伸缩应用程序的先进的通知服务能够向不同的连接和移动设备发布个性化、及时的信息更新。

4）集成服务：可以支持数据仓库和企业范围内数据集成的抽取、转换和装载。

5）分析服务：联机分析处理（OLAP）功能可用于多维存储的大量、复杂数据集的快速高级分析。

6）报表服务：全面的报表解决方案，可创建、管理和发布传统的、可打印的报表和交互的、基于 Web 的报表。

7）管理工具：SQL Server 包含的集成管理工具可用于高级数据库管理和协调，它也和其他微软工具，如 MOM 和 SMS 紧密集成在一起。标准数据访问协议大大减少了 SQL Server 和现有系统间数据集成所花费的时间。此外，构建于 SQL Server 中的内嵌 Web service 支持确保了和其他应用及平台的互操作能力。

8）开发工具：SQL Server 为数据库引擎、数据抽取、转换和装载（ETL）、数据挖掘、OLAP 和报表提供了和 Microsoft Visual Studio 相集成的开发工具，以实现端到端的应用程序开发能力。SQL Server 中每个主要子系统都有自己的对象模型和 API，能够以任何方式将数据系统扩展到不同的商业环境中。

SQL Server 2005 数据平台为不同规模的组织提供了以下好处：

1）充分利用数据资产：除了为业务线和分析应用程序提供一个安全可靠的数据库之外，SQL Server 2005 也使用户能够通过嵌入的功能，如报表、分析和数据挖掘等从它们的数据中得到更多的价值。

2）提高生产力：通过全面的商业智能功能和熟悉的应用软件（如 Office 微软系统）集成，SQL Server 2005 为组织内信息工作者提供了关键的、及时的商业信息以满足它们特定的需求。SQL Server 2005 目标是将商业智能扩展到组织内的所有用户，并且最终允许组织内所有级别的用户能够基于它们最有价值的资产——数据来做出更好的决策。

3）减少 IT 复杂度：SQL Server 2005 简化了开发、部署和管理业务线和分析应用程序的复杂度，它为开发人员提供了一个灵活的开发环境，为数据库管理人员提供了集成的自动管理工具。

4）更低的总体拥有成本（TCO）：对产品易用性和部署上的关注以及集成的工具提供了工业上最低的规划、实现和维护成本，使数据库投资能快速得到回报。

8.2 健康数据库的设计

健康已被越来越多的现代人所关注，在传统的健康保健方法中，人必须要到医院去做相应的检查，需要排队、挂号等，付出了宝贵的时间，而且效率低下、效果不佳，使人不免为自己将来的健康状况忧心忡忡。而数字家庭是顺应高速发展的计算机技术和网络技术的现代化产物，在提升大家检查速度的同时，也提高了大家的健康质量，因此，我们急需一个健康保健数据库系统来实现，如记录家庭成员的健康状态、安全可靠的存储数据、查新、模糊搜索等功能。

本节将要讲述如何建立健康保健数据库系统。

系统的开发平台及运行环境如下：

1）系统开发平台：Microsoft Visual Stutio 2005；

2）采用技术及编程语言：采用 ASP. NET 2. 0 技术，编程语言为 C#；

3）数据库管理系统软件：Microsoft SQL Server 2005；

4）XML 编辑环境：Altova XMLSpy；

5）页面辅助编辑：Macromedia Dreamweaver 8；

6）运行平台：Windows Vista/Windows XP/Windows 2000/Windows Server 2003；

7）运行环境：Microsoft . NET Framework SDK v2. 0；

8）分辨率：最佳效果 1024 ×768 像素。

8. 2. 1　系统目标设计

本系统属于小型的数据库管理系统，可以对家庭中成员的健康状况进行有效的管理。通过本系统可以达到以下目标：

1）灵活的录入数据，使信息传递更便捷。

2）系统采用人机交互方式，界面美观、友好，信息查询方式灵活、方便，数据存储安全可靠。

3）实现后台监控功能。

4）对健康数据进行整体分析和局部分析功能。

5）实现各种查新，支持模糊查询。

6）实现家庭成员健康数据的信息化管理。

7）对用户输入的数据进行数据检验，尽可能避免人为错误。

8）系统最大限度地实现易维护性和易操作性。

8. 2. 2　应用系统规划及功能结构

家庭健康保健数据库系统主要由资料管理、家中信息管理、统计分析、用户管理、系统维护、帮助等模块组成，具体规划如下：

1）资料管理模块。该模块主要用于实现对家庭中的一些健康数据的管理、区域信息的管理、用户资料管理等功能。

2）家中信息管理模块。该模块主要用于实现家人基本信息、家人其他信息、电器信息、重大历史事件信息管理等功能。

3）统计分析模块。该模块主要用于对健康数据进行各项指标的分析，这部分的具体实现算法和过程详见第 2 章。

4）用户管理模块。该模块主要包括对用户资料进行管理、更改密码、更改权限等功能。

5）系统维护模块。该模块主要用于实现对系统数据库中数据的备份、还原和清理功能。

6）帮助模块。该模块主要包括创建记事本、Word 文档、Excel 文档；实现窗口的水平平铺和垂直平铺；关于我们；系统的重新登录和退出系统功能。

图 8-2 所示为健康保健数据库系统的系统功能结构图。

8. 2. 3　系统的业务流程

健康保健数据库系统的业务流程如图 8-3 所示。

8. 2. 4　系统界面设计

本系统是一个 C/S 结构的系统，界面框架、样式及导航逻辑采用 HTML + CSS + JavaS-cript 进行编辑。

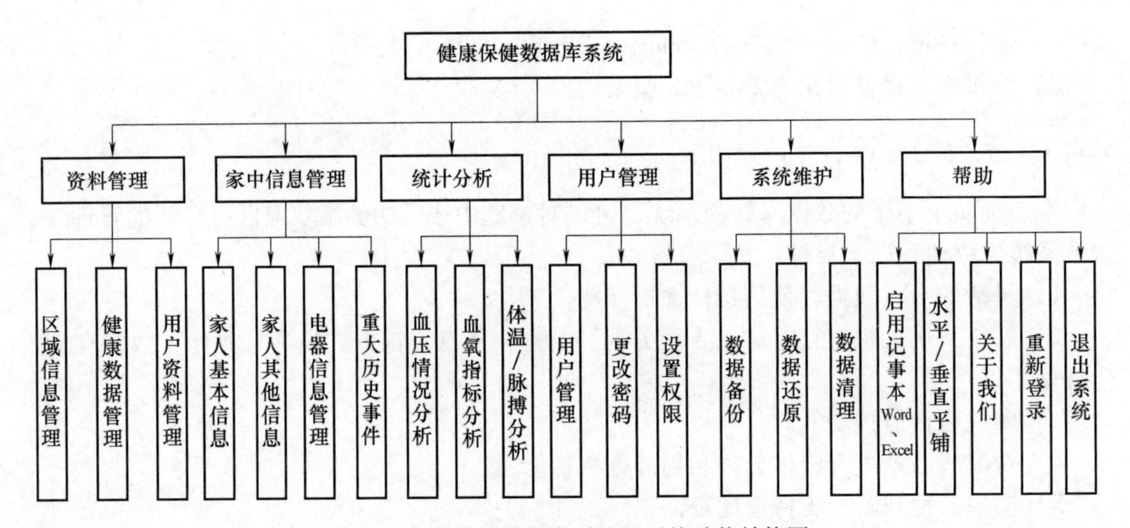

图 8-2　健康保健数据库系统的系统功能结构图

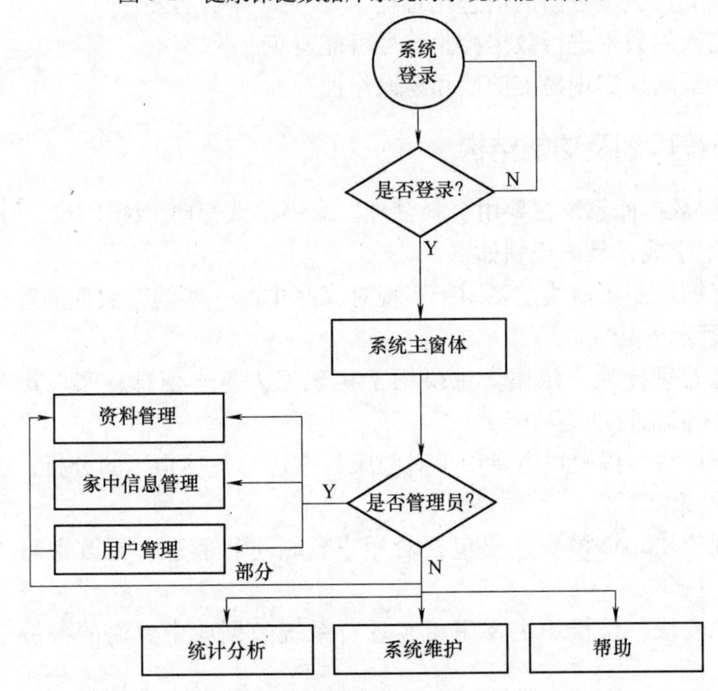

图 8-3　健康保健数据库系统业务流程图

系统界面的整体结构如图 8-4 所示，采用 Frame 将完整页面划分为三个子页面。上面的 topFrame 作为功能导航的一级目录，描述一个完整的业务环节，并且负责显示一些用户或工程的简要信息；左侧的 leftFrame 作为一级功能目录下的二级子目录，描述完整业务环节的子功能模块划分；右侧的 mainFrame 是功能的内容页面，负责向用户提供具体的可操作逻辑及数据，助其完成业务环节或功能模块的功能。一二级功能目录按图 8-4 中的功能层次划分。

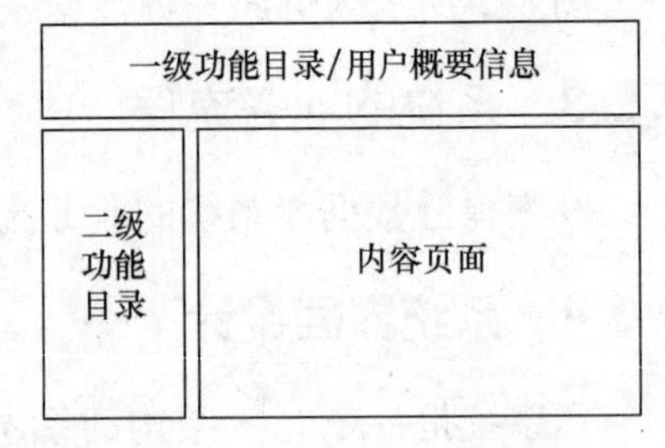

图 8-4　系统的界面的整体结构划分

8.2.5 系统功能结构

系统的具体流程与职责情况如图 8-5 系统用例分析所示。

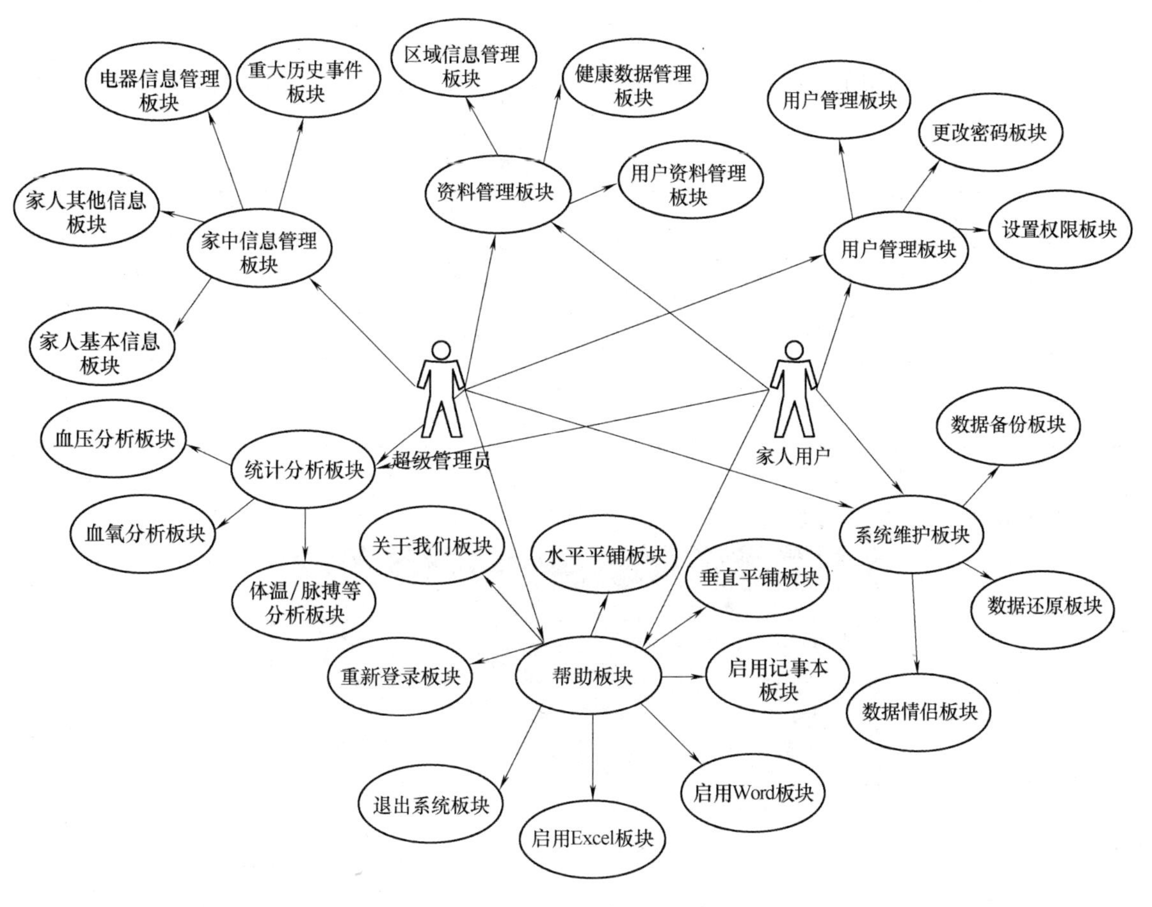

图 8-5　系统用例分析图

从图 8-5 可以看出，本系统主要的用户类型有两种，分别用来实现对不同模块的权限管理与设置。其中，超级用户管理员可以实现系统所有功能的设置及修改，而普通用户可以用来对自己的健康信息进行录入、查询以及修改，这样一来，可以很方便地保护自己的隐私功能，从而增强了系统的可用性。

8.2.6 数据库设计

本系统采用 SQL Sever2005 作为后台数据库，数据库命名为 db_Health，其中包含 8 张数据表。下面分别进行各个模块的介绍。

1. 数据库

本健康系统所使用数据库命名以字母“db”（小写）开，后面加数据库相关英文单词或缩写见表 8-1。

表 8-1　数据库

数据库名称	描　述
db_Health	健康保健数据库管理系统

2. 数据表

本健康系统所使用的数据表以字母“tb”开头（小写），后面加上数据包相关英文单词或缩写见表 8-2。

表 8-2　数据表

数据表名称	描　述
tb_User	家人用户表（存储密码和权限等）
tb_Info	家人信息表（存储主要的家人信息）
tb_Test	家人测量结果表（存储测量健康值）
tb_Mac	家中仪器使用情况表
⋮	⋮

图 8-6 所示为 tb_User 其在 SQL 2005 中对应的图。

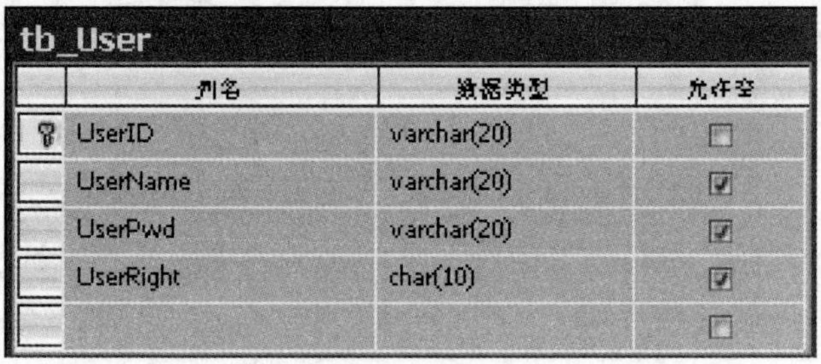

tb_User

列名	数据类型	允许空
UserID	varchar(20)	☐
UserName	varchar(20)	☑
UserPwd	varchar(20)	☑
UserRight	char(10)	☑
		☐

图 8-6　数据表

3. 字段

本健康系统所使用的字段一般采用英文单词或者词组命名，如找不到专业的英文单词或词组，可以用相同的英文单词或者词组代替。以用户表为例，其字段命名见表 8-3，其对应的 SQL 图如图 8-6 所示。

表 8-3　字段命名

字 段 名 称	描　述
UserID	家人编号
UserName	家人名称
UserPwd	家人所使用的密码
UserRight	家人的权限

针对健康数据的需求，所设计的健康数据表 tb_Test 在实际数据库中的形式如图 8-7 所示。

其中，hTestTime 代表测试时间，hBloodHigh 代表血压的最高值，hBloodHigh 代表血压的最低值（正常血压在 60 ~ 120 之间），hSPO2 代表血氧含量，hPulse 代表脉搏跳动次数，hEat 代表有无吃过饭（y 吃过，n 没吃过），hSleep 代表睡觉时间，hWake 代表睡醒时间。

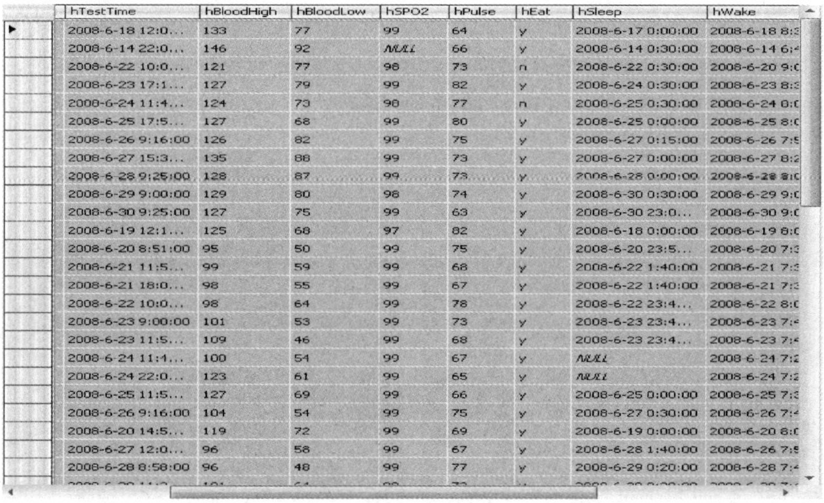

hTestTime	hBloodHigh	hBloodLow	hSPO2	hPulse	hEat	hSleep	hWake
2008-6-18 12:0...	133	77	99	64	y	2008-6-17 0:00:00	2008-6-18 8:
2008-6-14 22:0...	146	92	NULL	66	y	2008-6-14 0:30:00	2008-6-14 6:
2008-6-22 10:0...	121	77	98	73	n	2008-6-22 0:30:00	2008-6-20 9:
2008-6-23 17:1...	127	79	99	82	y	2008-6-24 0:30:00	2008-6-23 8:
2008-6-24 11:4...	124	73	98	77	n	2008-6-25 0:30:00	2008-6-24 0:
2008-6-25 17:5...	127	68	99	80	y	2008-6-25 0:00:00	2008-6-25 8:
2008-6-26 9:16:00	126	82	99	75	y	2008-6-27 0:15:00	2008-6-26 7:
2008-6-27 15:3...	135	88	99	73	y	2008-6-27 0:00:00	2008-6-27 8:
2008-6-28 9:25:00	128	87	99	73	y	2008-6-28 0:00:00	2008-6-28 8:
2008-6-29 9:00:00	129	80	98	74	y	2008-6-30 0:30:00	2008-6-29 9:
2008-6-30 9:25:00	127	75	99	63	y	2008-6-30 23:0...	2008-6-30 9:
2008-6-19 12:1...	125	68	97	82	y	2008-6-18 0:00:00	2008-6-19 8:
2008-6-20 8:51:00	95	50	99	75	y	2008-6-20 23:5...	2008-6-20 7:
2008-6-21 11:5...	99	59	99	68	y	2008-6-22 1:40:00	2008-6-21 7:
2008-6-21 18:0...	98	55	99	67	y	2008-6-22 1:40:00	2008-6-21 7:
2008-6-22 10:0...	98	64	99	78	y	2008-6-22 23:4...	2008-6-22 8:
2008-6-23 9:00:00	101	53	99	73	y	2008-6-23 23:4...	2008-6-23 7:
2008-6-23 11:5...	109	46	99	68	y	2008-6-23 23:4...	2008-6-23 7:
2008-6-24 11:4...	100	54	99	67	y	NULL	2008-6-24 7:
2008-6-24 22:0...	123	61	99	65	y	NULL	2008-6-24 7:
2008-6-25 11:5...	127	69	99	66	y	2008-6-25 0:00:00	2008-6-25 7:
2008-6-26 9:16:00	104	54	99	75	y	2008-6-27 0:30:00	2008-6-26 7:
2008-6-20 14:5...	119	72	99	69	y	2008-6-19 0:00:00	2008-6-20 8:
2008-6-27 12:0...	96	58	99	67	y	2008-6-28 1:40:00	2008-6-26 7:
2008-6-28 8:58:00	96	48	99	77	y	2008-6-29 0:20:00	2008-6-28 7:

图 8-7　tb_Test 数据表

4. *存储过程*

为了提高查询效率、减小查询复杂度，我们将一些较复杂的查询写成存储过程。存储过程命名以字母“proc”开头（小写），后面加表示该存储过程作用的相关英文单词或缩写，见表 8-4。

表 8-4　存储过程

环　　节	存储过程名称	说　　明
登录	proc_UserValidate	验证不同类型用户的登录，并返回验证状态
家人管理	proc_AddUserToHeal	为健康系统中添加一名家庭成员
	proc_DelUserFromHeal	从健康系统中删除一名家庭成员
编辑信息记录	proc_ModifyHealth	编辑健康记录中概要信息，新添或更新记录
	proc_ModifyUser	编辑用户信息记录部分，新添或更新记录
	⋮	⋮

8.3　系统的主要功能模块设计与实现

系统主窗体主要由三个部分构成，分别为菜单栏、导航菜单和状态栏。其中，在制作导航菜单时，使用了第三方控件 NavBarControl。主窗体的运行结果如图 8-1 所示。

从图 8-1 中可以看出，该家庭健康保健系统主要包括六个功能模块，资源管理模块、家中信息管理模块、统计分析模块、用户管理模块、系统维护模块和帮助模块。下面分别对具体内容进行详细介绍。

8.3.1 系统登录设计与实现

系统登录主要是为进入该系统的用户进行身份验证，防止不合法的用户使用该系统，并对通过验证的用户进行权限级别辨别，从而给予不同的操作权限。窗体的设计过程如下。

新建一个 Windows 窗体后命名为 frmLogin.cs，主要用于实现系统登录功能，使用的控件有 Label、ComboBox、TextBox、Button。通过对其参数进行设计，从而得到以下的登录窗体，如图 8-8 所示。

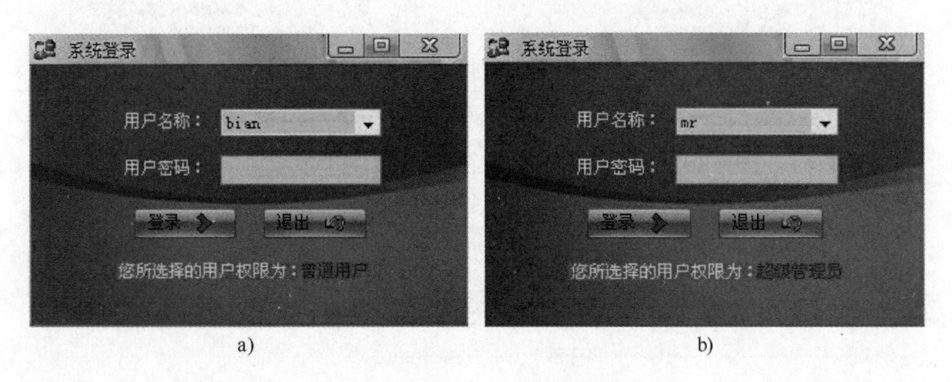

a)　　b)

图 8-8　登录窗体

a）普通用户登录情况　b）管理员登录情况

图 8-8 所示的登录窗体根据输入的用户名称来判断不同的用户级别。其实现方法是：首先声明三个静态全局变量，分别用于记录登录用户的名字、密码和权限，然后声明公共类 BaseOperate 和 OperateAndValide 的两个全局对象，通过类对象调用类中的功能。

8.3.2 管理相关设计与实现

1. 用户管理

用户管理窗体主要实现对家庭人员基本健康信息的添加、修改、保存和删除等功能。在该窗体中，首先判断的是家人的信息是否已经存在，如果存在，则不显示【添加】按钮，用户只能对已经存在的企业信息进行修改、保存和删除操作；否则，显示【添加】按钮，这时，用户可以进行企业的添加、修改、保存和删除操作。

用户信息管理窗体的运行结果如图 8-9 所示，对其密码更改和权限设置如图 8-10 所示。

2. 健康资料管理

健康资料管理主要用来记录家人的日常测量健康数据，并将其保存在数据库中，便于定时进行分析，实现数据的添加、修改、删除和查找功能。而家人资料管理用来将家人的基本情况信息添加到数据库中，并同样可以实现数据的添加、修改、删除和查找功能。该种窗体中使用了公共类 OperateAndValidate 中的相关方法分别对邮政编码、电话号码、E-mail 地址格式进行验证，只有在全部验证都通过时，才可以进行健康信息的添加、修改和保持操作。

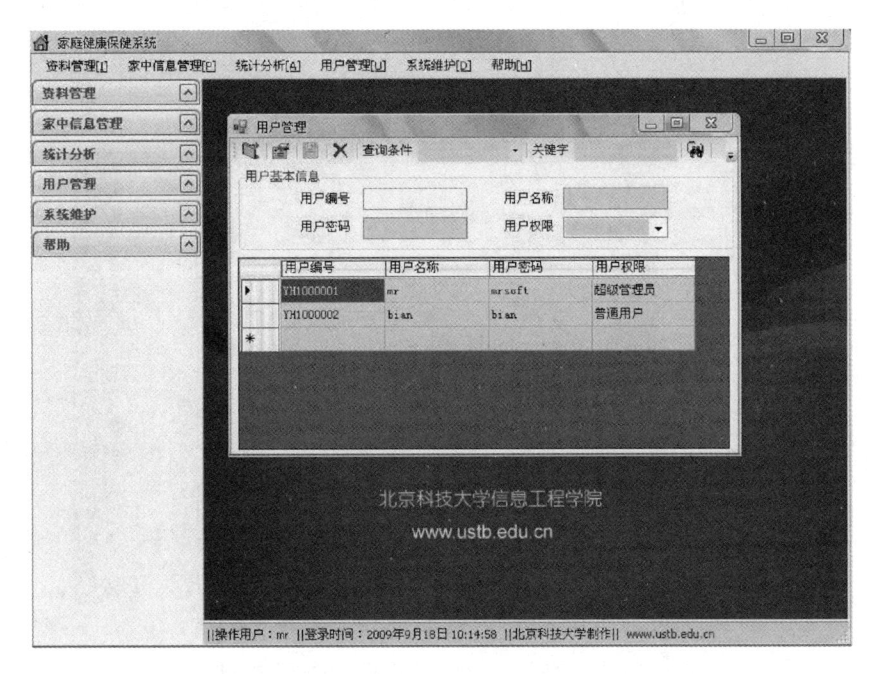

图 8-9　用户管理

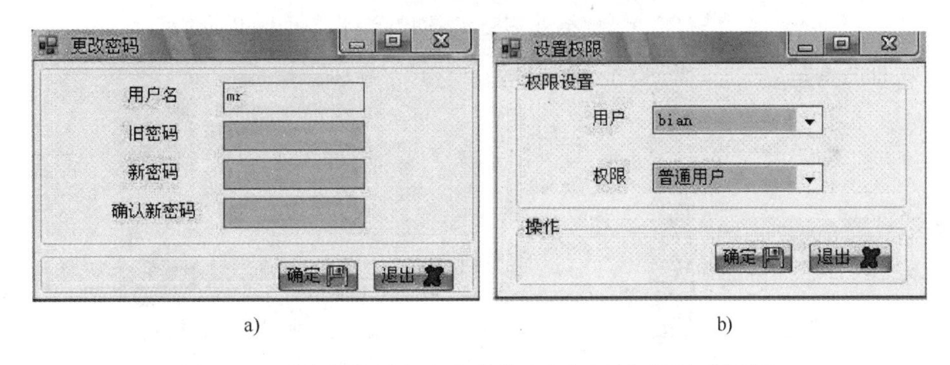

图 8-10　进行操作用户的密码修改和超级管理员权限设置

a）更改密码框　b）权限设置框

家人的资料管理界面如图 8-11 所示。其中，联系电话输入错误的时候，给出相应提示，点击红色的提示处即可看到对输入格式的提示消息。

健康信息管理界面同用户资料管理界面类似，在这不再展开论述，如图 8-12 所示是健康信息管理界面。

8.3.3　统计分析模块的设计与实现

本节通过使用 BingdingNavigator 控件和 CrystalReportViewer 控件来实现统计分析模块。其中，BingdingNavigator 控件用来执行查找、退出和选择查询条件操作，CrystalReportViewer 控件用来形成并显示家人的健康指标分析报表。

在此窗体中，通过调用公共类 OperateAndValidate 中的 CrystalReport（）对家人的分析报表进行数据绑定，显示家人健康的变化曲线情况，以血压值为例，进行的健康曲线分析和预测如图 8-13 所示。

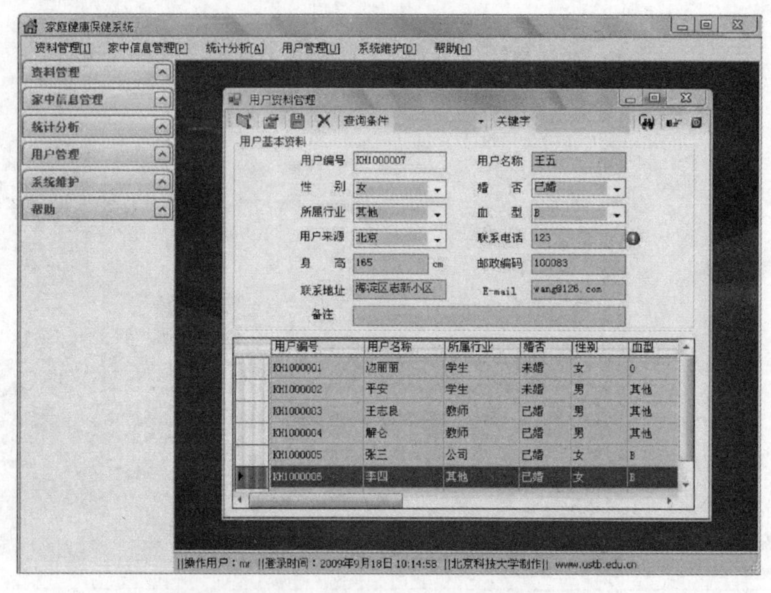

图 8-11 填写中出现违规格式时的提示错误

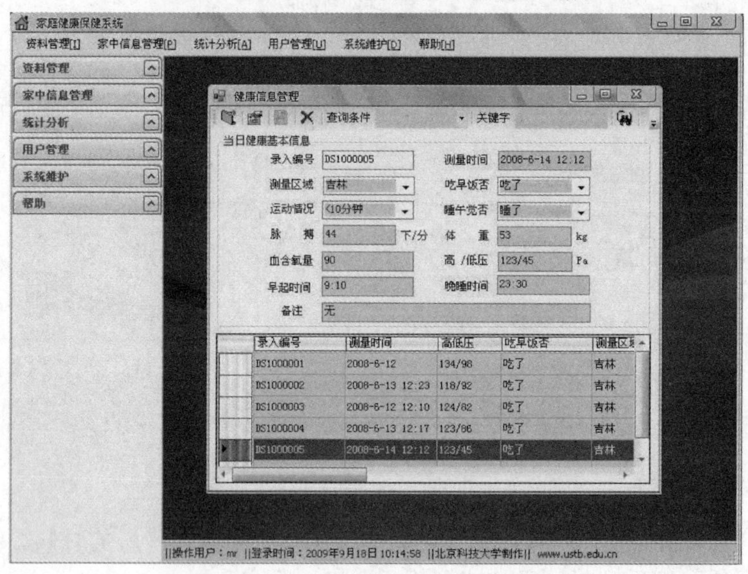

图 8-12 按照标准格式填写

8.3.4 系统维护及帮助的设计与实现

1. 系统维护的设计与实现

系统维护窗体主要进行系统中数据库的数据备份、数据还原以及数据清理。该窗体的设计过程中使用了 ofDialogFile 控件，用来在对话框中显示文件，从而进行对应的数据备份、数据还原以及数据清理过程，图 8-14 所示为数据备份过程，如图 8-15 所示为数据还原过程。

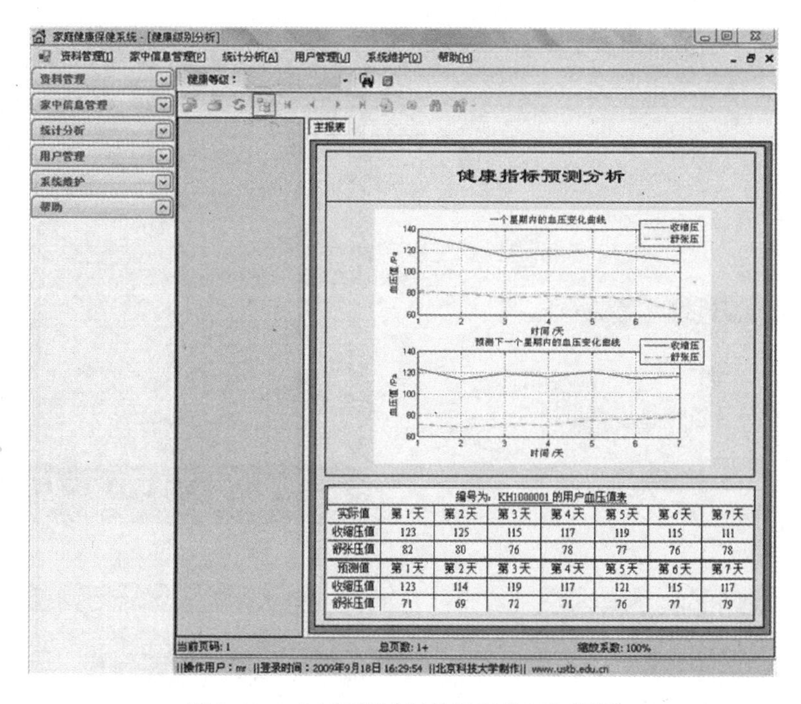

实际值	第1天	第2天	第3天	第4天	第5天	第6天	第7天
收缩压值	123	125	115	117	119	115	111
舒张压值	82	80	76	78	77	76	78
预测值	第1天	第2天	第3天	第4天	第5天	第6天	第7天
收缩压值	123	114	119	117	121	115	117
舒张压值	71	69	72	71	76	77	79

图 8-13　对血压值进行的健康分析与预测

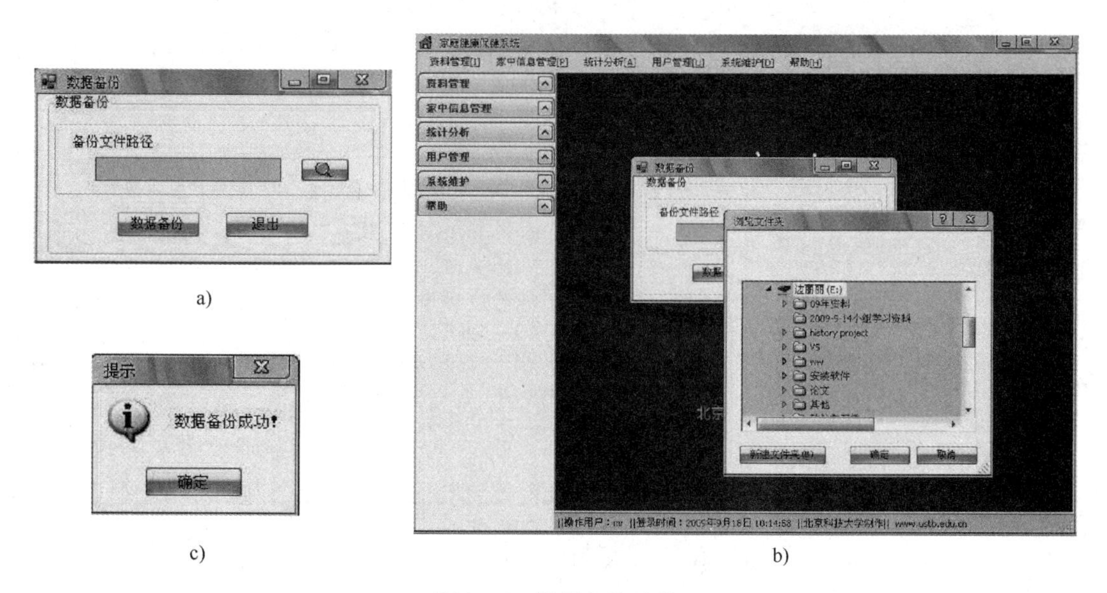

图 8-14　数据备份过程

a）打开数据备份框　b）选择要备份到的文件夹　c）数据备份成功提示

2. 帮助的设计与实现

帮助窗口里面主要实现的 word 文档的建立、文本文件的建立以及联系我们和窗口的水平平铺和垂直平铺，其中，this. LayoutMdi（MdiLayout. TileVertical）；//垂直平铺；this. LayoutMdi（MdiLayout. TileHorizontal）；//水平平铺；如图 8-16 所示。

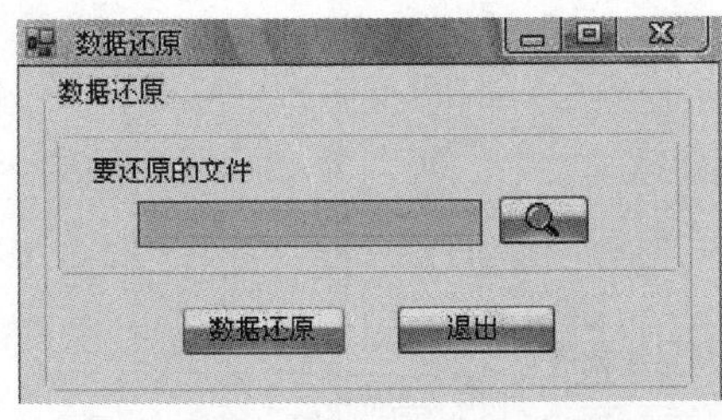

a)

b)

c)

d)

图 8-15　数据还原流程图

a）选择要还原的文件　b）选中要还原的备份文件　c）要还原的备份文件选择　d）数据还原成功提示

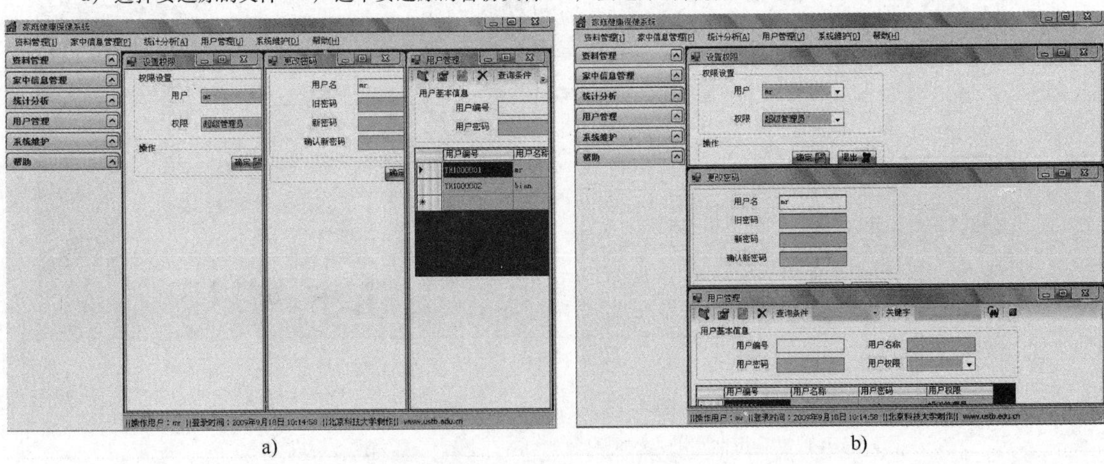

a)

b)

图 8-16　窗口的垂直和水平平铺

a）垂直平铺窗口　b）水平平铺窗口

8.3.5　开发过程中应用的关键技术

1. 使用 session 变量进行用户身份验证

使用 session 对象存储特定的用户会话所需的信息。当家人在此健康系统的应用程序页之间跳转时，存储在 Session 对象中的变量不会清除，而家人在应用程序中访问页面时，这些变量始终存在。当家人请求来自应用程序的 Web 页时，如果该用户还没有会话，则 Web 服务器将自动创建一个 session 对象。当会话过期或被放弃后，服务器将终止该会话。

2. 实现对数据库的插入、删除和修改操作

SQL 查询是主要的数据库操作，里面最常用的命令是 SELECT 语句，用于检索数据；INSERT 语句用于数据的插入；DELECT 语句用于数据的删除；UPDATE 语句用于数据的更新。在此健康保健数据库中同样使用了这些方法。

3. 水晶报表的实现

本系统在实现健康指标统计分析时采用了水晶报表，按照 VS 中设计水晶报表的步骤设计完水晶报表后，需要在 Windows 应用程序中显示。VS2005 中基础水晶报表查看器，用户可以通过该查看器在 Windows 应用程序中查看以及创建的水晶报表。本系统中水晶报表（如健康预测的表示图等）的实现是通过自定义方法 CrystalReport（）来实现的。

8.4 测试

面向数字家庭的健康保健数据库系统涉及数据库的重要设计步骤——加载测试。加载测试工作贯穿于整个系统测试工作的全过程，登录、用户管理、家人健康信息管理等操作均可视为对数据库的加载测试工作。要设计出一个好的系统数据库，除满足系统所要求的功能外，还必须遵守下列原则：基本表的个数越少越好，主键的个数越少越好。键是表间连接的工具，主键越少，表间的连接就越简单。字段的个数越少越好。所有基本表的设计均应尽量符合第三范式。数据库的设计中，如何处理多对多的关系和如何设计主键，是两个有着较大难度、需要重点考虑的问题。

此外，在编写代码的过程中我们也遇到了很多问题，如经常会碰到“未将对象引用应用到对象的实例”有些情况是未给对象赋值。大多数情况下，一行一行看已编写好的代码很难找出错误。如果用调试的话，会很快解决错误。比如：在使用动态控件时如果页面回执且未在 pageload 中加载生成控件的过程，则在返回的页面上未加载动态控件，这个时候去看代码是很不容易发现错误的，然而用调试的话会很快解决这个问题。所以在写代码的过程中使用调试会起到事半功倍的作用。

由于本身能力的局限性，所以编写的代码，即使经过反复检查也难免出错。所以在本阶段力求使用有限的时间找出尽可能多的错误，力求系统尽量正确。在本系统的测试中，使用了黑盒法（即不关心程序内部的逻辑结构，而是根据程序的功能来设计来检测）请一位不熟悉本系统的人来进行随意性的操作，打破习惯的操作顺序，从中发现错误，在此阶段系统的大量错误得到了改正。

在开发调试过程中的主要模块：

（1）数据库连接模块

将数据库连接的程序独立出来，成为一个单独的模块，其他程序若要连接数据库，直接调用此模块即可，不仅大大减轻了开发者的编码劳动量，而且大大提高了代码的可读性和开发效率。

（2）session 保密传输

在数据的传输过程中，开发者往往采用隐藏域进行，但隐藏域的安全性不是很好，经常被人窃取，但 session 在传输过程中没有此缺点，它可以安全地传输数据。session 的采用，大大提高了系统的安全性。

（3）异常处理

所有异常类都继承 C#内建的位于 System 名字空间的 Exception 异常类。本程序中采用 try、catch 来管理 C#异常处理，用这些关键字组成一个相互关联的子系统，把要监视异常的程序语句包含在一个 try 块中，如果 try 块出现异常，此异常就会被抛出。使用 catch 块就可以捕获到此异常，并可以合理地处理异常。C#运行系统会自动抛出系统产生的异常。它以可控的结构化方式来处理运行期错误。其简单、直接的实现方法大幅提高了运行效率。

到此，一个完整的家庭健康管理系统就创建完毕了。本例中介绍了系统的整体设计，明确了系统应具备的功能及其权限分配，明确了搭建系统的业务流程分析，明确了系统的功能结构及系统的应用界面设计结构。然后，根据系统的需求详细设计系统，其中包括系统数据库的设计。而后对整体的主要功能模块进行了设计。最后，总结了开发过程中所应用的关键技术。整体思路使得健康保健数据库系统的脉络清晰明了。

参考文献

[1] 宋晓峰. 从零开始——SQL Server 2005 中文版基础培训教程[M]. 北京：人民邮电出版社. 2007.

[2] 李闽溟，吴继刚，周学明. Visual C++6.0 数据库系统开发实例导航[M]. 北京：人民邮电出版社，2003.

[3] 洪文学，王金甲，李昕. 健康智能家庭研究现状[J]. 计算机工程与应用. 2006：186-188.

[4] 王惠中，许正海，李春霞. 面向智能家庭的远程健康监护系统发展[J]. 电气自动化，2008，30(6).

[5] 萨师煊，王珊. 数据库系统概论[M]. 3 版. 北京：高等教育出版社，2000.

[6] Herbert Schildt. C#编程起步[M]. 长春亿特，译. 北京：人民邮电出版社，2002.

[7] 陈钟，等. C#编程语言程序设计与开发[M]. 北京：清华大学出版社，2003.

[8] 张跃廷，韩阳，张宏宇. C#数据库系统开发案例精选[M]. 北京：人民邮电出版社，2008.

[9] 尚俊杰. ASP. NET 程序设计[M]. 北京：清华大学出版社. 2004.

[10] 张海藩. 软件工程导论[M]. 4 版. 北京：清华大学出版社，2003.

[11] NOURYN，et al. A telemetric system tool for home health care[J]. IEEE-EMBS，1992：175-177.

[12] STEFANOV D H，BIEN Z，BANG W C. The smart house for older persons and persons with physical disabilities structure technology，arrangements and perspective[J]，IEEE Trans on Neural System and Rehabilitation Engineering 2004，2：228-250.

[13] World Bank. “Assessing Government Health Expenditure in China”[R]，2005.

[14] P. R. C. Ministry of Health[R]. The Third National Health Service Survey，2004.

[15] R Istepanian，E Jovanov，Y T Zhang. Introduction to the special section on m-health：beyond seamless mobility and global wireless health-care connectivity[J]. IEEE Trans. Inf. Technol. Biomed. 2004(8)：405-414.

第 9 章　知识库技术

“智能需要知识”——这是人们对人工智能早期没有走出象牙塔反思后作出的结论。事实上，作为智能的基础，知识是不可或缺的。在情感机器人的设计中，要保证情感机器人具有智能，就需要情感机器人有知识。何为知识？如何使得情感机器人表现出具有知识的能力呢？我们了解到数据库是用来对数据进行存储、查询、修改等操作的，那么对于存储在情感机器人内部的知识来讲，同样也需要一个知识库来对知识进行操作，而知识库与数据库的区别又是什么呢？本章就以人与情感机器人交互为背景，围绕这些问题进行讨论。

9.1　知识库

9.1.1　知识库的概念

首先先介绍一下什么是知识库？从存储知识的角度来看，以描述型方法来存贮和管理知识的机构叫做知识库。知识库是事实、规则和概念的集合。事实在库中是短期信息，这种信息在与用户交互过程中会迅速改变。规则是从专家们的经验中总结出来的知识，是长期信息。概念包含信念和常识。

如果一个系统具有能用计算机所存储的知识对输入的数据进行解释，并有对其进行验证的功能，则称该系统为知识库系统。

按照以上定义，知识库系统中的知识，是该系统在自身进行推理过程中所利用的信息，而不是提供给系统使用者的信息。因此，知识库系统与数据库系统不同之处就在于，它并非向用户直接提供检索的信息，而是提供根据输入的数据信息使用知识进行判断分析的结果。

知识库是数据库理论研究的产物。数据库技术从其诞生至今已经有几十年的历史，数据库技术与网络、人工智能、软件工程相结合，形成新的发展方向，其中人工智能技术和数据库技术相结合产生了知识库技术。正像 Codd 所说：“数据库就是把数据从应用程序中分离出来，交给系统程序处理。”知识库类似地把知识从应用程序中分离出来，并交由知识系统程序进行处理。数据库和知识库有许多相同的地方，它们都研究大容量信息处理的理论和时间；两者都具有可恢复性、安全性、保密性、一致性等问题；数据库的大部分管理技术对知识库同样适用。但它们之间也存在一些明显的区别，可以列出以下几点：

1）数据库中的信息是历史的、静态的。而知识库中的信息则既有过去的又有现在的，相比之下，知识库中的信息更多是动态的，其中的规则部分总是在力图填充缺少的信息。

2）数据库主要处理数据，数据的含义是确定的，知识库主要处理知识，而总是包含大量含义不明确的概念和不确定的联系。

3）数据库对数据的处理主要依靠数据操作语言，这种是确定的。知识库对知识的处理，主要依赖推理方式，使用逻辑程序设计语言，这种语言是不确定的。

4）数据库同外界的联系通过数据通信子系统，但知识库则通过包含在其内部的智能接口来实现与外部通信。

9.1.2 知识的概念

了解了知识库的概念，那么什么是知识呢？我们从知识与数据、符号、信息的区别与联系上解释一下知识的内涵。

数据是对事实的一种表达形式，它包括数字、文字和图形。符号是一种复杂的数据类型，在符号中除了包含常规的数据内容外，还包含思想、概念等人类知识。数据与符号都可以用人工或自动化装置进行处理。凡是对人有用的，能够影响人们行为的数据和符号称为信息，信息是通过对数据或符号的处理而产生的。知识是人类对客观世界的认识，是人们在生活、劳动和与自然界作生存斗争中在自然、物质的认识基础上，升华成为系统的信念和经验。例如38℃是一种数据，如果表示一个人的体温的话，它就成为一种信息。对于医生或者稍有医学常识的人来说，这个人正在发烧，需要治疗，此信息就成为一种知识。符号、数据、信息和知识形成一个层次，符号和数据在底层，知识在最上面，数据是信息的载体，信息是数据所表达的客观事实。数据经过一系列，如归纳、综合、比较、分类、联想或计算等数据处理过程成为信息，以使人们容易理解数据的意义。在数据和信息之上的是知识。知识是人们通过实践认识到的客观世界规律性的东西。知识是信息经过加工治理、解释、挑选和改造而成的，是人们进行决策的基础。数据是资源，数据处理的可计算化将有助于提高数据资源的利用率和获得高质量的信息。知识是一种更宝贵的资源，知识的推广和使用可以产生巨大的经济效益。因此，保存和推广知识是一项非常有意义的工作。传统的知识转移通过学习和传授来实现，通常需要较长的时间周期。把知识形式化并存入计算机中，知识的转移变得简单易行，缩短时间周期，并为更多的人所用，使知识能为人类的文明发挥更大的作用。

9.1.3 知识的分类

在人工智能系统中，知识分为以下几类：事实、规则、元知识、常识性知识，如图9-1所示。了解知识的分类是建立一个完整的情感机器人知识库所必需的。

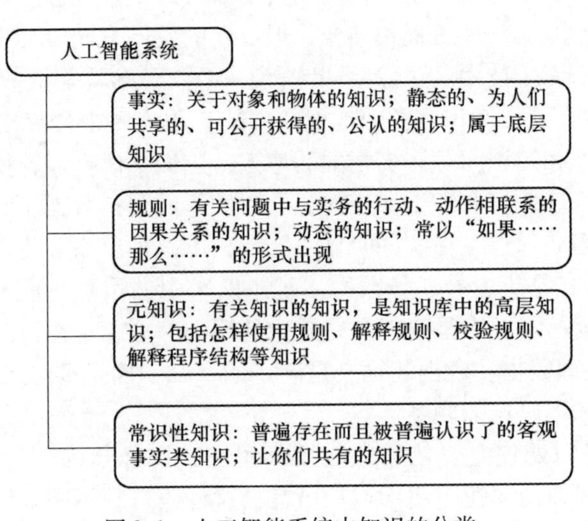

图9-1 人工智能系统中知识的分类

知识库中的知识，按其在智能程序求解过程中的作用，通常可分为四类：事实知识、规则知识、控制知识、元知识，如图 9-2 所示。

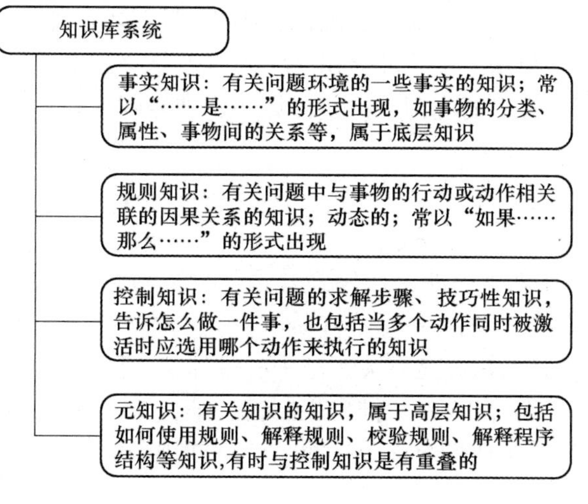

图 9-2　知识库系统中知识的分类

9.1.4　知识的存在与获取

了解了知识的分类方式，还需要讨论一下知识的存在方式，见表 9-1。

表 9-1　知识的存在方式

编号	知识的存在方式
1	专家的头脑中，如经验等
2	隐藏在数据库中的模式
3	各种案例（成功的、失败的）
4	文档资料，如书籍、论文等各种文献，以及万维网等
5	人工智能中的规则、框架、谓词等

对于知识存在的各种方式，我们可以有相应的方法来获取知识。这就引入了知识获取的概念。

知识获取包括将已获取的知识，通过某种推理或学习机制产生新的知识，即机器学习（Machine Learning），以及对已有知识的精炼和一致性检测等，即所谓的知识求精（Knowledge Refinement）。

知识获取的任务主要包括以下几个方面：

1）从领域专家或书本上获取知识，并对其理解、选择、分析、抽取、总结和组织等；

2）对已有的知识进行求精；

3）从已有的知识中通过学习产生新的知识，如采用推理方法等，包括从外界学习新知识；

4）检测并消除已有知识的矛盾性和冗余性，保持已有知识的一致性和完整性约束等。

一般来说，知识获取有三种方式：人工获取、半自动获取和自动获取。所谓的人工获取就是依靠知识工程师与专家的交流，观察专家的工作方式等来获取知识；而自动获取是基本上不需要人们的参与，如采用机器学习等相关的技术；半自动获取是知识工作者或知识工程师在软件工具的辅助下获取知识，这是目前研究中应用最多的一种知识获取方式，主要是从数据库和文本中获取。从数据库中获取知识，实际上就是采用机器学习算法来进行的，这些算法在数据挖掘中得到了较多的应用。如遗传算法、神经网络和决策树、粗糙集理论和模糊聚类等。

9.1.5 知识的表示方法

知识表示是研究在计算机中如何使用最合适的形式对系统中所需要的各种知识进行组织，一个好的知识表示方法应该具备以下性质：

1）表达充分性：具备确切表达有关领域中各种知识的能力。

2）推理有效性：能够与高效率的推理机制密切结合，支持系统的控制策略。

3）操作维护性：便于实现模块化和检测出矛盾知识及冗余知识，便于知识的更新和知识库的维护。

4）理解透明性：知识的表示必须便于人们的理解。

目前人工智能领域中比较热门的知识表示方法主要有过程表示法、逻辑表示法、产生式表示法、语义网络表示法、框架和脚本、面向对象表示法、人工神经网络中的隐性知识等。现在，随着问题领域的扩大和问题复杂度的提高，单一的使用一种知识表示方法往往不能起到很好的效果，因此近些年来复合型的知识表示方法越来越多的应用到人工智能领域，尤其是专家系统领域。表 9-2 列出了目前较热门的集中知识表示方法的优缺点，在各个背景下，可以采取与实际情况相应的知识表示方法构建知识库。

表 9-2　知识的表示方法

类　型	优　点	缺　点
过程表示法	效率高，用于表示过程性知识，可以避免选择和匹配无关的知识，也不需要跟踪不必要的路径 控制系统容易设计 易于知识表示的模块化和参数化，特别是求解某些关于数值运算的问题	不善于表示非过程性知识 不易修改添加新知识
逻辑表示法	符号简单，有严格的形式定义 描述易于理解，容易实现	由于缺乏组织原则，使得知识库难于管理 由于是弱证明过程，当事实的数目增大时，可能会产生组合爆炸 表示内容与推理过程分离
产生式表示法	语法简单，易于理解，易于修改 模块化，可以提供高精度的信息（事实和规则） 易于表示启发性知识 易于跟踪由行为引起的改变	在大系统中规则难以保持不重复 对规则之间相互作用的限制可能导致降低执行效率 需要解决一致性和完整性的问题，缺乏形式化描述能力

（续）

类　型	优　点	缺　点
语义网络表示法	把各个事物有机的联系起来，能比较正确地反映人类对客观事物本质的认识，表达层次关系能力很强 可以方便地追溯关系，能简单准确地表示出重要的联系 能再在网络层中建立特性继承关系 直观清晰，便于理解，并适用于不确定性推理 具有联想性	所表示的知识都是关系知识，对于更高层的知识，如具有时间因素的知识、意念等，实现比较复杂 通过对网络进行操作得到的推理并非都能有效 需要强有力的组织原则指导搜索，否则将陷入无穷支路
框架和脚本	在一定程度上正确地表现了人的心理情况 它适用于计算机处理，表达能力强，容易添加情形 具有继承性和结构性 以一种集中注意力并且易于回顾、推理的方法组织知识	不容易归纳新情况 表达的许多知识在一定程度上脱离 编程困难 不便于推理
面向对象表示法	模块性，一个对象是可以独立存在的实体 继承性，子类可继承父类的数据和操作 封装性，对象是封装的数据和操作 多态性，使得软件设计便于抽象化，增强了系统的智能型 易维护性，对象实现了抽象和封装，使得错误具有局限性，不会传播，便于检测和修改	使用面向对象方法开发的系统占用硬件空间较大，运行时间开销也大 解决的是规模较大、问题领域较复杂的课题，因此对软件编制人员和系统分析人员的素质有较高的要求
人工神经网络中的隐性知识	以分布方式表示信息，便于知识库的组织和管理 便于实现知识的自动获取，能够自适应环境的变化 实现了知识表示、存储和推理三者融为一体的表示	对于给定的输入，用户只能得到一个结果，不清楚推理过程，因此解释较难

9.2　虚拟管家知识库实例

本章以情感机器人与人和谐交互为背景来研究知识。我们以虚拟管家为例来介绍。前面我们介绍了知识的概念、分类、存在、获取和表示方法，下面我们就来演示一下在虚拟管家中，怎样才能利用知识表示出情感的因素。在语音交互中，我们基于文本知识库进行研究，借鉴问答系统的形式，实现了基于文本知识库的问答式人机语音交互功能。

9.2.1　研究意义

以前我们实现的人机语音交互是基于全匹配的，例如，当用户询问虚拟管家：“宝贝今年多大啦?”通过语音识别出“宝贝今年多大啦”，然后在数据信息表中进行匹配，得出“三岁半”的回答。整个过程基本上就是简单的数据库查表，冷冰冰的回答只能得到一定的信息，只是在和机器人对话，根本无法通过图灵测试。

所谓基于文本知识库的问答式人机语音交互，是在语音识别的基础上，对识别文本进行句法分析，并将数据库中的数据表进行层次提升，按照一定的规则结构形成简单的知识库。例如：用户还是询问虚拟管家：“宝贝今年多大啦?”通过语音识别出“宝贝今年多大啦”，然后先进行句法分析，得出一些相关信息，如：主题是“询问数量”，对象是“宝贝”，内容是“多大”。最后根据分析出的信息，查找知识库，得到答案。

显然基于文本知识库的问答式人机语音交互更加智能、灵活，对数据库的依赖程度小，抛弃了完全匹配的不利因素，不仅更加符合人机交互的原则，也使得人与虚拟的情感机器人交流时更加流畅，更加人性化。下面就对基于文本知识库的问答式人机语音交互进行详细的介绍。

9.2.2 功能的实现

1. 词法分析

词法分析的过程就是将连贯的自然语言分解成一个个义元组成的义元串，并且为每个义元标注它的属性，义元可以是词语、单字或者短语。要完成这样的过程需要一个十分大的语料库，如各类词典、处理歧义的规则库、词性标注的规则库和短语识别的规则库。具体来说由自动分词和词性标注两部分组成。

自动分词技术比较成熟，到目前为止共有十多种方法，如最大匹配法、逆向最大匹配法、逐词遍历匹配法、联想—回溯法等等。在中文词法分析方面，由中科院计算所张华平、刘群带领的团队研究所开发的 ICTCLAS（Institute of Computing Technology，Chinese Lexical Analysis System）系统具有较高的分词准确率，该系统采用的是多层隐马尔可夫模型，对原有的隐马模型进行扩展，将模型分别应用到原子切分、简单和复杂的未登录词识别及基于类的隐马尔可夫分词等多个层面上。ICTCLAS 由 C ++ 语言实现，提供了 JAVA、Delphi 等接口，方便其他应用程序进行调用。本功能模块的词法分析采用 ICTCLAS 自动分词和词性标注程序。

2. 确定问句类型

确定问句的类型即进行问题分类，也就是根据问句的内容确定问句的语义类别。问题分类主要有两大作用：

问题分类可以大大化简候选答案的集合。例如当问句是“北京科技大学在哪里?”通过分类可以知道这是一个询问地点的问句，就可以将不是关于“地点”的答案过滤掉。

问题分类还可以为答案抽取提供抽取策略。

根据数字家庭环境中虚拟管家的日常生活对话，我们将为问题分为 6 种，见表 9-3。

表 9-3 六种对话情景

问句类型	疑问词	例句
询问人	谁	是谁发明了计算机
询问时间	什么时候/何时/哪年……	今天妈妈什么时候下班
询问数量	多少/几/多大/多高……	宝贝今年多大啦
询问定义	是什么/什么是	什么是宇宙
询问地点或位置	哪里/什么地方	北京科技大学在哪里
询问原因	为什么	天空为什么是蓝色的

3. 针对问句类型生成句模

为了避免复杂、重复的词法分析、句法分析和语义分析，将上述 6 种问句类型生成一定的句子模型，并按照存储的方式放在数据表中，供匹配之用。如询问人的一个句模为 rvn，其中 r 表示询问人是的疑问词，v 表示动词，n 表示名词。当询问“谁发明了计算机”则与该句模匹配，直接在询问人的答案表中查找与动词“发明”和名词“计算机”两者有关的名词并作为结果。

4. 关键词提取

在提取关键词之前首先进行预处理，即去除停用语与客套语，去除一些不必要的语气词等。

对于基于关键词的问句处理方法来说关键词代表了问句的主要含义，提取关键词对理解问句语义至关重要。一般来说名词、动词、形容词、限定性副词在问句中充当关键词的几率较大，但在实际应用中可以把除了疑问词以外的大部分词语作为关键词。关键词按照词性的不同在检索时被赋予不同的权重，权重从大到小依次为名词、限定性副词、形容词、动词。

5. 句模匹配

将处理后的问句与句模进行比较，根据匹配到的句模信息在结构知识库中得到答案。

9.2.3 功能的实例

1. 询问人（关键词：谁）

询问人的问句类型我们共建立了三个句模匹配规则：

规则 1：nvr　　例：贺杰是谁呀？

规则 2：rvn　　例：是谁发明了计算机？

规则 3：rv　　例：家里周末谁做饭呀？

图 9-3 所示为“nvr”句模匹配规则的例子，在此种句模规则下，我们还能询问虚拟管家“知道刘翔是谁吗?”，如图 9-4 所示。

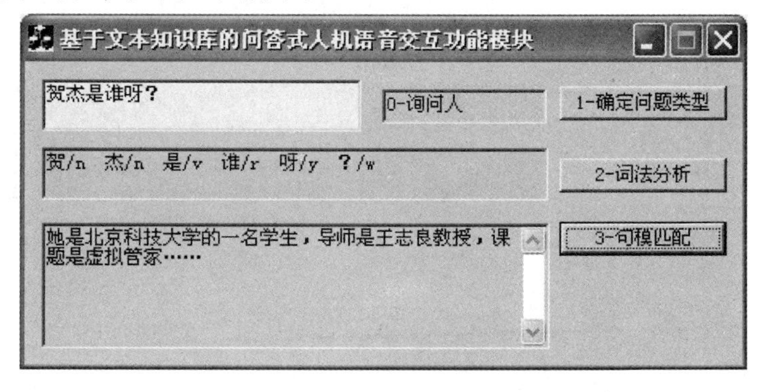

图 9-3　询问人——“nvr”规则

2. 询问时间（关键词：什么时候、哪年）

询问时间的问句类型我们共建立了四个句模匹配规则：

规则 1：nrnv　例：今天妈妈什么时候下班？

规则 2：nrnvn 例：妈妈什么时候去日本出差？

规则 3：nrqv　例：爷爷哪年退休的？

规则 4：nrqvn 例：叔叔哪年去的美国？

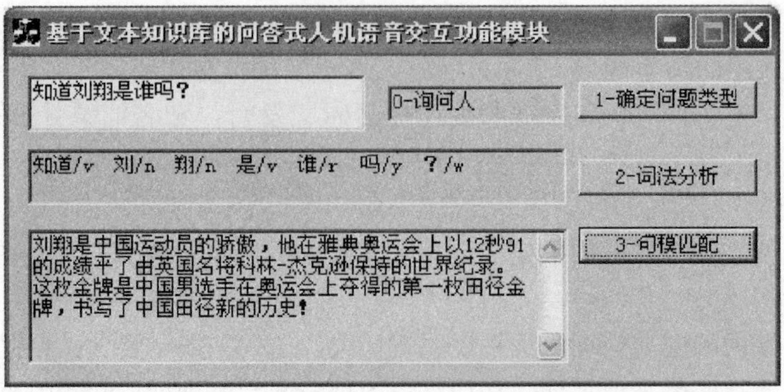

图 9-4　询问人——“nvr”规则

图 9-5 所示为询问时间——“nrnv”规则的例子。

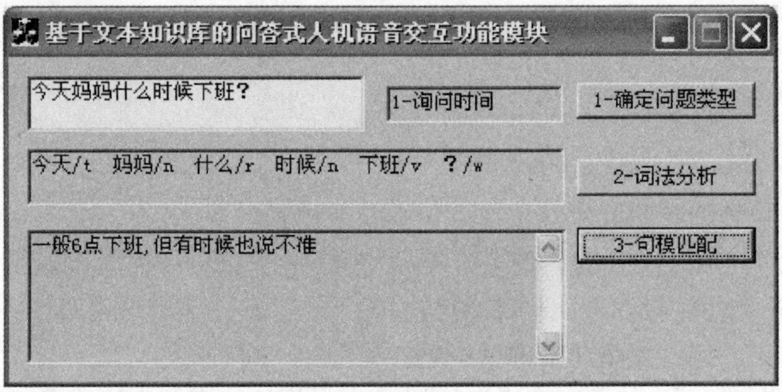

图 9-5　询问时间——“nrnv”规则

图 9-6 所示为询问时间——“nrqvn”规则的例子。

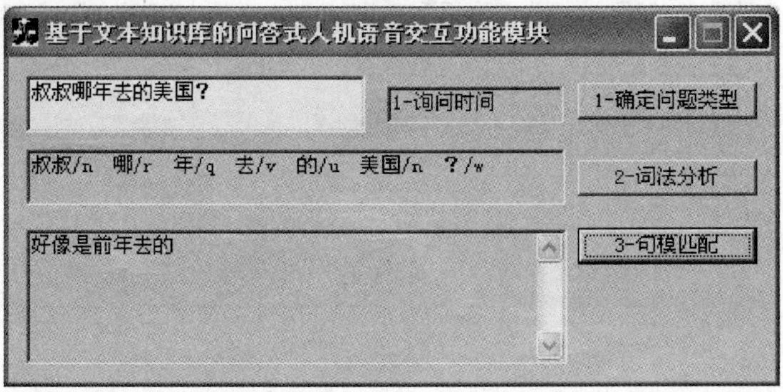

图 9-6　询问时间——“nrqvn”规则

3. 询问数量（关键词：多大、多高）

询问数量的问句类型我们只示例了一种规则，即规则 1：

规则 1：nma　　例：宝贝今年多大啦？

图 9-7 所示为询问数量——“nma”规则的例子。

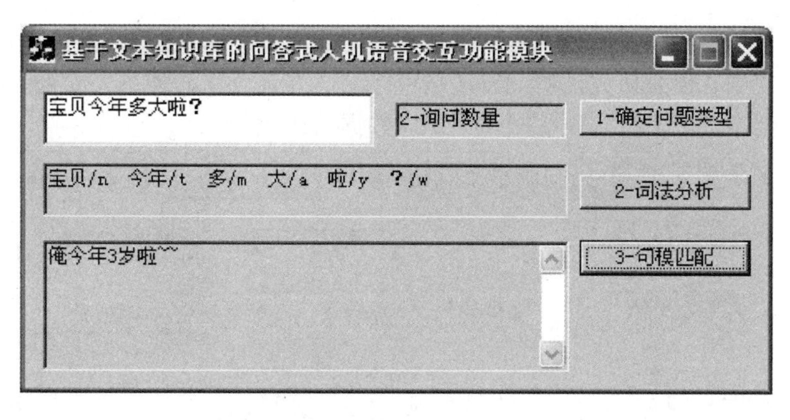

图 9-7　询问数量——“nma”规则

4. 询问定义（关键词：什么是、是什么、什么叫）

询问定义的问句类型我们示例了两种规则，

规则 1：nar　　例：三角形是什么？

规则 2：rvn　　例：什么是/叫三角形？

图 9-8 所示为询问定义——规则“rvn”时的示例。

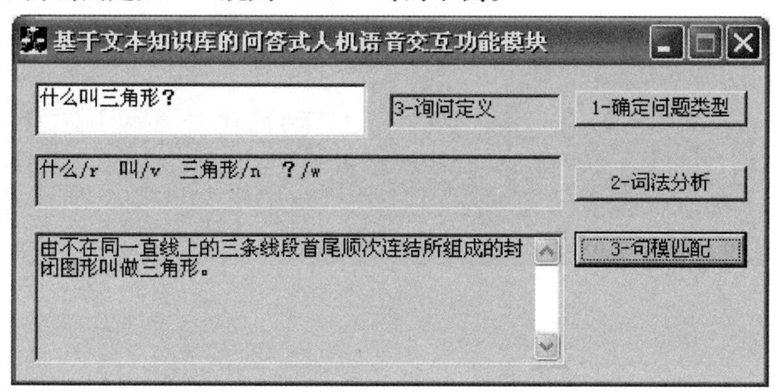

图 9-8　询问定义——“rvn”规则

5. 询问地点（关键词：哪里、什么地方）

询问定义的问句类型我们示例了两种规则，

规则 1：nr　　例：天安门在哪里？

规则 2：nrn　　例：颐和园是什么地方？

图 9-9 所示为询问地点——规则“nrn”时的示例。

6. 询问原因（关键词：为什么）

询问定义的问句类型我们示例了两种规则，

规则 1：nprn　　例：天空为什么是蓝色的？

规则 2：npra　　例：天为什么是蓝的？

图 9-10 所示为询问定义——规则“nprn”时的示例。

日常生活中我们询问时的类型还有很多，规则也还有很多，当然内容也是多种多样，但是基于知识库中数据的限制，目前我们仅实现了上述六种问句类型，构建知识库时也只考虑了现有的句模规则，但是研究证明此方法是可行的，并且有它的优点，如果要做的更全面需要在现有的框架基础上进行句模规则和知识库数据的扩充。

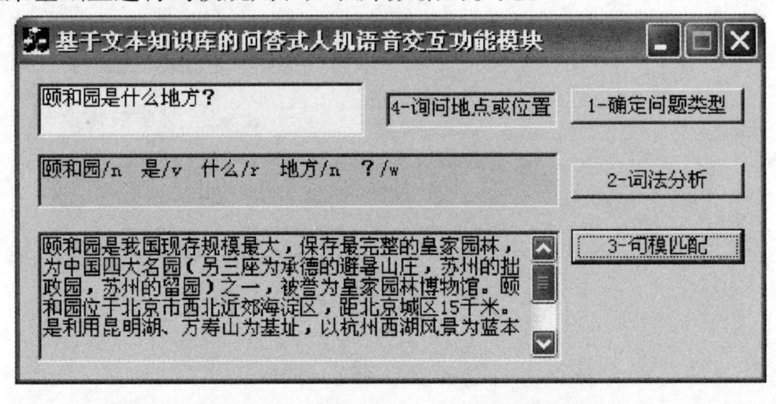

图 9-9 询问地点——“nrn”规则

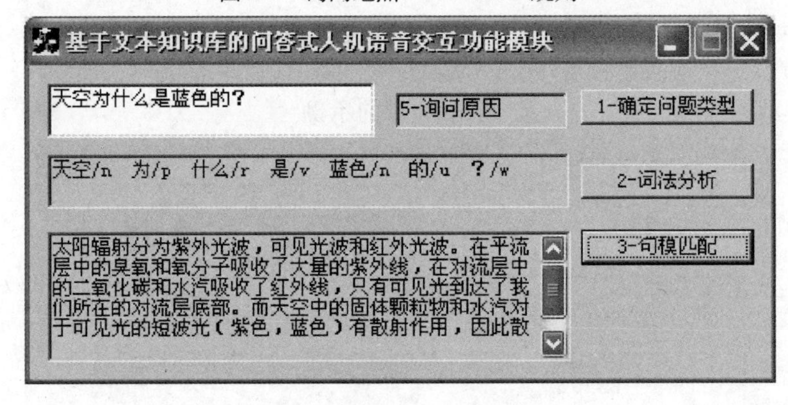

图 9-10 询问原因——“nprn”规则

参考文献

[1] 曹文君. 知识库系统原理及其应用[M]. 上海：复旦大学出版社，1995.

[2] 赵林. 基于人工智能的知识链模型及知识获取与表示研究[D]. 上海：东华大学旭日工商管理学院，2006.

[3] Chun-Hsien Chen, Zhiming Rao. MRM: A matrix representation and mapping approach for knowledge acquisition[J]. Knowledge-Based Systems, 2008, 21: 284-293.

[4] W P Wagner, J Otto, Q B Chung. Knowledge acquisition for expert systems in accounting and financial problem domains[J]. Knowledge-Based Systems, 2002, 15: 439-447.

[5] Philip R O Payne, Eneida A Mendonca, Stephen B, Johnson, et al. Conceptual knowledge acquisition[J]. Expert Systems with Applications. 2008, 34: 833-844.

[6] W P Wagner, Q B Chung, M K Najdawi. The impact of problem domains and knowledge acquisition techniques: a content analysis of P/OM expert system case studies[J]. Expert Systems with Applications, 2003, 24: 79-86.

[7] 张攀，王波，卿晓霞. 专家系统中多种知识表示方法的集成应用[J]. 研究与设计，2004，20(60):

4-5.
[8] 罗燕琪，陈雷霆. 专家系统中知识表示方法研究[J]. 电子计算机，2001，4：28-31.
[9] 叶亚齐，许梦国. 面向对象方法构造基于规则专家系统[J]. 信息技术，2004，28(8)：69-71.
[10] 刘承洋，黄志军，徐红贤. 基于产生式规则知识系统的设计与实现[J]. 计算机与数学工程，2000，28(6)：30-32.
[11] 陈明亮，李怀祖，施太和，等. 分类产生式规则[J]. 计算机应用研究，1999，2：9-12.
[12] 杨宪泽. 产生式规则的研究[J]. 西南民族学院学报：自然科学版，1994，20(1)：22-27.
[13] 王小军，周昌盛，吕汉兴. 一种基于关系数据库的知识表示和推理方法[J]. 控制工程，2005，12(1)：40-43.
[14] 廖明宏，郭福顺. 产生式系统的关系数据库实现[J]. 小型微型计算机系统，1995，16(12)：33-38.
[15] 张吉峰. 专家系统与知识工程引论[M]. 北京：清华大学出版社，1998.
[16] Jun Ma，Guangquan Zhang，Jie Lu. A state-based knowledge representation approach for information logical inconsistency detection in warning systems[J]. Knowledge-Based Systems，2010，23：125-131.
[17] B J Debska. Knowledge transform from a set of cases to production rule knowledgebase[J]. Computers & Chemistry，1998，22(1)：153-159.

第10章 情感模型和机器学习

情感模型在情感机器人的设计中起着举足轻重的作用。情感模型是在情绪心理学理论的基础之上，定义描述情感的数学空间。在此空间中，采用数学理论与方法，构造机器可实现的情感计算理论与方法，使之能够模拟人类的情感产生、变化、转移过程，并使其符合人类情感变化的规律，满足家庭环境中人类情感的需求。本章首先介绍了国内外关于机器人情感建模的研究现状，以及经典的情感计算模型。然后介绍了关于情感建模的新研究，如普适性研究、个体情绪差异性研究、实用性研究，最后，阐述了基于机器学习的认知情感模型研究。

10.1 情感模型的国内外研究现状分析

认知科学及其信息处理的发展得到国际科技界，尤其是发达国家政府的高度重视和大规模支持。认知科学及其信息处理方面的研究被列为“国际人类前沿科学计划”的三大部分之一，其中，“知觉与认知”被列为人类前沿科学的12大焦点问题之一。21世纪初，美国国家科学基金会（NSF）和美国商务部（DOC）共同资助了“提高人类素质的聚合技术”(Convergent Technology for Improving Human Performance)，将纳米技术、生物技术、信息技术和认知科学纳入21世纪四大前沿技术，并将认知科学视为最优先发展领域。

H A Simon主张认知科学是为了研究了解智能系统（同时包括人与机器）和智能性质的学科。他在《认知科学：人工最新的科学》一文中指出：“直到最近，智能的提法经常与脑和心理联系在一起，特别与人的心理联系在一起。但是，人工智能和人类思维计算机模拟研究的程序，已经教会我们怎样建造非人的智能系统，以及如何从人脑和显示智能的电子箱的硬件中抽取智能行为的必需品和标志。”

几个世纪以来，认知与情绪之间的关系一直受到哲学家和科学家的关注。自从托马斯·阿奎那将行为研究分成认知与情绪两大类后，关于两者关系的主流观点始终认为，认知和情绪是分离的系统和加工过程，彼此很少有交互作用。但是，近20年来，行为和神经科学研究发现，认知脑与情绪脑功能的特异性观念存在诸多问题。因此，越来越多的研究者开始意识到，认知与情绪的加工过程不但彼此关联，而且它们的神经机制还存在功能整合，共同构成了行为活动的基础。近期，大量的认知科学和神经生物学研究表明，认知与情绪之间的关系并非彼此分离，而是相互依赖、紧密联系的。在此类研究证据基础上，研究者们逐渐意识到，有必要提出一个全新的概念框架来描述认知与情绪的关系。

在此国际研究背景下，我国国家自然科学基金委员会于2004年批准实施重点项目“情感计算理论与方法研究”，将计算机科学与认知心理学相结合，并针对情感计算理论及其关键技术进行深入探讨，以推动认知与情绪的交互作用领域的研究发展。与此同时，情感计算的研究也进一步被世界众多实验室所关注，如美国MIT多媒体实验室、瑞士国家情感计算研究中心等。随着基础理论研究的不断深入，研究者们越来越多地致力于赋予计算机感知、识别和响应人类情绪的某些特定方面，并开发出可穿戴的计算机系统，甚至在研制能够积极地观察和能够表现出同情和移情的机器人。

《国家中长期科学和技术发展规划纲要（2006—2020年)》明确指出将服务机器人作为未来发展的战略高技术，并提出“以服务机器人应用需求为重点，研究设计方法、制造工艺、智能控制盒应用系统集成等共性基础技术”。通过全面实施国家863计划、973计划、科技支撑计划，安排部署了一批服务机器人科技项目，促进服务机器人在公共安全、助老助残、医疗康复领域的应用发展，提高我国服务机器人研究与应用水平，为和谐社会的发展提供有力支撑。

意识机器人是机器人发展的最高阶段。所谓意识，是指人对外部世界和自身心理的知觉或体验，它不但包括思维活动，还包括情绪反应。因此，意识机器人的概念不仅仅局限于具有超强的智能，还应该具有细腻的情感。中国科学院计算机技术研究所史忠植研究员指出：科学表明，情感是智能的一部分，不能与智能相分离。故而，服务机器人领域的下一个突破在于赋予计算机情感能力，换而言之，情感是服务机器人必备的功能。原因如下：

1）社会需要：如果机器人没有情感，那么它的应用领域将很有限，除了干体力劳动外，很多涉及情感交流的脑力劳动都难以胜任。

2）情感是智能的基础：情感能力是人类智能的重要标志，是人类智能不可分割的一部分，在人类的感知、推理、决策、计划、创造等诸多活动中都起着不可或缺的作用。

人工智能创始人之一，1970年计算机图灵奖（Turing Award，公认为计算机领域的诺贝尔奖）获得者，美国麻省理工学院（MIT）Minsky教授在“脑智社会（The Society of Mind)”专著（1985年）中指出“问题不在于智能机器能否有情感，而在于没有情感的机器能否实现智能（The question is not whether intelligent machines can have any emotions，but whether machines can be intelligent without emotions.)”。在这之后，有关赋予计算机情感能力的探讨引起了一些计算机科学家的兴趣。有关这方面重要的研究工作反映在美国MIT媒体实验室R. Picard教授于1997年出版的专著“Affective Computing（情感计算)”。在该书中定义“情感计算是关于、产生于或故意影响情感方面的计算（Computing that relates to，arises from，or deliberately influences emotions)”。

虽然迄今为止学术界对“情感”以及“情感计算”的定义并未达成共识，但总体看来可以认为情感计算是通过赋予计算机识别、理解、表达和适应人类情感的能力，建立和谐人机环境，从而使计算机具有更高、更全面的智能。Norman指出，可爱的事物能使其功能得到更好的发挥，对于产品的成功，设计的情感因素比它的实用因素更关键。随着有关认知和情绪交互作用的深入细致研究，作为心智的两个部分，认知和情绪交互之间的关系变得愈发清晰。这也使得研究人员将较多的注意投入到如何创造更自然、友好的人机交互关系上。这些研究不仅进一步深化了我们对于情绪在工作和生活中作用的理解，也将有助于研究者研发新的技术及相关产品，使认知和情感因素在产品中达到适当的平衡，以更好地满足人们的需求。

人机交互技术（Human Computer Interaction，HCI）是研究人、计算机以及它们之间相互关系的技术，是人与计算机之间传递交换信息的媒介和对话接口。以人为中心、自然高效将是新一代人机交互的主要目标。当前，大部分人机交互技术仅局限于被动地接受用户的指令和控制，并不能主动地理解用户的目的或意图，也无法推断用户的心理状态，较为缺乏感知和引导的能力。如是计算机只能一直等待用户的输入，尽管用户当前已经离开或者中途被打断去做其他事。当用户对某项任务已经十分厌烦，甚至接近崩溃边缘时，计算机都无法知晓，仍在进行不停的运算。因此，要想使计算机走进人的世界，就必须赋予计算机拥有像人一样的认知情感能力，能够根据人的行为举止对其情绪状态进行合理推断，理解人的行为和意图，从而保证高效、自然、和谐的人机交互。

随着人工智能科学的飞速发展，如何使计算机能够识别和产生人类的情绪，已经越来越多地受到计算机科学、心理学等学科的关注，逐渐诞生了认知情感计算这一交叉领域，如图10-1所示。但迄今为止，认知情感计算领域尚未有关于认知量化分析、情绪测量、表征和解构的系统论述，也缺乏对情绪可计算问题的探讨。情绪体验作为一种内在的、主观的感受，如何能够被准确、有效地认知，是情感计算研究所要解决的一个根本问题。

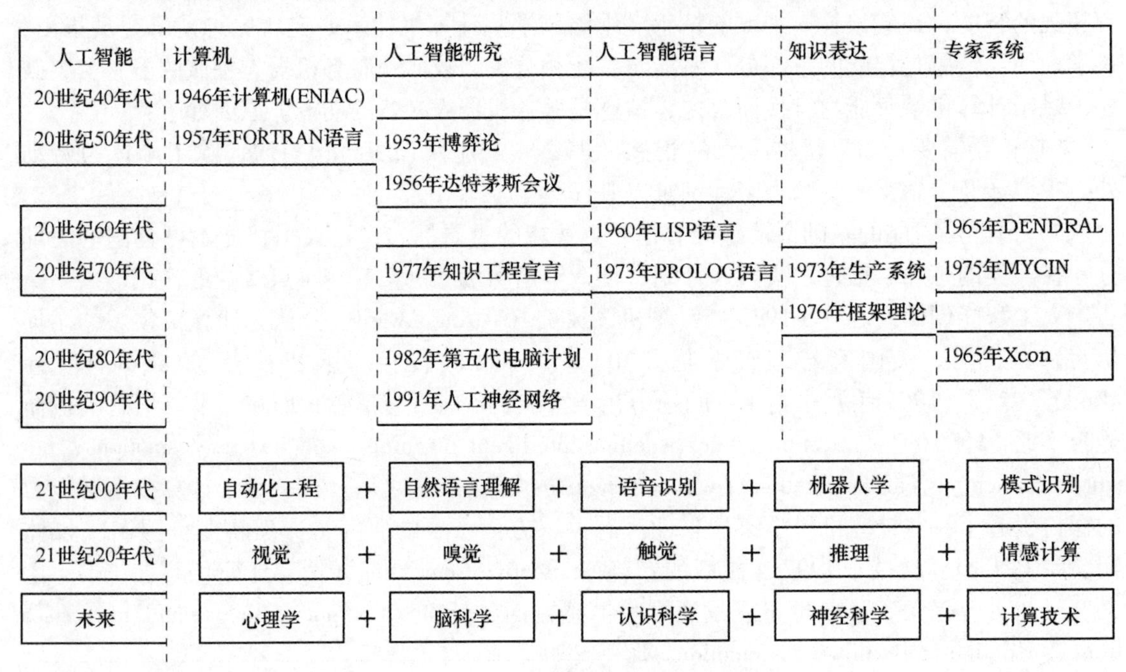

图 10-1　人工智能的发展历程

2009年度国家自然科学基金重大研究计划“视听觉信息的认知计算”项目指南指出，与人类视听觉感知密切相关的图像、语音和文本（语言）信息在社会、经济和国家安全等领域中扮演着重要角色，并在今后一段时间内仍将迅猛增长。这类信息可被人类直接感知和理解，也可用计算机进行处理，但计算机的处理能力远逊于人类且处理效率远不能满足当今社会的发展需求。如何借鉴人类的认知机理和相关数学的最新研究成果，建立新的认知情感计算模型和方法，从而大幅度提高计算机对这类信息的理解能力与交互处理质量，不仅可有力推动信息科学的快速发展，也将为国民经济和社会发展做出重大贡献。

10.1.1　认知心理学

认知（Cognitive）是心理学中的一个普通的术语，过去心理学词典或心理学书籍中把它理解为认识过程，即和情感、动机、意志等相对的理智活动或认识过程。认知心理学正是对心理事件的内在过程的研究。因此，可以说，认知心理学是一门研究对于信息的知觉、理解、思考并产生答案的科学。它的研究对象包括：如何关注并获取信息；信息如何在大脑中被存储和加工；如何对信息进行思考并予以解答。现代认知心理学主要吸纳了人类智力与人工智能、认知神经科学、注意等 12 个主要研究领域，如图 10-2 所示。

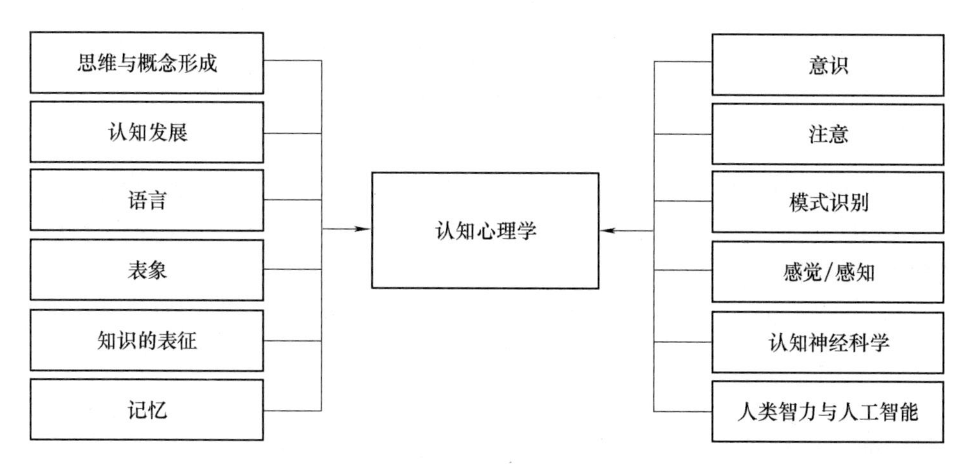

图 10-2　认知心理学涉及的主要研究领域

从 20 世纪 50 年代开始，心理学研究重点逐步向认知心理学转移，新的学术期刊及学术组织也开始建立，此外，计算机与人脑的对比研究也引发了诸多研究者的兴趣，其对比结果见表 10-1。伴随着认知心理学的崛起，1956 年，George Miller 的论文《神奇的数字 7 + 2：我们的信息加工能力的某些极限》将这场认知革命推向高潮，在它的研究中充分考虑到以下三个方面：①通信理论：基于通信理论的信号检测、注意、控制论与信息论的实验，对认知心理学有重要意义；②记忆模型：在语义组织基础上，逐步建立记忆系统模型及其他认知过程的可验证模型；③计算机科学：作为计算机科学的一个重要分支，人工智能极大地扩展了关于问题解决、记忆加工与存储、模式加工与学习等方面的研究能力。此后，是否可以用机器模拟人类思维过程的争论愈演愈烈。直至 1980 年，加州大学贝克莱分校的哲学家 John Searle 应用两分法提出了弱人工智能（探究人类认知的工具）与强人工智能（通过计算机使机器具备有理解力的心智）两种研究形式，从而化解了心理学研究领域的冲突，同时也将认知理论推广到人工智能与计算科学领域。

表 10-1　计算机与人脑对比

	硅基计算机	碳基大脑
加工数据	十亿分之几秒	毫秒级到秒级
处理类型	系列并行处理器	平行处理器
存储能力	存储量巨大，存储形式为数字化编码信息	存储量巨大，存储形式为视觉和语言信息
物质构成	硅与电子供给系统	神经元与有机供养系统
工作状况	绝对服从	有自己的思想
学习能力	规则控制	概念化控制

（续）

	硅基计算机	碳基大脑
优势特征	经济高效、服从规则、易于维护、可预知	对于可变事物的判断、推理和归纳能力强；具备语言、视觉和情感能力
劣势特征	缺乏自我学习能力；解决复杂的认知任务较困难；体积大，需要能量来抑制其机动性	信息加工与存储量有限；容易遗忘；维护成本高，生理及心理需要较多

10.1.2 情绪的有限状态集与维度空间

机器人已经越来越多地应用到情绪智能中，不仅可以产生多元化的拟人状态，甚至可以实现交互过程中的移情，因此，在机器人的情绪建模过程中，情绪的量化分析与状态调节已成为实现机器人情绪智能尤为重要的组成部分。目前，通过对诸多具有研究与实用价值的情绪建模方法的分析，大致可将其分为以下两类。

1. 情绪的有限状态集

Izzard 将情绪状态分为两类：基本情绪状态和复合情绪状态。基本情绪状态一般包括从 2～11 种数量不等的离散情绪状态。Lazarus 指出认知调节与期望价值理论（动机心理学中最有影响价值的理论之一）在情绪与行为相关社科领域的发展将进一步促进有限情绪状态分类方法的研究。基于面部表情研究，Ekman 提出了 6 种基本的情绪状态，包括快乐、恐惧、悲伤、愤怒、惊讶和厌恶，该分类方法得到诸多表情与情绪研究领域学者的认可。Cañamero 将情绪划分为愤怒、厌倦、恐惧、快乐、有趣和悲伤，并将其应用到社交机器人的情绪建模研究中。Gadanho 将 4 种基本情绪状态（快乐、恐惧、悲伤和愤怒）与特定事件相联系来开展情绪建模研究。Velásquez 提出了一种基于有限情绪状态的自主机器人控制方法，此方法将 6 种基本情绪状态（愤怒、恐惧、懊悔、快乐、厌恶和惊讶）应用于机器人的先天个性形成与后天学习能力培养的研究中。Murphy 将任务链中获取的 4 种基本情绪状态（快乐、自信、关心和挫败）应用到多 Agent 系统建模中。复合情绪状态由多种情绪混合而成，可按其复合性质分为 2～4 种基本情绪状态的混合，基本情绪状态与生理内驱力的混合，基本情绪状态与认知情感结构的混合 3 类，经过以上混合方法所产生的复合情绪状态可达到数百种之多，大大丰富了有限状态集中情绪的种类，典型的复合情绪状态见表 10-2。

表 10-2 典型的复合情绪状态

基本情绪状态型	基本情绪-生理内驱力型	基本情绪-认知结构型
有趣-高兴	有趣-性驱动	痛苦-自卑
痛苦-愤怒	恐惧-疼痛	痛苦-怀疑
恐惧-羞怯	厌恶-疲倦	羞怯-安稳
轻蔑-厌恶-愤怒	有趣-高兴-性驱动	恐惧-内疚-怀疑
恐惧-内疚-痛苦-愤怒	恐惧-愤怒-疼痛	有趣-愤怒-精力充沛

2. 情绪的维度空间

由于情绪具有多维度结构，且不同维度代表了情绪的不同特性，因此，情绪的维度论认为几个维度组成的空间包括了人类所有的情绪，按照情绪所固有的某些特性，如动力性、激动性、强度和紧张度等，也正因如此，情绪可以通过其维度表示形式化描述和度量。情绪的表示可以看成是具有信息度量的多维空间的点在情感空间中的映射，情感计算的基础就是找到这个映射维度论，将不同情绪间的变化看成是逐渐、平稳的状态转移过程，不同情绪之间的相似性与差异性是根据彼此在维度空间中的距离体现出来的。迄今为止，情绪的维度划分方法仍没有统一的定论，表 10-3 所示为几种经典的维度理论定义。

表 10-3　几种经典的维度理论定义

提出者	维度数	定　义
维克托 S.约翰斯顿	一维	情绪的快乐维度可以视为一条标尺，其一端为正极，表示极度快乐；另一端为负极，表示极度不快乐。所有的情绪，如厌恶、疼痛、骄傲、快乐和悲伤，除了它们的独特性质，它们都沿着这条共同的快乐维度移位
Braduburn	二维	正负两极（正性情绪-负性情绪），强弱两端（强烈的情绪-弱的情绪）
冯特（W. Wundt）	三维	情绪由愉快-不愉快、兴奋-沉静、紧张-松弛这三个维度构成。每一种情绪在发生时，都处于这三个维量的两极之间
施洛伯克（H Schosberg）	三维	按照 R. S. Woodworth 早期关于依据面部表情对情绪实行分类的研究，提出了一个三维量表。根据此量表将情绪准确地予以定位
普拉奇克（R. Plutchik）	三维	认为情绪间的相似程度各有不同，任何情绪都有与其在性质上相对立的另一种情绪，任何情绪都有不同的强度。因此，使用一个倒立的锥体来描述情绪状态空间，切面上的每块代表一种情绪
布鲁门瑟尔	三维	情绪是注意、唤起和愉快三个维度结合而成的
沃森（Watson）	三维	根据对儿童的一系列观察，Watson 假定有三种类型的基本情绪反应——恐惧、愤怒和爱，并将这三种情绪标记为 X、Y、Z 三个维度
米伦森（Millenson）	三维	在 Watson 提出的三种维度的基础上，将有些情绪视为基本需要（焦虑、欢欣和愤怒），其他情绪则是这些基本情绪的合成
泰勒（J. G. Taylor）	三维	采用评价（快乐度）、唤醒和行为（趋避度）这三个维度值对陌生面孔进行表情认知度量
克雷奇（Krech）	四维	根据情绪的四个维度模式：轻度、紧张水平、复杂度、快感度，对情绪进行描述
伊扎德（Izard）	四维	伊扎德最初提出的八种维量是从众多的对情绪情境中作自我评估得出的，后经筛选，确定了四个维度：愉快维，评估主观体验最突出的享乐；紧张维，表示情绪的神经生理激活水平；冲动维，涉及对情绪情境出现的突然性以及个体缺乏预料和缺少准备的程度；确信维，表达个体胜任、承受感情的程度
弗利达（Frijda）	六维	情绪是愉快/不愉快、兴奋、兴趣、社会评价、惊奇和容易/复杂的混合体

其中，由 Activation-Evaluation 两个维度组成的二维空间模型，其维度结构为评估度（E-valuation）或者快乐度（Pleasure），其理论基础是正负情绪的分离激活，并已经过许多实验研究证明；唤醒度（Arousal）或者激活度（Activation），指与情感状态相联系的机体能量激活的程度。冯特（W. Wundt）提出的三维模型，其维度结构为愉快-不愉快、兴奋-平静、紧张-松弛。四维模型由伊扎德（Izard）提出，其维度结构为愉快维、紧张维、冲动维、确信维。愉快维表示主观体验的享乐色调；紧张维表示情绪的生理激活水平，包括对释放或抑制等行为倾向的激活水平；冲动维表示主体对情境出现的突然性的反应倾向，即主体对情境缺乏预料和准备的程度；确信维表示主体对情绪的承受程度。Mehrabian 等人提出了 PAD（Pleasure-Arousal-Dominance）三维情感模型，PAD 情绪模型用愉悦度、激活度和优势度这 3 个近乎相互独立的维度来描述和测量情绪状态。其中，愉悦度表示个体情绪状态的正负情感特性，也就是情绪的效价。激活度表示个体的神经生理激活水平和心理警觉状态。优势度表示个体对环境和他人的控制状态，即处于优势状态还是处于顺从状态。在此基础上，Hollinger 等人改进了 PAD 三维情绪空间并将其应用于社交机器人的情绪决策系统中。Miwa 将建立的 APC（Arousal-Pleasant-Certain）三维心理向量空间应用于机器学习、动态情绪调节及机器的个性化研究领域。此外，Breazeal 在对表情机器人 Kismet 的研究过程中提出了 AVS（Arousal-Valence-Stance）情绪空间模型。

10.1.3 认知情感计算

由于人类之间的沟通与交流是自然而富有情感的，因此，在人机交互的过程中，人们也很自然地期望计算机具有认知情感能力。认知情感计算（Cognitive Affective Computing）就是要赋予计算机类似于人一样的观察、理解和生成各种情绪状态的能力，最终使计算机像人一样能进行自然、亲切和生动地交互。

早期，大多数认知系统模型都是基于启发式解题程序，而忽略了与情感的互动，例如纽厄尔和西蒙提出的 LT（Logic Theorist）模型和 GPS（General Problem Solver）模型，只能通过证明逻辑问题，实现简单的认知功能，仅可以严格按照串行方式工作来完成单一任务，较多地依赖于手段-目的的分析方法，与人类的认知方式存在较大的差别，此时的认知情感的算法分析还是一个难以实现的梦想。Kshirsagar 等人提出的一种用于对话虚拟人的心境、个性、情感仿真的模型，采用贝叶斯置信网络和贝叶斯推理规则，实现了由文本输入到虚拟人情感动作的映射。表情机器人 Kismet 的情感系统被外部刺激，然后对一个给定的刺激使用三种情感特征（唤醒、效价、姿态）进行标记，进而映射到情感空间来激活某种情绪，其情感状态空间如图 10-3 所示，该模型被认为是交互机器人情感计算的经典模型算法。其目的是为了实现特定的具体任务，侧重于对自然情感产生的情绪性行为、表现或决策的模拟，而不关注自然情感的发生机理。Miwa 开发的 WE-4R 三维情感系统构架，如图 10-4a、b 所示，以人为范本，将情感系统划分为三层构架：反射、情感、智能，再将情感依工作时间的长短划分为学习系统、心情、动能反应三个部分，反射和智能在情感作用下，相互影响做出反应，并以此发展出情感系统的运行过程。机器人的情感在外在环境与机器人内在环境的共同作用下，经过由感觉个性和表情个性组成的机器人个性分析判断与智能和反射运动的影响，最终决定出机器人行为的反应。其情感计算方程式是用愉快、肯定、激动三种感觉和相对的负向情感建构出的三维心理向量空间，如图 10-4c、d 所示，将得到的刺激数据向量化，

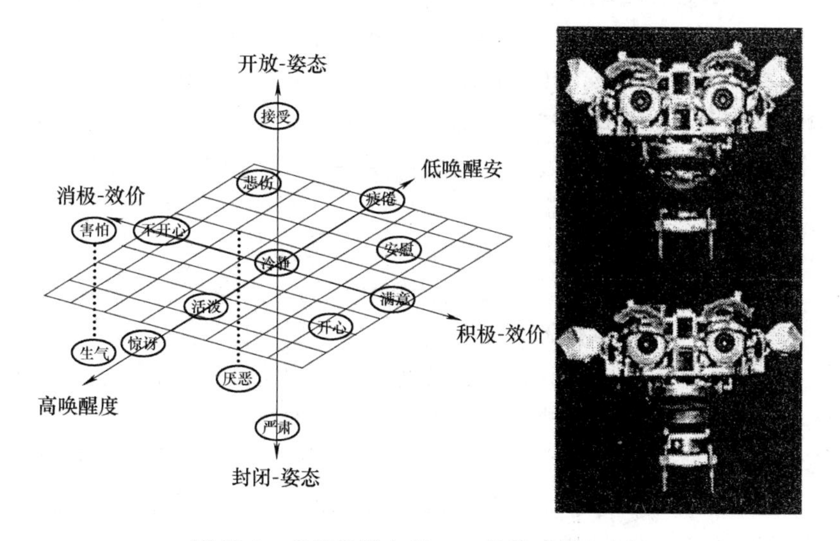

图 10-3　表情机器人 Kismet 的情感状态空间

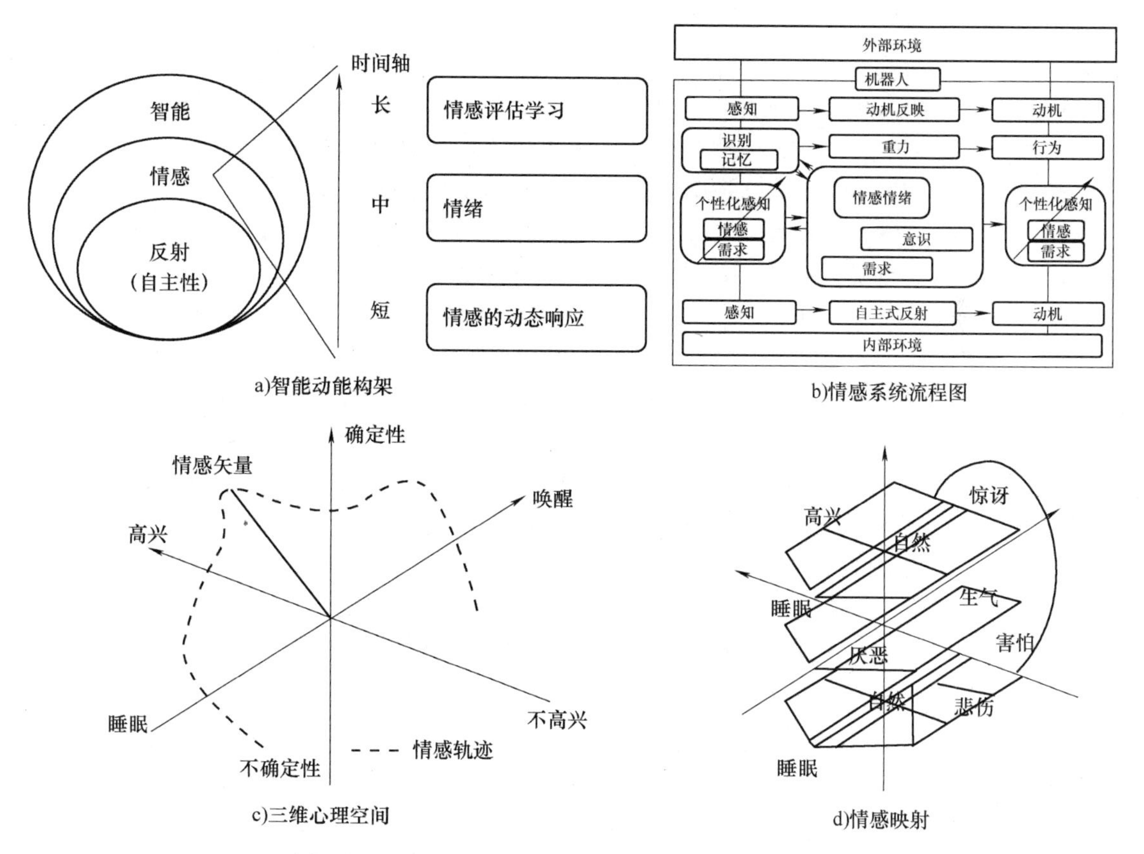

图 10-4　WE-4R 三维情感系统构架及其心理向量空间

对照向量空间规划出的 7 个情感空间，判断出情感驱动下的表情反应。该模型将情绪分为学习系统、心境和动态影响，引入个性的概念，它包含了感知个性和表达个性这两个方面，但没有充分体现出认知过程在情感计算中起到的指导作用。中国科学院计算技术研究所的史忠植研究员提出的人类思维层次模型，力图模拟情绪的自然发展过程，从感知思维、形象思维、抽象思维三个方面构成人类的思维情感体系，探讨了情绪行为产生的内部潜在机理，体现出从初级感官思维逐步进化到高级抽象概念的人类认知情感思维过程。Sloman 提出的 H-CogAff 模型，涵盖了正常成人信息处理过程的主要特征，推测成人大脑中反应层、传输层、自我监控层的信息。其贡献在于依据情感处理动机，引发出专门的情绪反应，但这一体系的不同层次概括了不同的情感类型，层次之间的交互和竞争导致了更为复杂的情绪。Botelho 提出的 Salt & Pepper 模型有三个主要层次：认知和行为发生器、情感发生器以及中断管理器。在情感信息处理过程中情感引擎首先通过情感发生器对智能体的全局状态进行估价，把情感信息分类为情感标记、对象的评价、紧急性评价，然后将每个情感信息以节点的形式存储在长期记忆单元，各节点间可以进行交互。情感的强度与该节点的活动水平相关，这些情感反应使智能体全局状态发生改变。Elliot 等通过不同的认知导出条件，推理得出情感推理机，该系统使用显式的评估框架，根据特定的评估变量，对事件进行特征化描述，并归纳出一组影响情绪强度的变量。但某些变量间的差别过于细微，而且变量之间还存在相互依赖，因而对于算法的精确性影响较大。

说到情感模型，不得不提到 1988 年 Andrew Ortony、Gerald L. Clore 和 Allan Collins 在《The Cognitive Structure of Emotions》一书中提出的 OCC 认知情感模型。它是早期对于人类情绪研究提出的情感推理模型之一，也是第一个以计算机实现为目的而发展起来的情感模型，当前使用较为普遍。OCC 模型分析环境中所发生的事件及与其他实体交互行为中可能引发的情感，并在此基础上，以规则的形式总结并归纳出它们之间的对应关系。OCC 模型将情感产生的起因分为三大类：事件的结果、智能体的动作和对于对象的观感。客观世界中的事件根据主体的目标被评价为满意（Pleased）或不满意（Displeased）；主体自身或其他主体的行为根据一组标准的集合被评价为赞成的（Approved）或不赞成的（Disapproved）；对象则根据主体的态度被评价为喜欢的（Liked）或不喜欢的（Disliked）；由这些评价中的变量产生了一个包含 22 种类型情感的层次结构。OCC 模型为我们提供了一个情感的分类方案，并给出了在这些情感类型之下的潜在推理过程。它提供了一个基于规则的情感导出机制，可以有效地通过计算机进行模拟。它没有利用心理学中普遍采用的基本情感集合或一个明确的多维空间来描述情感，而是使用一致的认知结构来表达情感。OCC 模型可以代表一类情感模型，即基于情感的认知理论和基于规则的建模。显然，OCC 模型对于情感的激活和产生更多考虑的是认知因素，而没有涉及情感激活的其他过程。

对情感进行度量的思想吸引着心理学、认知科学和信息科学等很多学科的研究者。不同学科的研究者试图从不同角度模拟情绪的产生和变化，情绪的复杂性以及人类对本身情感变化规律研究得尚不完善，使得这项工作显得格外艰巨，因此，出现了众多情绪理论林立并存的局面。随着研究人员对情绪的不断深入探索，这项研究发展空前，目前在情感计算领域已有很多情绪模型出现，当然不能用过多挑剔的眼光来询问这些模型是否完美地实现了对人或动物情绪的定量描述和分析，至少有些模型从功能角度实现了有限的模仿，下面综述介绍了当前比较有影响力的情感模型和近年来情感建模的趋势，如图 10-5 所示。

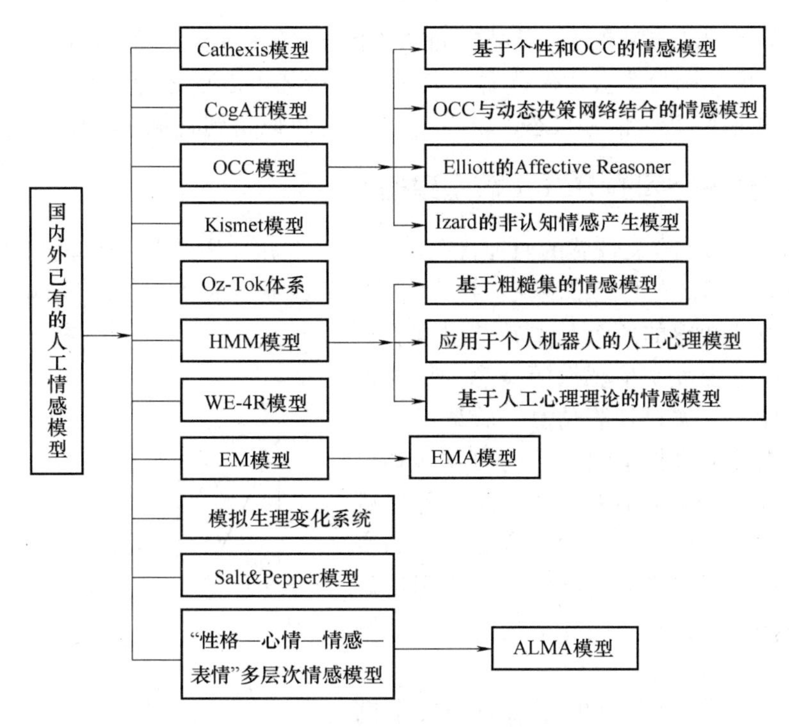

图 10-5　国内外主要的情感模型统计

10.2　经典的情感计算模型

10.2.1　基于欧式空间的人工情感模型

建立如图 10-6 所示的情感空间，在情绪心理学的基础上，讨论情感状态空间的构建方法，建立以基本情绪为基向量的欧氏空间、基于情绪多维量结构的维度空间和基于情感能量学说的概率空间。在此基础上研究机器情绪的组成和情绪状态变化的数学描述，提出基于欧氏空间的情感建模方法，探讨模型参数与个性心理之间的关系。

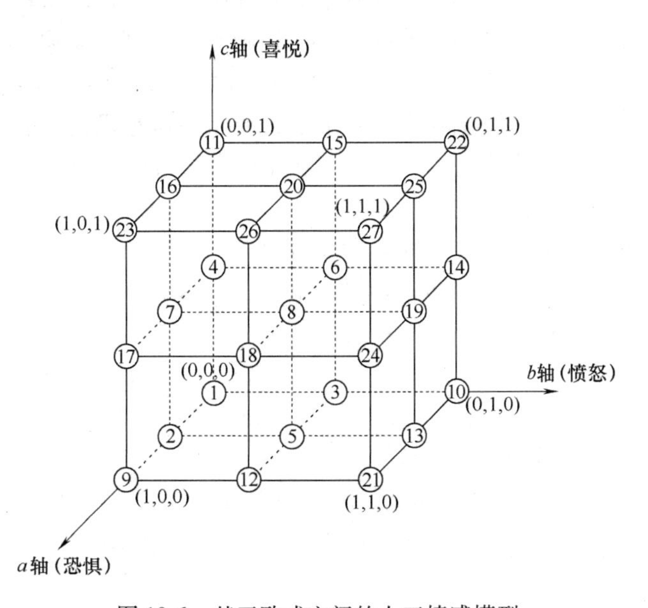

图 10-6　基于欧式空间的人工情感模型

图 10-6 建立的情感空间具有三种情感：喜悦、恐惧和愤怒。为进一步简化问题，规定情感状态的每一个维，仅取 0，0.5，1 三个数值。例如，就恐惧而言则具有不恐惧（0），有些恐惧（0.5）和恐惧（1）三个状态。于是在这样的三维情感空间里就具有 27 个情感状态。

因此，情感活动就成为在这个情感空间中各状态之间的转移过程，即马尔可夫过程。如果更为一般的考虑，认为情感具有 m 种，其中每种情感可以划分为 n 个级别，于是这样构成的情感空间就具有 n^m 个情感状态，令 $l=n^m$，于是可以得到 l 维的马尔可夫概率矩阵。

10. 2. 2　基于概率空间的 HMM 情感建模

这种建模方法首先定义情感的两种状态（“心境”和“激情”）及其相对应的两个基本转移过程，提出情感状态的概率空间，并分别提出了基于马尔可夫链和 HMM 的情感转移变化模型，用来模拟情感的两个基本转移过程。通过情感能量、情感强度和情感熵等概念，描述情感特征与情感状态。通过计算仿真，验证所提出模型可以较为正确地模拟情绪状态的自发转移以及刺激转移过程，完整地描述情绪强度在外界刺激、当前心情状态和性格三方面综合影响下的变化规律，为情感计算和机器情绪自动生成理论研究提供了一种崭新的方法。建立的情感空间如图 10-7 所示。

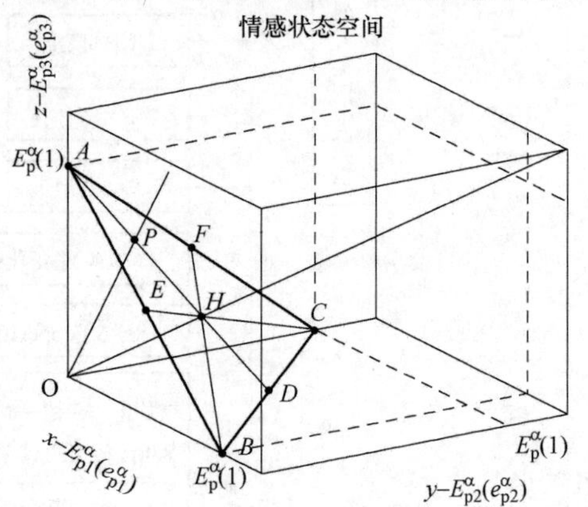

图 10-7　基于概率空间的 HMM 情感模型

图 10-7 建立的情感空间坐标轴分别表示高兴、愤怒、恐惧三种情绪状态，用 x、y、z 分别表示。三维的绝对或相对情感能量分布方程可写成

$$\begin{cases} x+y+z=\alpha(1-\lambda+\gamma\lambda)E \\ x+y+z=1(0\leqslant x、y、z\leqslant 1) \end{cases} \tag{10-1}$$

情绪状态自发转移过程的马尔可夫链模型和情绪状态刺激转移过程的 HMM 模型都建立在情感状态概率空间的基础上。其中，前者是用来模拟人们受到刺激一段时间后恢复平静的过程，后者是用来模拟人们受到刺激时情绪的变化。

1. 情绪状态自发转移过程的马尔可夫链模型与算法

人类的情感是十分复杂的，要想使情感机器具有像人类一样丰富的情感及表现目前还十分困难。为简化问题，建立便于机器实现的情感度量与计算模型，制造具有基本人类情感或能近似模拟人类的基本情感，并和产生和谐、生动、有趣的人机交互效果的情感机器，我们需要做出一些基本的假设和限定。

如果用 N 表示基本情绪总数，$i=1，2，\cdots，N$ 表示基本情绪序号，情绪状态可用下面的状态集合表示：

$$\boldsymbol{S}=\{S_1,S_2,\cdots,S_N\}=\{1,2,\cdots,N\},S_i=i(i=1,2,\cdots,N) \tag{10-2}$$

假设 1　情感机器只具有人类的几种基本情绪状态。一般设定 $N=4$，1 = 高兴、2 = 愤怒、3 = 恐惧、4 = 悲伤。

假设 2　即在外界刺激的作用下，情感机器的任意两种情绪状态之间可以互相转移。

假设 3　某种刺激确定性地引发某一种情绪，即刺激 V_i 只引发情绪 i。刺激用 V_i 表示，刺激集合为

$$\boldsymbol{V}=\{V_1,V_2,\cdots,V_M\}=\{1,2,\cdots,M\},\boldsymbol{V}_m=m(m=1,2,\cdots,M) \tag{10-3}$$

假设 4　各种基本情绪状态是互相排斥的。即刺激 $m=i$ 应使情绪状态 i 的强度增加，而其他情绪状态 j（$j=i$，$j=1$，2，…，N）的强度减少。

假设 5　情感状态的变化包括两个过程：心情状态自发转移和情绪状态刺激转移。

假设 6　心情状态自发转移的趋势是：总是向着平静心情状态转移。

情绪状态自发转移过程的数学模型：

在情感状态概率空间的基础上，情绪状态自发转移过程的基本方程为

$$\boldsymbol{P}^t=\boldsymbol{P}^0\ \overline{\boldsymbol{A}}^t \tag{10-4}$$

式中　$\boldsymbol{P}^0=[p_1^0,\ p_2^0,\ \cdots,\ p_N^0]$——初始时刻情绪状态概率分布向量；

$\boldsymbol{P}^t=[p_1^t,\ p_2^t,\ \cdots,\ p_N^t]$——$t$ 时刻情绪状态概率分布向量；

$\overline{\boldsymbol{A}}^t$——$t$ 阶情绪状态自发转移矩阵。

$\overline{\boldsymbol{A}}$ 的极限概率分布为 $\overline{\boldsymbol{\pi}}^*=[\overline{\pi}_1^*,\ \overline{\pi}_2^*,\ \cdots,\ \overline{\pi}_N^*]$。由式 $\lim\limits_{t\to\infty}\boldsymbol{P}^t=\overline{\boldsymbol{\pi}}^*$ 可知，$\overline{\boldsymbol{\pi}}^*$ 表示情绪状态自发转移过程最终处于稳定时的心情状态概率分布。

在式（10-4）中，$\boldsymbol{P}^0$ 和 $\overline{\boldsymbol{\pi}}^*$ 是事先给定的，只要确定了 $\overline{\boldsymbol{A}}$，就可计算任意给定时刻 t 的情绪状态概率分布向量 $\boldsymbol{P}^t$，当 $t\to\infty$ 时，有 $\boldsymbol{P}^t\to\overline{\boldsymbol{\pi}}^*$。

状态转移矩阵的确定：

令 $a_{ij}=\begin{cases}x_i, & i=j\\ y_i, & i\neq j\end{cases}\qquad k_i=\dfrac{x_i}{y_i}$

$$\boldsymbol{A}=\{a(i,j)\}_{N\times N}=\begin{bmatrix}x_1 & y_1 & \cdots & y_1\\ y_2 & x_2 & \cdots & y_2\\ \vdots & \vdots & \cdots & \vdots\\ y_N & y_N & \cdots & x_N\end{bmatrix} \tag{10-5}$$

$$\begin{cases}x_i+(N-1)\ y_i=1\\ x_i=k_iy_i,\ k_i\geqslant 0\end{cases} \tag{10-6}$$

解上面二元一次方程并代入式（10-5）可得

$$\boldsymbol{A}=\{a(i,j)\}_{N\times N}=\begin{bmatrix}\dfrac{k_1}{N-1+k_1} & \dfrac{1}{N-1+k_1} & \cdots & \dfrac{1}{N-1+k_1}\\ \dfrac{1}{N-1+k_2} & \dfrac{k_2}{N-1+k_2} & \cdots & \dfrac{1}{N-1+k_2}\\ \vdots & \vdots & \cdots & \vdots\\ \dfrac{1}{N-1+k_N} & \dfrac{1}{N-1+k_N} & \cdots & \dfrac{k_N}{N-1+k_N}\end{bmatrix} \tag{10-7}$$

下面确定 k_i，其中 $i=1$，2，…，N。

由 $\boldsymbol{\pi}^*\boldsymbol{A}=\boldsymbol{\pi}^*$，$\pi_1^*+\pi_2^*+\cdots+\pi_N^*=1$ 得

$$\begin{cases}\pi_1^*\frac{k_1}{N-1+k_1}+\pi_2^*\frac{1}{N-1+k_2}+\cdots+\pi_{(N-1)}^*\frac{1}{N-1+k_{(N-1)}}+\pi_N^*\frac{1}{N-1+k_N}=\pi_1^*\ (1)\\ \pi_1^*\frac{1}{N-1+k_1}+\pi_2^*\frac{k_2}{N-1+k_2}+\cdots+\pi_{(N-1)}^*\frac{1}{N-1+k_{(N-1)}}+\pi_N^*\frac{1}{N-1+k_N}=\pi_2^*\ (2)\\ \qquad\qquad\qquad\mathrm{M}\\ \pi_1^*\frac{1}{N-1+k_1}+\pi_2^*\frac{1}{N-1+k_2}+\cdots+\pi_{(N-1)}^*\frac{k_{(N-1)}}{N-1+k_{(N-1)}}+\pi_N^*\frac{1}{N-1+k_N}=\pi_{(N-1)}^*\ (N-1)\\ \pi_1^*\frac{1}{N-1+k_1}+\pi_2^*\frac{1}{N-1+k_2}+\cdots+\pi_{(N-1)}^*\frac{1}{N-1+k_{(N-1)}}+\pi_N^*\frac{k_N}{N-1+k_N}=\pi_N^*\ (N)\\ \pi_1^*+\pi_2^*+\cdots+\pi_N^*=1\qquad (N+1)\end{cases}\tag{10-8}$$

解得

$$\begin{cases}\pi_2^*=\pi_1^*\frac{N-1+k_2}{N-1+k_1}\\ \pi_3^*=\pi_1^*\frac{N-1+k_3}{N-1+k_1}\\ \vdots\\ \pi_N^*=\pi_1^*\frac{N-1+k_N}{N-1+k_1}\end{cases}\tag{10-9}$$

将式（10-9）代入式（10-8）的（$N+1$）式得

$$\pi_1^*\left[1+\frac{(N-1)(N-1)+k_2+k_3+\cdots+k_N}{N-1+k_1}\right]=1$$

$$\pi_1^*=\frac{N-1+k_1}{(N-1)N+k_1+k_2+k_3+\cdots+k_N}=\frac{N-1+k_1}{(N-1)N+\sum_{i=1}^{N}k_i}$$

所以

$$\begin{cases}\pi_1^*=\frac{N-1+k_1}{(N-1)N+k_1+k_2+k_3+\cdots+k_N}=\frac{N-1+k_1}{(N-1)N+\sum_{i=1}^{N}k_i}\\ \pi_2^*=\frac{N-1+k_2}{(N-1)N+k_1+k_2+k_3+\cdots+k_N}=\frac{N-1+k_2}{(N-1)N+\sum_{i=1}^{N}k_i},(N\geqslant 3)\\ \vdots\\ \pi_N^*=\frac{N-1+k_N}{(N-1)N+k_1+k_2+k_3+\cdots+k_N}=\frac{N-1+k_N}{(N-1)N+\sum_{i=1}^{N}k_i}\end{cases}\tag{10-10}$$

由式（10-10）得

$$(N-1)N+\sum_{i=1}^{N}k_i=\frac{N-1+k_1}{\pi_1}=\frac{N-1+k_2}{\pi_2}=\cdots=\frac{N-1+k_N}{\pi_N}=\theta\tag{10-11}$$

解得
$$\begin{cases} k_1 = \theta\pi_1^* - (N-1) \\ k_2 = \theta\pi_2^* - (N-1) \\ \quad\vdots \\ k_N = \theta\pi_N^* - (N-1) \end{cases}$$

所以有

$$\boldsymbol{A} = \begin{bmatrix} \dfrac{\theta\pi_1 - (N-1)}{\theta\pi_1^*} & \dfrac{1}{\theta\pi_1^*} & \cdots & \dfrac{1}{\theta\pi_1^*} \\ \dfrac{1}{\theta\pi_2^*} & \dfrac{\theta\pi_2 - (N-1)}{\theta\pi_2^*} & \cdots & \dfrac{1}{\theta\pi_2^*} \\ \vdots & \vdots & \cdots & \vdots \\ \dfrac{1}{\theta\pi_N^*} & \dfrac{1}{\theta\pi_N^*} & \cdots & \dfrac{\theta\pi_N - (N-1)}{\theta\pi_N^*} \end{bmatrix} \tag{10-12}$$

当 $N=4$ 时，代入式（10-12）得

$$\boldsymbol{A} = \begin{bmatrix} \dfrac{L_1-3}{L_1} & \dfrac{1}{L_1} & \dfrac{1}{L_1} & \dfrac{1}{L_1} \\ \dfrac{1}{L_2} & \dfrac{L_2-3}{L_2} & \dfrac{1}{L_2} & \dfrac{1}{L_2} \\ \dfrac{1}{L_3} & \dfrac{1}{L_3} & \dfrac{L_3-3}{L_3} & \dfrac{1}{L_3} \\ \dfrac{1}{L_4} & \dfrac{1}{L_4} & \dfrac{1}{L_4} & \dfrac{L_4-3}{L_4} \end{bmatrix} = \begin{bmatrix} \dfrac{\theta\pi_1^*-3}{\theta\pi_1^*} & \dfrac{1}{\theta\pi_1^*} & \dfrac{1}{\theta\pi_1^*} & \dfrac{1}{\theta\pi_1^*} \\ \dfrac{1}{\theta\pi_2^*} & \dfrac{\theta\pi_2^*-3}{\theta\pi_2^*} & \dfrac{1}{\theta\pi_2^*} & \dfrac{1}{\theta\pi_2^*} \\ \dfrac{1}{\theta\pi_3^*} & \dfrac{1}{\theta\pi_3^*} & \dfrac{\theta\pi_3^*-3}{\theta\pi_3^*} & \dfrac{1}{\theta\pi_3^*} \\ \dfrac{1}{\theta\pi_4^*} & \dfrac{1}{\theta\pi_4^*} & \dfrac{1}{\theta\pi_4^*} & \dfrac{\theta\pi_4^*-3}{\theta\pi_4^*} \end{bmatrix} \tag{10-13}$$

实际生活中，真实人的情绪在刺激事件影响后，需要一个自发回落至平静的过程，因此情绪状态自发转移过程主要是为了模仿虚拟人在多个情绪刺激间隔时间内，情绪自动恢复平静的过程。

2. 情绪状态刺激转移过程的 HMM 模型与算法

根据心理学理论，在有外界情感信息刺激的情况下，情感状态主要体现在情绪的变化上，而情绪的变化又受到多方面的影响，概括地说，主要由外界情感信息的刺激（类型、强度）、当前心情状态以及情感性格三个因素共同作用，可表示为 $\lambda = (N, \boldsymbol{M}, \pi, \hat{\boldsymbol{A}}, \boldsymbol{B})$。其中，$N$ 表示基本情绪总数，M 表示刺激类型，π 是 HMM 模型中的初始概率分布，$\hat{\boldsymbol{A}}$ 为情绪状态刺激转移矩阵，$\boldsymbol{B}$ 表示刺激矩阵。

在情绪状态的刺激转移过程中，情感状态主要表现为情绪状态，情绪状态概率分布 $\boldsymbol{P} = [p_1, p_2, \cdots, p_N]$ 可用下面两个概率分布来描述。

初始心情状态概率分布：

初始心情状态概率分布，也就是 HMM 模型中的初始概率分布 π,：$\pi = [\pi_1, \pi_2, \cdots,$

π_N]，它等于心情状态自发转移中的$\boldsymbol{P}^t = [p_1^t, p_2^t, \cdots, p_N^t]$。

当前情绪状态概率分布：

当前情绪状态概率分布$\boldsymbol{P}^{(T)} = [p_1^{(T)}, p_2^{(T)}, \cdots, p_N^{(T)}]$，表示与外界刺激的类型与强度$T$相对应的情绪状态。可通过前向变量计算和后向变量计算，得到状态概率分布$p_i^{(T)}$。

$\hat{\boldsymbol{A}}$为情绪状态刺激转移矩阵，它的极限概率用$\hat{\boldsymbol{\pi}}^*$表示。具体可由式（10-14）来确定。

$$\hat{\boldsymbol{A}} = \begin{bmatrix} \frac{\hat{L}_1 - (N-1)}{\hat{L}_1} & \frac{1}{\hat{L}_1} & \cdots & \frac{1}{\hat{L}_1} \\ \frac{1}{\hat{L}_2} & \frac{\hat{L}_2 - (N-1)}{\hat{L}_1} & \cdots & \frac{1}{\hat{L}_2} \\ \vdots & \vdots & \cdots & \vdots \\ \frac{1}{\hat{L}_N} & \frac{1}{\hat{L}_1} & \cdots & \frac{\hat{L}_N - (N-1)}{\hat{L}_N} \end{bmatrix}$$

$$= \begin{bmatrix} \frac{\hat{\theta}\hat{\boldsymbol{\pi}}_1^* - (N-1)}{\hat{\theta}\hat{\boldsymbol{\pi}}_1^*} & \frac{1}{\hat{\theta}\hat{\boldsymbol{\pi}}_1^*} & \cdots & \frac{1}{\hat{\theta}\hat{\boldsymbol{\pi}}_1^*} \\ \frac{1}{\hat{\theta}\hat{\boldsymbol{\pi}}_2^*} & \frac{\hat{\theta}\hat{\boldsymbol{\pi}}_2^* - (N-1)}{\hat{\theta}\hat{\boldsymbol{\pi}}_2^*} & \cdots & \frac{1}{\hat{\theta}\hat{\boldsymbol{\pi}}_2^*} \\ \vdots & \vdots & \cdots & \vdots \\ \frac{1}{\hat{\theta}\hat{\boldsymbol{\pi}}_N^*} & \frac{1}{\hat{\theta}\hat{\boldsymbol{\pi}}_N^*} & \cdots & \frac{\hat{\theta}\hat{\boldsymbol{\pi}}_N^* - (N-1)}{\hat{\theta}\hat{\boldsymbol{\pi}}_N^*} \end{bmatrix} \tag{10-14}$$

外界刺激可以用HMM模型中的观察值、观察值矩阵、观察值序列来描述。观察值集合也就是刺激集合为

$$\boldsymbol{V} = \{V_1, V_2, \cdots, V_M\} = \{1, 2, \cdots, M\}, \quad \boldsymbol{V}_m = m(m = 1, 2, \cdots, M) \tag{10-15}$$

令观察值矩阵也就是刺激矩阵为

$$\{\boldsymbol{B}(m,i)\}_{M \times N} = \begin{bmatrix} b_1(1) & b_2(1) & \cdots & b_N(1) \\ b_1(2) & b_2(2) & \cdots & b_N(2) \\ \vdots & \vdots & \cdots & \vdots \\ b_1(M) & b_2(M) & \cdots & b_N(M) \end{bmatrix} \tag{10-16}$$

其中$\boldsymbol{B}(V_m) = [b_1(m) \quad b_2(m) \quad \cdots \quad b_N(m)]$，$(1 \leqslant m \leqslant M)$ 称为对应第m种情绪状态的刺激向量。刺激向量$\boldsymbol{B}(V_m)$的各个分量的值可确定刺激的类型。且应满足

$$\sum_{m=1}^{M} b_i(m) = 1, \quad (1 \leqslant i \leqslant N) \tag{10-17}$$

$$\sum_{i=1}^{N} b_i(m) = 1, \quad (1 \leqslant m \leqslant M) \tag{10-18}$$

外界刺激矩阵的具体确定根据式（10-19）：

令

$$b_i(j)=\begin{cases}a, & (i=j)\\ b, & (i\neq j)\end{cases}\quad 且\ a\geqslant b \tag{10-19}$$

则刺激矩阵可写为

$$\{B(m,i)\}_{M\times N}=\begin{bmatrix}a & b & \cdots & b\\ b & a & \cdots & b\\ \vdots & \vdots & \cdots & \vdots\\ b & b & \cdots & a\end{bmatrix} \tag{10-20}$$

令

$$r=\frac{a}{b},(r>1) \tag{10-21}$$

r 称为刺激影响因子。由式（10-18）得

$$a+(N-1)b=1 \tag{10-22}$$

由式（10-21）和式（10-22）联合解得

$$\begin{cases}a=\dfrac{r}{N-1+r}\\ b=\dfrac{1}{N-1+r}\end{cases},\quad r>1 \tag{10-23}$$

只要确定 r，就完全可确定刺激矩阵 $\{B(m,\ i)\}_{M\times N}$。

通过实用的情感信息获取手段，经过情感模型产生服务机器人自身的情感，再适当地表达出来，整个过程所涉及的软硬件模块，构成了服务机器人的情感系统。嵌入此情感系统，可以为实现具有情感的个性化和谐人机交互提供有效途径。

10.2.3 情感计算模型的优势与劣势

总体看来，虽然很多情感模型已经建立起来，但是能够应用在智能机器人计算机系统中的并不多，所以可以说情感建模的研究现在还处于初级阶段。根据建模的思想及其影响力，我们可以将情感模型划分为基于认知的情感模型、基于概率的情感模型和其他类型的情感模型。根据文献的资料来看，更多的研究者倾向于对基于认知的情感模型和基于概率的情感模型的研究。各情感模型的优缺点归纳如下。

1）基于认知的情感模型中应用最广泛的是 OCC 模型。OCC 模型是基于认知的情感模型，采用一致性的认知导出条件来表述情感，通过不同的认知条件进行归纳，大约规范出 22 种情感类型，其中包括用来产生这些情感类型的基本构造规则，所以 OCC 模型是第一个易于计算机实现的认知型情感产生模型。Elliott 情感推理机系统就可以看成是 OCC 模型的一个计算机实现。

但是它仅仅考虑了情感的认知因素产生机制，并没有考虑情感的非认知因素产生因素，实际中情感的产生不仅仅依赖于认知情况。所谓的非认知因素又可称为非智力因素，侧重于动机、兴趣、意志和性格等方面。因此我们可以看出，非认知因素虽然不直接参与认知过程，但是却直接制约认知过程。假如某个人的性格偏外向，属于活泼开朗型的人，那么可以刺激到性格内向的人的外部环境未必能够影响到这个外向的人。所以在情感建模中也需要考

虑到非认知因素的作用。针对这一不足很多研究者提出了改进的模型（如 Izard 等人加入了非认知因素），但是都没有广泛地应用到实际中去。

2）基于概率的模型中最典型的就是 HMM 模型。HMM 模型将情感视为表征生命体心智状态的一种信息，认为情感信息是情绪过程产生的观察序列，并假定这种情绪过程是一种马尔可夫过程。HMM 信号模型为描述情感信号处理过程提供了理论基础，从而可以获得期望的输出，对情感信号建模可以让我们更好地研究信号源——情绪过程，并且可以模拟信号源产生信号。

HMM 模型仅仅是从概率的角度来模拟情感的产生，而且 HMM 它本身的缺点和局限性也随之被带入到情感模型领域。例如，对于给定的状态，它要求各个观察值是相互独立的，但有时事实并非如此，它们之间会相互依赖，情感状态更多的时候是呈连续状态的。又如它假定在时刻 k 的状态只依赖于时刻 $k-1$，而在现实中不仅仅如此。当某种强度很大情绪产生时，它不仅会对下一时刻的情感产生造成影响，有可能会对下下一刻的情感产生也产生影响，直到随着时间的推移这种情感的强度值归于零。因此这种离散的情绪空间虽然可以清楚、明了地定义情绪状态，但是不符合人类复杂的内心情绪状态。也有人认为 HMM 情感模型的认知因素和非认知因素考虑的不够全面。很多后续的研究也针对这些缺点进行不断改进，如提出了加入心境和个性的 HMM 模型算法；含有情感熵、情绪熵概念的 HMM 情感模型；EHMM 算法的情感模型。但是对这种基于概率的情感模型来讲，有着先前限制条件的约束，因此也没有从根本上解决这个问题。

3）基于任务的情感模型。这类情感模型针对特定任务而建立，因此实用性强但通用性差。

4）其他的一些情感模型，虽然可以将很多情感产生的因素考虑进去，但是在描述人类复杂的情感时又比较模糊，导致其通用性并不强，复杂的情感推理机制在计算机上并不容易实现。

因此我们迫切地需要有一种基于多机制的情感模型，不仅能够从理论上可以尽可能地囊括情感产生的原因，而且能够从实际出发，考虑到其通用性和复杂性。

10.3 情感建模的新研究

基于上述介绍的情感计算模型，接下来，我们主要针对其普适性、个体情绪差异性以及实用性展开研究。

10.3.1 普适性

针对现有的隐马尔可夫情感模型仅能产生基本情绪的问题，提出了一种改进的模型，使其能够产生复合情绪。首先，放宽已有理论的假设条件，使得某种刺激可以引发多种基本情绪，并且两种基本情绪状态的强度可以同时增大，提高模型的普适性；其次在引入辅助矩阵和可变阈值后，实现了情感模型的复合情绪生成。并通过仿真试验，验证了该模型的有效性。

1. HMM 情感模型的推广

基于上述模型的假设 3，得到 $M=N$ 的结论，即基本情绪总数与刺激类型总数是相等的，$\hat{\boldsymbol{B}}$阵为一方阵，这样某种刺激就会确定性地只引发某一种基本情绪。由于情绪分为基本情绪和复合情绪，若基于隐马尔可夫的情绪状态刺激转移模型仅能产生特定的基本情绪，还不够完善。如何使其能够产生复合的情绪，是一个需要解决的问题。

首先，引入辅助矩阵 $\boldsymbol{F}_{N\times N}$，即

$$\boldsymbol{F}_{N\times N}=\begin{bmatrix}\hat{\vec{\boldsymbol{F}}}_{1\cdot}\\ \hat{\vec{\boldsymbol{F}}}_{2\cdot}\\ \vdots\\ \hat{\vec{\boldsymbol{F}}}_{N\cdot}\end{bmatrix}=\begin{bmatrix}f_1(1) & f_2(1) & \cdots & f_N(1)\\ f_1(2) & f_2(2) & \cdots & f_N(2)\\ \vdots & \vdots & \cdots & \vdots\\ f_1(N) & f_2(N) & \cdots & f_N(N)\end{bmatrix} \tag{10-24}$$

其中，行向量$\hat{\vec{\boldsymbol{F}}}_{j\cdot}$ $(1\leqslant j\leqslant N)$，对应第 j 种基本情绪类型的刺激。通过这个行向量的各个分量的值可确定刺激的类型。

$$\sum_{j=1}^{N} f_i(j)=1,\quad (1\leqslant i\leqslant N) \tag{10-25}$$

令$f_i(j)=\begin{cases}\zeta,\text{if} & i=j\\ \sigma,\text{if} & i\neq j\end{cases}$且 $\zeta\leqslant\sigma$，$\tau=\dfrac{\zeta}{\sigma}$，$(\tau>1)$，换元带入式（10-25），得到$\begin{cases}\zeta=\tau/(N-1+\tau)\\ \sigma=1/(N-1+\tau)\end{cases},\tau>1$，进而得到辅助矩阵 $\boldsymbol{F}$。

为了使基于隐马尔可夫的情绪状态刺激转移模型产生复合情绪，需要减少上述理论假设条件。这种条件或约束的放宽，增加了情感模型的普适性。

复合情绪是由基本情绪的不同组合派生出来的，一种复合情绪类型的刺激可以引发若干种基本情绪，显然上述假设 3 是不合理的；同样，由复合情绪引发的几种基本情绪强度值也是可以同时同方向变化的，因此，假设 4 也不够合理。因此，要删除这两个假设。

其次，在剩余的四个假设条件下，根据辅助矩阵来计算 HMM 情绪状态刺激转移模型中的刺激矩阵$\hat{\boldsymbol{B}}$。

$\hat{\boldsymbol{B}}$阵定义为

$$\hat{\boldsymbol{B}}_{M\times N}=\begin{bmatrix}\hat{\vec{\boldsymbol{B}}}_{1\cdot}\\ \hat{\vec{\boldsymbol{B}}}_{2\cdot}\\ \vdots\\ \hat{\vec{\boldsymbol{B}}}_{M\cdot}\end{bmatrix}=\begin{bmatrix}b_1(1) & b_2(1) & \cdots & b_N(1)\\ b_1(2) & b_2(2) & \cdots & b_N(2)\\ \vdots & \vdots & \cdots & \vdots\\ b_1(M) & b_2(M) & \cdots & b_N(M)\end{bmatrix} \tag{10-26}$$

1）当刺激类型为基本情绪类型时，此时 $M=N$，$\hat{\boldsymbol{B}}=\boldsymbol{F}$，这已在原有 HMM 情感模型中讨论；

2）当刺激类型为复合情绪类型时，例如复合情绪 i 是由基本情绪 i，j，k 组成的，则

$$\hat{\boldsymbol{B}}_{M\times N}=\left[\hat{\vec{\boldsymbol{B}}}_{1\cdot}\quad \hat{\vec{\boldsymbol{B}}}_{2\cdot}\quad \cdots\quad \hat{\vec{\boldsymbol{B}}}_{i\cdot}\quad \cdots\quad \hat{\vec{\boldsymbol{B}}}_{N\cdot}\right]^{\mathrm{T}}_{(N-2)\times N}$$

$$=\left[\hat{\vec{\boldsymbol{F}}}_{1\cdot}\quad \hat{\vec{\boldsymbol{F}}}_{2\cdot}\quad \cdots\quad \hat{\vec{\boldsymbol{F}}}_{\substack{m\cdot\\ m\neq i\\ m\neq j\\ m\neq k}}\quad \cdots\quad (\hat{\vec{\boldsymbol{F}}}_{i\cdot}+\hat{\vec{\boldsymbol{F}}}_{j\cdot}+\hat{\vec{\boldsymbol{F}}}_{k\cdot})\quad \cdots\quad \hat{\vec{\boldsymbol{F}}}_{N\cdot}\right]^{\mathrm{T}}_{(N-2)\times N} \tag{10-27}$$

$\hat{\boldsymbol{B}}$阵第 i 行对应的行向量$\hat{\vec{\boldsymbol{B}}}_{i\cdot}$，即为复合情绪类型对应的刺激向量。

因为 $\sum_{m=1}^{M} b_i(m) = \sum_{j=1}^{N} f_i(j) = 1$，$(1\leqslant i\leqslant N)$，所以$\hat{\boldsymbol{B}}$阵依然满足 HMM 模型的使用要求，进而可以通过五元组 $\lambda=(N, M, \hat{\vec{\boldsymbol{P}}}^{t}, \hat{\boldsymbol{A}}, \hat{\boldsymbol{B}})$，计算情绪刺激转移过程中的情感状态值。

2. 变阈值处理溢界问题

通过去除假设 3 和 4，引入辅助矩阵 $\boldsymbol{F}$ 后，原有的 HMM 情感模型得到推广，能够产生由基本情绪组合成的复合情绪，增加了模型的适用环境。

但是在实际使用时，却存在情绪状态值的溢界问题。例如，某种复合情绪 i 是由基本情绪 i, j 组成的，当刺激事件持续刺激复合情绪时，相应基本情绪 i, j 的值都将增大，理论上它们都增大到 0.5 并会保持不变，实际上若此时出现小的扰动，使它们偏离 0.5，根据 HMM 模型的计算，大于 0.5 的情绪将会被持续激发，逐渐增大到 1.0 并保持，而另一个小于 0.5 的情绪，将会被持续抑制，逐渐趋于 0。

基于情绪状态刺激转移过程的 HMM 模型，情感强度值是通过前向-后向算法来计算的。

设前向变量为$\hat{\boldsymbol{\alpha}}=\left[\hat{\vec{\boldsymbol{\alpha}}}_1'\quad \hat{\vec{\boldsymbol{\alpha}}}_2'\quad \cdots\quad \hat{\vec{\boldsymbol{\alpha}}}_{s_\max}'\right]'$。

其中

$$\hat{\vec{\boldsymbol{\alpha}}}_1=\hat{\vec{\boldsymbol{P}}}^{t}\cdot\hat{\vec{\boldsymbol{B}}}_{i\cdot} \tag{10-28}$$

$$\hat{\vec{\boldsymbol{\alpha}}}_2=\hat{\vec{\boldsymbol{\alpha}}}_1\times\hat{\boldsymbol{A}}\cdot\hat{\vec{\boldsymbol{B}}}_{i\cdot}=\hat{\vec{\boldsymbol{P}}}^{t}\cdot\hat{\vec{\boldsymbol{B}}}_{i\cdot}\times\hat{\boldsymbol{A}}\cdot\hat{\vec{\boldsymbol{B}}}_{i\cdot} \tag{10-29}$$

$$\hat{\vec{\boldsymbol{\alpha}}}_3=\hat{\vec{\boldsymbol{\alpha}}}_2\times\hat{\boldsymbol{A}}\cdot\hat{\vec{\boldsymbol{B}}}_{i\cdot}=\hat{\vec{\boldsymbol{P}}}^{t}\cdot\hat{\vec{\boldsymbol{B}}}_{i\cdot}\times\hat{\boldsymbol{A}}\cdot\hat{\vec{\boldsymbol{B}}}_{i\cdot}\times\hat{\boldsymbol{A}}\cdot\hat{\vec{\boldsymbol{B}}}_{i\cdot} \tag{10-30}$$

依此类推

$$\hat{\vec{\boldsymbol{\alpha}}}_{s\_\max}=\hat{\vec{\boldsymbol{\alpha}}}_{s\_\max-1}\times\hat{\boldsymbol{A}}\cdot\hat{\vec{\boldsymbol{B}}}_{i\cdot}=\hat{\vec{\boldsymbol{P}}}^{t}\cdot\hat{\vec{\boldsymbol{B}}}_{i\cdot}\times\underbrace{\hat{\boldsymbol{A}}\cdot\hat{\vec{\boldsymbol{B}}}_{i\cdot}\times\cdots\times\hat{\boldsymbol{A}}\cdot\hat{\vec{\boldsymbol{B}}}_{i\cdot}}_{N-1} \tag{10-31}$$

定义后向变量为$\hat{\boldsymbol{\beta}}=\left[\hat{\vec{\boldsymbol{\beta}}}_1'\quad \hat{\vec{\boldsymbol{\beta}}}_2'\quad \cdots\quad \hat{\vec{\boldsymbol{\beta}}}_{s_\max}'\right]'$。

其中

$$\hat{\vec{\boldsymbol{\beta}}}_{s\_\max}=[1\quad 1\quad 1] \tag{10-32}$$

$$\hat{\vec{\boldsymbol{\beta}}}_{s\_\max-1}=\hat{\vec{\boldsymbol{B}}}_{i\cdot}\cdot\hat{\vec{\boldsymbol{\beta}}}_{s\_\max}\times\hat{\boldsymbol{A}}'=\hat{\vec{\boldsymbol{B}}}_{i\cdot}\times\hat{\boldsymbol{A}}' \tag{10-33}$$

$$\hat{\vec{\boldsymbol{\beta}}}_{s\_\max-2}=\hat{\vec{\boldsymbol{B}}}_{i\cdot}\cdot\hat{\vec{\boldsymbol{\beta}}}_{s\_\max-1}\times\hat{\boldsymbol{A}}'=\hat{\vec{\boldsymbol{B}}}_{i\cdot}\cdot\hat{\vec{\boldsymbol{B}}}_{i\cdot}\times\hat{\boldsymbol{A}}'\times\hat{\boldsymbol{A}}' \tag{10-34}$$

依此类推

$$\hat{\vec{\beta}}_1 = \hat{\vec{B}}_{i.} \cdot \hat{\vec{\beta}}_2 \times \hat{A}' = \underbrace{\hat{\vec{B}}_{i.} \cdot \cdots \cdot \hat{\vec{B}}_{i.}}_{N-1} \underbrace{\times \hat{A}' \times \cdots \times \hat{A}'}_{N-1} \tag{10-35}$$

计算 $\hat{\vec{\gamma}} = [\hat{\vec{\gamma}}_1' \quad \hat{\vec{\gamma}}_2' \quad \cdots \quad \hat{\vec{\gamma}}_{s\_\max}']'$。

其中

$$\hat{\vec{\gamma}}_1 = \frac{\hat{\vec{\alpha}}_1 \cdot \hat{\vec{\beta}}_1}{\hat{\vec{\alpha}}_1 \times \hat{\vec{\beta}}_1'} = \frac{\hat{\vec{P}}^t \cdot \overbrace{\hat{\vec{B}}_{i.} \cdot \cdots \cdot \hat{\vec{B}}_{i.}}^{N} \overbrace{\times \hat{A}' \times \cdots \times \hat{A}'}^{N-1}}{\hat{\vec{P}}^t \cdot \hat{\vec{B}}_{i.} \times (\underbrace{\hat{\vec{B}}_{i.} \cdot \cdots \cdot \hat{\vec{B}}_{i.}}_{N-1} \underbrace{\times \hat{A}' \times \cdots \times \hat{A}'}_{N-1})'} \tag{10-36}$$

$$\hat{\vec{\gamma}}_2 = \frac{\hat{\vec{\alpha}}_2 \cdot \hat{\vec{\beta}}_2}{\hat{\vec{\alpha}}_2 \times \hat{\vec{\beta}}_2'} = \frac{\hat{\vec{P}}^t \cdot \hat{\vec{B}}_{i.} \times \hat{A} \cdot \overbrace{\hat{\vec{B}}_{i.} \cdot \cdots \cdot \hat{\vec{B}}_{i.}}^{N-1} \overbrace{\times \hat{A}' \times \cdots \times \hat{A}'}^{N-2}}{(\hat{\vec{P}}^t \cdot \hat{\vec{B}}_{i.} \times \hat{A} \cdot \hat{\vec{B}}_{i.}) \times (\underbrace{\hat{\vec{B}}_{i.} \cdot \cdots \cdot \hat{\vec{B}}_{i.}}_{N-2} \underbrace{\times \hat{A}' \times \cdots \times \hat{A}'}_{N-2})'} \tag{10-37}$$

依此类推

$$\hat{\vec{\gamma}}_{s\_\max} = \frac{\hat{\vec{\alpha}}_{s\_\max} \cdot \hat{\vec{\beta}}_{s\_\max}}{\hat{\vec{\alpha}}_{s\_\max} \times \hat{\vec{\beta}}_{s\_\max}'} = \frac{\hat{\vec{P}}^t \cdot \hat{\vec{B}}_{i.} \overbrace{\times \hat{A} \cdot \hat{\vec{B}}_{i.} \times \cdots \times \hat{A} \cdot \hat{\vec{B}}_{i.}}^{N-1}}{\hat{\vec{P}}^t \cdot \hat{\vec{B}}_{i.} \underbrace{\times \hat{A} \cdot \hat{\vec{B}}_{i.} \times \cdots \times \hat{A} \cdot \hat{\vec{B}}_{i.}}_{N-1} \times [1 \quad 1 \quad 1]'} \tag{10-38}$$

其中，$s\_\max$ 为最大刺激强度。

从式（10-38）看出，若情感状态向量$\hat{\vec{P}}^t$中某两个基本情感状态值相同，在被激发后的下一时刻，这两个维度的值也应相同，因此，溢界问题应来自于其程序实现。

计算机在处理大量的浮点数运算时，由于计算的精度问题，看似相等的两个浮点数可能并不相等。通过分析程序，发现溢界问题来源于此。在计算$\hat{\vec{P}}^t$时，应该相等的情绪状态维度会在浮点数的末位几个数字上出现微小差别，若刺激不断出现，上述基于 HMM 模型的情绪状态刺激转移过程会不断进行，这种微小差别就不断被放大，直至出现溢界。

这里通过引入一个可变的阈值 ε 来解决溢界问题。若某一种复合情绪类型的刺激激发的基本情绪越多，则 ε 越小。

$$\varepsilon = \propto (1/num) \tag{10-39}$$

其中，num 是复合情绪类型刺激激发的基本情绪数量。

可变的 ε 在某一种复合情绪类型的刺激下，被赋为一个选定的值来控制“情绪状态近似度”。当 $N=3$ 时，溢界问题及其解决方法如图 10-8 所示。

图 10-8 上图中，在 $t=24$ 时，出现溢界问题。由于计算的精度问题，情绪状态维度 1 与 2 的值在浮点数末位几个数字上出现了微小差别，进而在后续的计算中，这种差别被持续放大，使得基本情绪 1 与 2 的状态值出错。当加入了可变阈值 ε 后，溢界问题被解决，如图 10-8 下图所示，基本情绪 1 与 2 的状态值保持相等。

当 $N=6$ 时，通过仿真试验发现，出现溢界问题的概率较小，这是由于每一个情绪状态

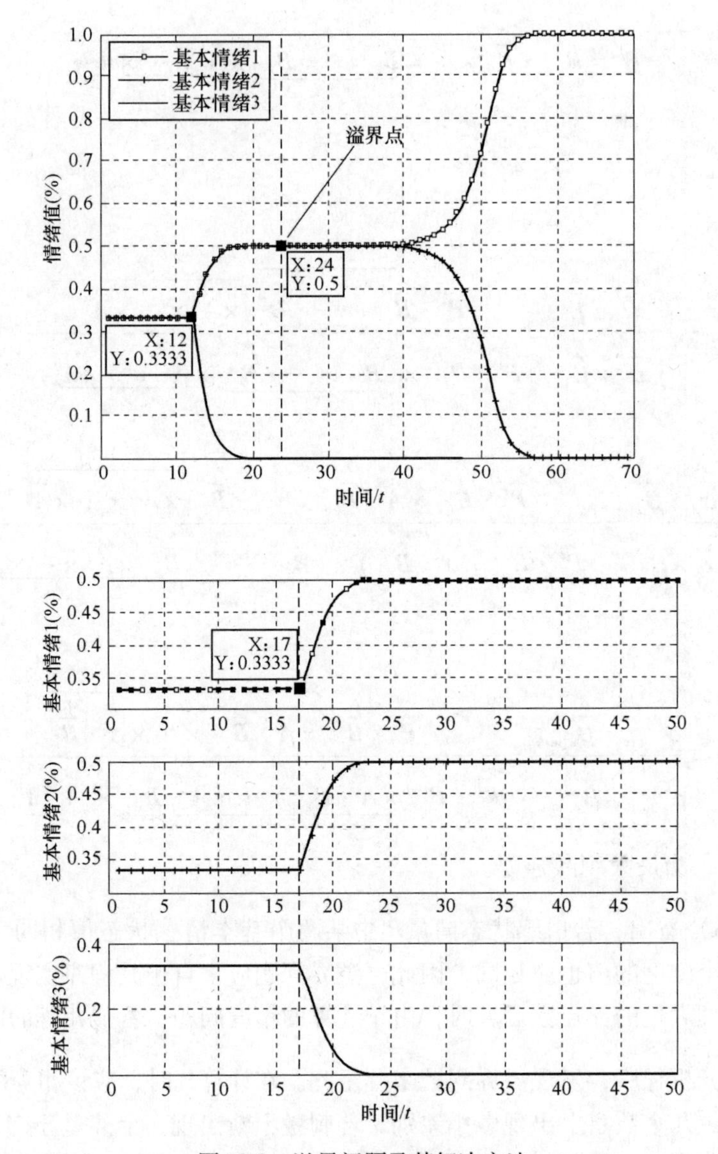

图 10-8　溢界问题及其解决方法

维度值相对于 $N=3$ 时都小很多，浮点数计算时末位较小的差别被舍去，情绪状态值都保持在合理的范围内，因而出现溢界问题较少。但也应加入可变阈值 ε，保证算法的稳定。

3. 仿真试验

设自发转移初始情绪状态向量、自发转移极限情感向量和刺激转移极限情感向量都为 $[1/N \quad 1/N \quad \cdots \quad 1/N]$，$\tau=1.06$。基本情绪包括悲伤、愤怒、恐惧、厌恶、蔑视和愉悦六种，即 $N=6$。下面将以嫉妒和敌意两种复合情绪分别出现后，情绪状态的变化过程来说明上述改进模型的有效性。

在 $t=7$ 时刻出现嫉妒类型的刺激，一直保持到 $t=25$ 时刻，撤销嫉妒类型的刺激，情绪的变化过程如图 10-9 所示。

由于嫉妒是愤怒混合着悲伤与恐惧，因此，在 $t=7$ 时刻这三个维度的基本情绪得到激发，其他三个维度受到抑制；随后，嫉妒类型的复合情绪刺激并未消失，各基本情绪状态值继续增大或减小直至饱和；在 $t=25$ 时刻撤销刺激，各维度的基本情绪逐渐恢复平静。

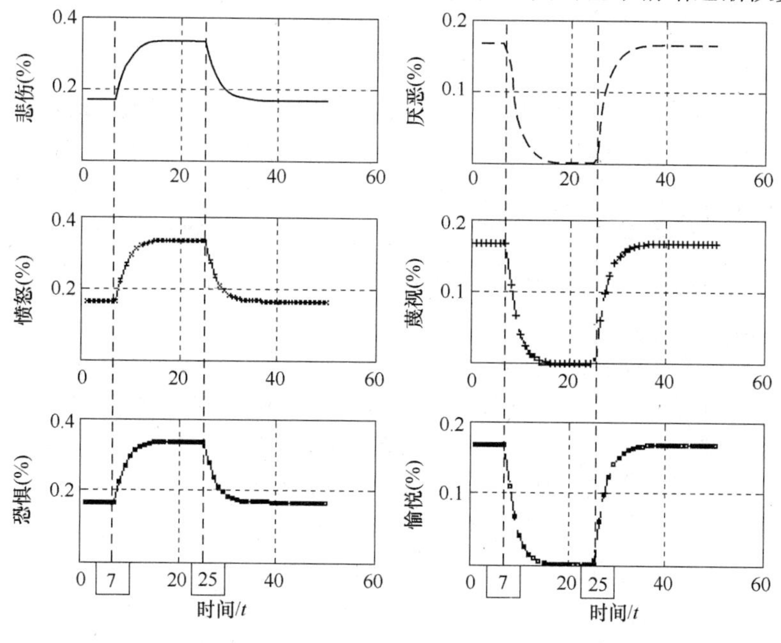

图 10-9　嫉妒情绪的变化过程

再次，设在 $t=7$ 时刻出现敌意类型的刺激，一直保持到 $t=25$ 时刻，撤销敌意类型的刺激，情绪的变化过程如图 10-10 所示。

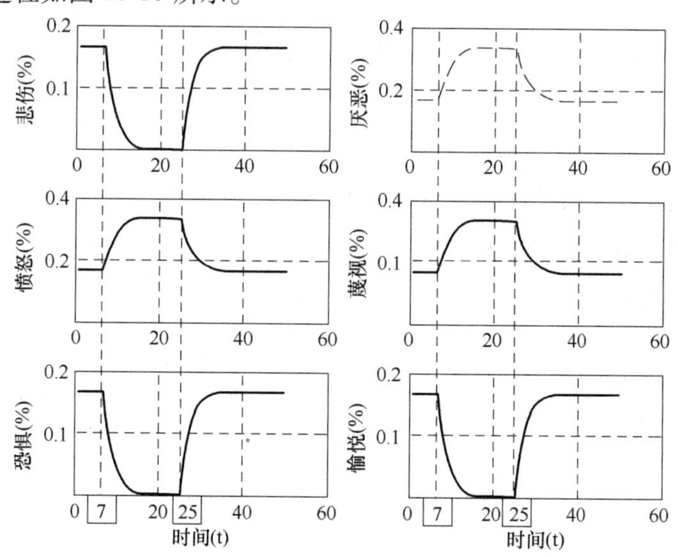

图 10-10　敌意情绪的变化过程

由愤怒、厌恶和蔑视组合起来的复合情绪可叫做敌意。同样，$t=7$ 时刻这三个维度的基本情绪得到激发，其他的三个维度受到抑制；随后，此复合情绪刺激并未消失，各基本情绪状态值继续增大或减小直至饱和；在 $t=25$ 时刻撤销刺激，各维度的基本情绪逐渐恢复平静。

可以看出，通过对 HMM 情感模型的改进，能够更好地模拟复合情绪类型刺激出现、保持以及撤销后情绪的变化过程。

4. 结论

在已有隐马尔可夫情感模型的基础上，通过减少假设条件并引入辅助矩阵，使原有模型产生复合情绪，增加了情感模型的普适性。同时，可变阈值为模型的计算机实现提供了基础，解决了情感状态计算时的溢界问题。

进一步研究的工作重点是改进基于 HMM 情感建模算法，使其为在人机交互过程中更好地实现拟人化计算机情感合成与输出做出理论贡献。

10.3.2 个体情绪差异性

在情绪状态自发转移马尔可夫模型中，针对参数的调整是否会给个体情绪差异带来影响，以及影响的程度等有关个体情绪区分聚类的问题，提出了基于度量多元尺度分析理论的个体人工情绪差异性研究方法。通过不相似度矩阵计算内积矩阵，再应用主成分因素分析法，便可得到个体属性重构矩阵，在低维上展现个体情绪差异。试验结果可以用来指导模型参数的选取，并为实验的有效性提供了数学验证的依据。

情绪状态自发转过程，即个体的情绪自发转移差异，取决于矩阵 $\boldsymbol{A}$，因此，参数 θ 和 $\vec{\boldsymbol{\pi}}^*$ 的确定，是对个体差异研究的关键。基于多元尺度分析，依次研究以下三个问题：①参数 θ 和 $\vec{\boldsymbol{\pi}}^*$ 的变化是否一定引起个体情绪自发转移差异；②参数的变化引起什么样的个体情绪差异；③情绪状态初值 $\vec{\boldsymbol{P}}^0$ 的影响。下面分别加以详述。

1. 对问题 1 的分析

上述情感状态自发转移的马尔可夫链模型中，情绪强度 $p_{i\Delta}$ 是情绪变化的一个重要度量。情绪强度定义为

$$p_{i\Delta}=p_i-\frac{1}{N},\quad i=1,2,\cdots,N \tag{10-40}$$

并把 $p_{i\Delta}^{(t)}$ 称为某一时刻 t（$t\geqslant0$）的情绪强度。当 $p_{i\Delta}^{(t)}>0$ 时，情绪 i 处于激发状态；$p_{i\Delta}^{(t)}<0$时，情绪 i 处于抑制状态；$p_{i\Delta}^{(t)}=0$，情绪 i 处于平衡状态。但 $p_{i\Delta}^{(t)}$ 只是一个情绪变化的静态特征，要动态的反应个体情绪差异，则要计算情绪强度变化率向量 $\Delta\vec{\boldsymbol{P}}_{\cdot\Delta}^{(t)}=[\Delta p_{1\Delta}^{(t)}\quad \Delta p_{2\Delta}^{(t)}\quad \cdots\quad \Delta p_{N\Delta}^{(t)}]$，其中第 i 维情绪强度变化率 $\Delta p_{i\Delta}^{(t)}$ 为

$$\Delta p_{i\Delta}^{(t+1)}=\left|\frac{p_{i\Delta}^{(t+1)}-p_{i\Delta}^{(t)}}{(t+1)-t}\right|=\left|\frac{\left(p_i^{(t+1)}-\frac{1}{N}\right)-\left(p_i^{(t)}-\frac{1}{N}\right)}{(t+1)-t}\right|=\left|p_i^{(t+1)}-p_i^{(t)}\right| \tag{10-41}$$

设情绪强度变化率向量在确定时刻 T 的值记为 $\Delta\vec{\boldsymbol{P}}_{\cdot\Delta}^{(T)}=[\Delta p_{1\Delta}^{(T)}\quad \Delta p_{2\Delta}^{(T)}\quad \cdots\quad \Delta p_{N\Delta}^{(T)}]$，取 $T=5$；情绪自发转移过程中的最大情绪强度变化率向量为 $\mathrm{MAX}\Delta\vec{\boldsymbol{P}}_{\cdot\Delta}^{(t)}=\left[\max\limits_{0\leqslant t\leqslant T_{final}}\{\Delta p_{1\Delta}^{(t)}\}\quad \max\limits_{0\leqslant t\leqslant T_{final}}\{\Delta p_{2\Delta}^{(t)}\}\quad \cdots\quad \max\limits_{0\leqslant t\leqslant T_{final}}\{\Delta p_{N\Delta}^{(t)}\}\right]$，平均情绪强度变化率向量为 $\mathrm{MEAN}\Delta\vec{\boldsymbol{P}}_{\cdot\Delta}^{(t)}=\left[\operatorname*{mean}\limits_{0\leqslant t\leqslant T_{final}}\{\Delta p_{1\Delta}^{(t)}\}\quad \operatorname*{mean}\limits_{0\leqslant t\leqslant T_{final}}\{\Delta p_{2\Delta}^{(t)}\}\quad \cdots\quad \operatorname*{mean}\limits_{0\leqslant t\leqslant T_{final}}\{\Delta p_{N\Delta}^{(t)}\}\right]$，$T_{final}=50$ 是情绪自发转移过程

的最大时长。

在情绪自发转移过程中，个体情绪差异可以用$\Delta \vec{\boldsymbol{P}}^{(T)}_{\cdot\Delta}$、$\text{MAX}\Delta \vec{\boldsymbol{P}}^{(t)}_{\cdot\Delta}$和$\text{MEAN}\Delta \vec{\boldsymbol{P}}^{(t)}_{\cdot\Delta}$三个向量组成一个维度为 $3N$ 的行向量来区分。即个体 i 的属性向量为 $\text{ATTRIBUT}_i = [\Delta \vec{\boldsymbol{P}}^{(T)}_{\cdot\Delta} \quad \text{MAX}\Delta \vec{\boldsymbol{P}}^{(t)}_{\cdot\Delta} \quad \text{MEAN}\Delta \vec{\boldsymbol{P}}^{(t)}_{\cdot\Delta}]_{1\times 3N}$。

针对问题 1，假设参数 θ 和$\vec{\boldsymbol{\pi}}^*$中有且仅有一个参数发生变化，研究该参数对给个体差异变化带来的影响。由于 $\sum_{i=1}^{N} \pi_i^* = 1 \quad i \in \{1, 2, \cdots, N\}$线性相关，所以仅讨论 θ、π_1^* 和 π_2^* 的变化组合就可以了。它们的变化组合见表 10-4。

表 10-4　参数 $\boldsymbol{\theta}$ 和$\vec{\boldsymbol{\pi}}^*$的组合

所有组合数	1	2	3	4	5	6	7	8	9
θ	I	U	D	U	U	U	U	U	U
π_1^*	U	U	U	I	U	D	U	U	U
π_2^*	U	U	U	U	U	U	I	U	D
最终组合数	1	2	3	4	×	5	6	×	7

表 10-4 中，I（Increasement）表示该数值增大，D（Decreasement）表示该数值减小，U（Unchanged）表示该数值不变。由于组合中存在重复，因此 θ、π_1^* 和 π_2^* 的最终变化组合为 $L=7$ 种，即研究 7 个差异个体。结合前面所述的个体的属性向量 $\mathbf{ATTRIBUT}_i \quad i \in \{1, 2, \cdots, 7\}$，可以建立个体属性矩阵为

$$\mathbf{ATTRIBUT} = [\mathbf{ATTRIBUT}_1 \quad \mathbf{ATTRIBUT}_2 \quad \cdots \quad \mathbf{ATTRIBUT}_7]'。$$

这里取情绪的维度 $N=3$，则 $\mathbf{ATTRIBUT}_i$是一个 9 维行向量。根据度量多元尺度分析理论，在个体属性矩阵的基础上，构建不相似度矩阵 $\boldsymbol{\Delta}_{L\times L}$。$\boldsymbol{\Delta}$ 中的元素 δ_{ij}为

$$\begin{aligned}\delta_{ij} = d_{ij} &= [(\mathbf{ATTRIBUT}_i - \mathbf{ATTRIBUT}_j)(\mathbf{ATTRIBUT}_i - \mathbf{ATTRIBUT}_j)']^{1/2} \\ &= \left[\sum_k (\mathbf{ATTRIBUT}_{ik} - \mathbf{ATTRIBUT}_{jk})^2\right]^{1/2} \end{aligned} \tag{10-42}$$

再计算内积矩阵 $\boldsymbol{\Gamma}$，其元素 γ_{ij}为

$$\gamma_{ij} = -0.5 \times (\delta_{ij}^2 - \delta_{i\cdot}^2 - \delta_{\cdot j}^2 + \delta_{\cdot\cdot}^2) \tag{10-43}$$

其中

$$\begin{cases} \delta_{i\cdot}^2 = \dfrac{1}{L}\sum_j \delta_{ij}^2 \\ \delta_{\cdot j}^2 = \dfrac{1}{L}\sum_i \delta_{ij}^2 \\ \delta_{\cdot\cdot}^2 = \dfrac{1}{L^2}\sum_i \sum_j \delta_{ij}^2 \end{cases}$$

把个体属性矩阵在低维空间上的重构矩阵记为 $\hat{\boldsymbol{\Omega}}_{L\times M}(M<3N)$。其表示的个体不相似度矩阵记为 $\boldsymbol{D}$，则根据度量多元尺度分析理论，$\boldsymbol{\Delta}$ 与 $\boldsymbol{D}$ 在某种意义上近似。且有

$$\boldsymbol{\Gamma} = \hat{\boldsymbol{\Omega}}\hat{\boldsymbol{\Omega}}' \tag{10-44}$$

求解式（10-44），可在低维空间上得到个体属性重构矩阵 $\hat{\boldsymbol{\Omega}}$，即个体差异可以在低维空

间被表示出。

同时，还可求出个体属性重构矩阵第 j 维对应的特征值 λ_j：

$$\lambda_j = \sum_i \hat{\omega}_{ij}^2 \tag{10-45}$$

其中，$\hat{\omega}_{ij}$ 是 $\hat{\boldsymbol{\Omega}}$ 的元素值。试验中得到的一组特征值随维度变化曲线如图 10-11 所示。

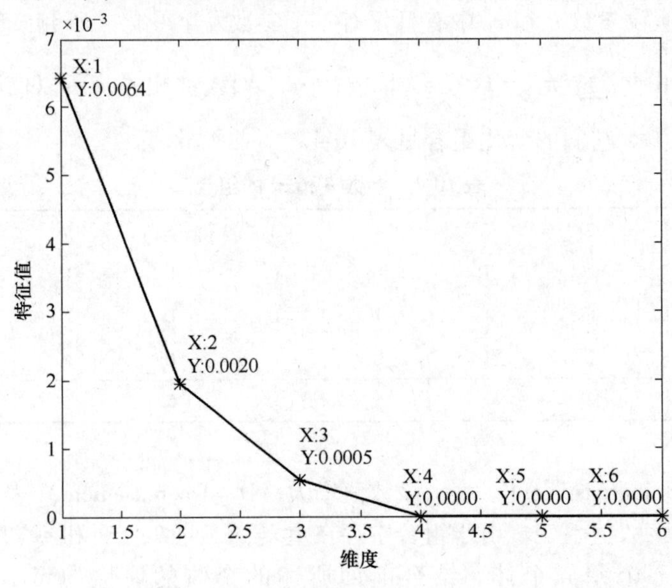

图 10-11　特征值随维度变化曲线

根据图 10-11，个体属性向量 $\mathbf{ATTRIBUT}_i$ 可以由原始的 9 维降到 3 维，而几乎不失真地加以表示。由于当维度为 3 时，特征值已经较小，因此，还可以进一步降到 2 维空间来表示个体差异。个体属性在 2 维空间的重构如图 10-12 所示。

图 10-12 中的数字是与表 10-4 参数最终组合数序号相对应的。从图中可以看出，点 1、

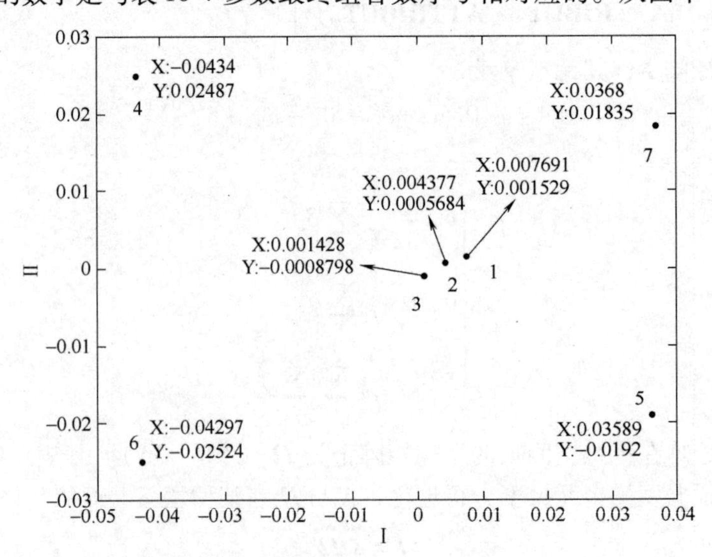

图 10-12　$T=5$ 时个体属性重构图

2 和 3（分别对应于 θ 值的 I、U 和 D 的三种取值）之间的距离较近，说明 θ 值的变化只能引起个体情绪自发转移的少许差异，即改变 θ 对于个体情绪自发转移的差异性贡献较小；点 4、5、6 和 7（分别对应于 π_1^* 和 π_2^* 值的 I 和 D 的各两种取值）间的距离较远，说明 π_1^* 和 π_2^* 值的变化能够引起个体情绪自发转移的较大差异，即改变 π_1^* 或 π_2^* 对于个体情绪自发转移的差异性贡献较大。

2. 对问题 2 的分析

对于问题 2，由于 θ 值的变化只引起个体情绪自发转移的少许差异，可以忽略，因此，仅讨论参数 π_1^* 和 π_2^* 值的变化引起何种个体情绪差异，即只讨论点 4、5、6 和 7。

图 10-13 中，维度 Ⅰ 代表情绪强度变化率向量 $\Delta\vec{\boldsymbol{P}}_{\cdot\Delta}^{(5)}$ 的第一个维度 $\Delta p_{1\Delta}^{(5)}$，维度 Ⅱ 代表情绪强度变化率向量 $\Delta\vec{\boldsymbol{P}}_{\cdot\Delta}^{(5)}$ 的第二个维度 $\Delta p_{2\Delta}^{(5)}$。点 4 和点 7 在维度 Ⅰ 上有较大差距，在维度 Ⅱ 上差距不大；点 4 和点 6 则相反。其余点类似，它们的相互关系如图 10-13 所示。

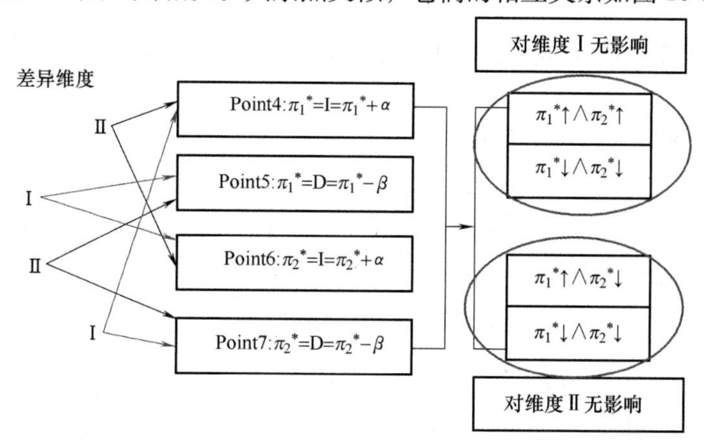

图 10-13　参数调整对个体情绪差异在不同维度上的影响

下面结合点 4、点 6 和点 7 讨论出现这种情况的原因。

根据式（10-4）和式（10-41）

$$\Delta\vec{\boldsymbol{P}}_{\cdot\Delta}^{(t+1)} = |\vec{\boldsymbol{P}}^{t+1} - \vec{\boldsymbol{P}}|^{t} = |\vec{\boldsymbol{P}}^{t}\cdot\boldsymbol{A} - \vec{\boldsymbol{P}}^{t}| = |\vec{\boldsymbol{P}}^{t}\cdot(\boldsymbol{A}-\boldsymbol{I})| = \vec{\boldsymbol{P}}^{t}\cdot(\boldsymbol{I}-\boldsymbol{A}) \tag{10-46}$$

因为

$$N = 3$$

所以

$$\Delta\vec{\boldsymbol{P}}_{\cdot\Delta}^{(t+1)} = [p_1^t \quad p_2^t \quad p_3^t]\cdot\begin{bmatrix}1-a_{11} & a_{12} & a_{13}\\ a_{21} & 1-a_{22} & a_{23}\\ a_{31} & a_{31} & 1-a_{33}\end{bmatrix}$$

所以

$$\Delta p_{1\Delta}^{(t+1)} = p_1^t\cdot(1-a_{11}) + p_2^t\cdot a_{21} + p_3^t\cdot a_{31} \tag{10-47}$$

a）对于表 10-4 的组合 4，$\vec{\boldsymbol{\pi}}^* = [\pi_1^* + \alpha \quad \pi_2^* \quad \pi_3^* - \alpha]$。由式（10-47）得

$$\begin{aligned}\Delta p_{1\Delta}^{(t+1)}\Big|_{\vec{\boldsymbol{\pi}}^* = [\pi_1^*+\alpha \quad \pi_2^* \quad \pi_3^*-\alpha]} &= p_1^t\cdot\left(1-\frac{\theta(\pi_1^*+\alpha)-2}{\theta(\pi_1^*+\alpha)}\right) + p_2^t\cdot\frac{1}{\theta\pi_2^*} + p_3^t\cdot\frac{1}{\theta(\pi_3^*-\alpha)}\\ &= p_1^t\cdot\frac{2}{\theta(\pi_1^*+\alpha)} + p_2^t\cdot\frac{1}{\theta\pi_2^*} + p_3^t\cdot\frac{1}{\theta(\pi_3^*-\alpha)}\end{aligned} \tag{10-48}$$

b）对于表10-4的组合6，$\vec{\pi}^* = [\pi_1^* \quad \pi_2^* + \alpha \quad \pi_3^* - \alpha]$。由式（10-47）得

$$\Delta p_{1\Delta}^{(t+1)}\big|_{\vec{\pi}^* = [\pi_1^* \quad \pi_2^* + \alpha \quad \pi_3^* - \alpha]} = p_1^t \cdot \left(1 - \frac{\theta\pi_1^* - 2}{\theta\pi_1^*}\right) + p_2^t \cdot \frac{1}{\theta(\pi_2^* + \alpha)} + p_3^t \cdot \frac{1}{\theta(\pi_3^* - \alpha)}$$

$$= p_1^t \cdot \frac{2}{\theta\pi_1^*} + p_2^t \cdot \frac{1}{\theta(\pi_2^* + \alpha)} + p_3^t \cdot \frac{1}{\theta(\pi_3^* - \alpha)} \tag{10-49}$$

c）对于表10-4的组合7，$\vec{\pi}^* = [\pi_1^* \quad \pi_2^* - \beta \quad \pi_3^* + \beta]$。由式（10-47）得

$$\Delta p_{1\Delta}^{(t+1)}\big|_{\vec{\pi}^* = [\pi_1^* \quad \pi_2^* - \beta \quad \pi_3^* + \beta]} = p_1^t \cdot \left(1 - \frac{\theta\pi_1^* - 2}{\theta\pi_1^*}\right) + p_2^t \cdot \frac{1}{\theta(\pi_2^* - \beta)} + p_3^t \cdot \frac{1}{\theta(\pi_3^* + \beta)}$$

$$= p_1^t \cdot \frac{2}{\theta\pi_1^*} + p_2^t \cdot \frac{1}{\theta(\pi_2^* - \beta)} + p_3^t \cdot \frac{1}{\theta(\pi_3^* + \beta)} \tag{10-50}$$

设 $\pi_1^* = \pi_2^* = \pi_3^* = \pi_\cdot^*$，根据式（10-48）、式（10-49），可得点4和点6在维度Ⅰ上的差距为

$$\left|\Delta p_{1\Delta}^{(t+1)}\big|_{\vec{\pi}^* = [\pi_1^* + \alpha \quad \pi_2^* \quad \pi_3^* - \alpha]} - \Delta p_{1\Delta}^{(t+1)}\big|_{\vec{\pi}^* = [\pi_1^* \quad \pi_2^* + \alpha \quad \pi_3^* - \alpha]}\right|$$

$$= \left|\frac{-2p_1^t\alpha}{\theta\pi_1^*(\pi_1^* + \alpha)} + \frac{p_2^t\alpha}{\theta\pi_2^*(\pi_2^* + \alpha)}\right| = \left|\frac{\alpha}{\theta\pi_\cdot^*(\pi_\cdot^* + \alpha)}(p_2^t - 2p_1^t)\right| \tag{10-51}$$

点4和点7在维度Ⅰ上的差距为

$$\left|\Delta p_{1\Delta}^{(t+1)}\big|_{\vec{\pi}^* = [\pi_1^* + \alpha \quad \pi_2^* \quad \pi_3^* - \alpha]} - \Delta p_{1\Delta}^{(t+1)}\big|_{\vec{\pi}^* = [\pi_1^* \quad \pi_2^* - \beta \quad \pi_3^* + \beta]}\right|$$

$$= \left|\frac{-2p_1^t\beta}{\theta\pi_\cdot^*(\pi_\cdot^* + \alpha)} + \frac{-p_2^t\beta}{\theta\pi_\cdot^*(\pi_\cdot^* - \beta)} + \frac{p_3^t(\alpha + \beta)}{\theta(\pi_\cdot^* - \alpha)(\pi_\cdot^* + \beta)}\right| \tag{10-52}$$

因为 $$\left|\Delta p_{1\Delta}^{(t+1)}\big|_{\vec{\pi}^* = [\pi_1^* + \alpha \quad \pi_2^* \quad \pi_3^* - \alpha]} - \Delta p_{1\Delta}^{(t+1)}\big|_{\vec{\pi}^* = [\pi_1^* \quad \pi_2^* + \alpha \quad \pi_3^* - \alpha]}\right|$$

$$< \left|\Delta p_{1\Delta}^{(t+1)}\big|_{\vec{\pi}^* = [\pi_1^* + \alpha \quad \pi_2^* \quad \pi_3^* - \alpha]} - \Delta p_{1\Delta}^{(t+1)}\big|_{\vec{\pi}^* = [\pi_1^* \quad \pi_2^* - \beta \quad \pi_3^* + \beta]}\right| \tag{10-53}$$

所以，点4和点6在维度Ⅰ上的差距小于点4和点7在维度Ⅰ上的差距。

可以看出，以上推导与确定时刻 T 的选取无关，图10-14中的“·”是 $T=21$ 时的个体属性重构图。可以看出，确定时刻改变后，重构效果未变，说明上述结论具有代表性。

综上，当参数 π_1^* 和 π_2^* 分别同向增大或减小时，引起个体情绪差异在情绪强度变化率向量第一个维度上的变化较小；反之，当参数 π_1^* 和 π_2^* 分别异向增大或减小时，引起个体情绪差异在情绪强度变化率向量第一个维度上的变化较大。

3. 对问题3的分析

对于情绪状态初值 $\vec{P}^0$ 的影响，仅进行了5次试验。改变情绪状态初值，个体属性重构图也几乎未发生大的变化。图10-14中“□”是其中的一次重构效果。说明在情绪状态自发转移过程中，情绪状态初值的设定对个体情绪差异没有较大影响。这与常识是符合的，因为个体的情绪差异是内在的、本质的，是不随初始情绪状态变化的。

4. 结论

通常认为情感模型中的参数调整是影响模型输出变化的诱因，但这种调整是否一定能够引起个体情绪差异，以及对个体情绪差异影响的程度是值得探讨的。本部分针对情绪状态自

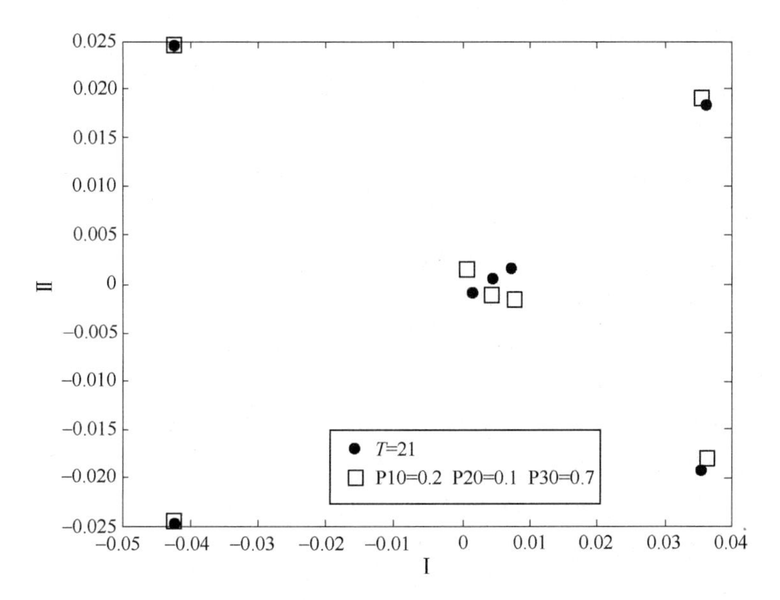

图 10-14 $T=21$ 时，情绪状态初值改变后的个体属性重构图

发转移马尔可夫模型，研究了不同参数代表的个体情绪差异。结果表明，θ 值的变化只能引起个体情绪自发转移的少许差异，π^* 值的变化能够引起个体情绪自发转移的较大差异。参数 π_1^* 和 π_2^* 分别同向增大或减小时，引起个体情绪差异在情绪强度变化率向量第一个维度上的变化较小；反之，当参数 π_1^* 和 π_2^* 分别异向增大或减小时，引起个体情绪差异在情绪强度变化率向量第一个维度上的变化较大。在情绪状态自发转移过程中，情绪状态初值的设定对个体情绪差异影响不大。

10.3.3 实用性

人与机器人的交互过程中，情感因素的引入能够使人机交互更加自然和谐。因此，完整的人工情感模型的建立是首要解决的问题。基于情感能量理论基础，本部分首先，提出了心境自发转移和刺激转移模型。其次，结合情绪自发转移的马尔可夫链模型和刺激转移的 HMM 模型，将心境和情绪的自发转移和刺激转移过程统一在一个框架下。最后，将完整的人工情感模型软件化并应用于儿童玩伴机器人上，在接受非结构化环境与用户的信息输入后，个性化的情感软件模块产生输出，实现针对儿童用户的玩伴机器人个性化交互，并通过应用验证了该模型的有效性。

1. 个性化情感模型研究基础

由于情感可划分为心境（Mood）和情绪（Emotion）两个广泛的分类，因此其转移过程在不同条件下可分为 4 种，如图 10-15 所示。

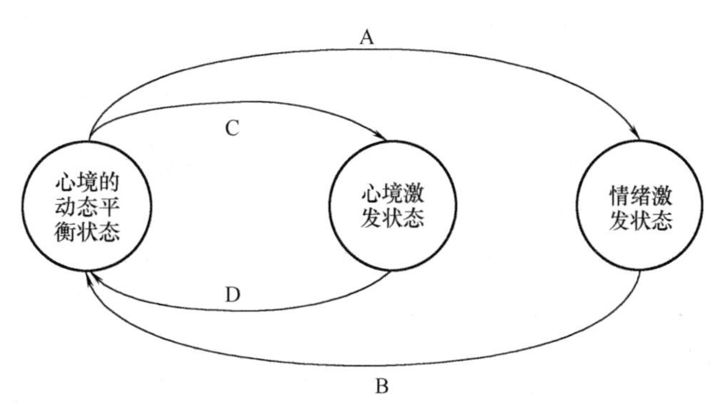

图 10-15 心境与情绪状态转移图

图 10-15 展现了 4 个过程：

1）情绪状态刺激转移：在外部事件刺激下，情感状态由心境的动态平衡状态移到某种激发水平的情绪激发状态，由 A 线表示；

2）情绪状态自发转移：当外界刺激作用结束后，某种情绪状态将在一定时间内由激发状态自发地转移到心境的动态平衡状态，由 B 线表示；

3）心境状态刺激转移：在某种特异性外部事件刺激下，心境状态在以心境的动态平衡状态为中心的一定范围内发生转移，由 C 线表示；

4）心境状态自发转移：在外界刺激消失后，某种心境激发状态将在一定时间内自发地向心境动态平衡状态转移，由 D 线表示。

综合上述，4 个过程分别对应玩伴机器人中的 4 个个性化情感模型：

1）情绪状态刺激转移过程的随机过程模型；

2）情绪状态自发转移过程的马尔可夫链模型；

3）心境状态刺激转移过程的控制论模型；

4）心境状态自发转移过程的动态平衡模型。4 个模型相辅相成，在 4 个过程中共同作用。它们具有一致的理论基础。在心理学中心理能量观点的基础上，滕少冬提出了情感能量的概念，成为建立个性化情感模型的出发点和基础。

心理能量就是推动个体进行各种心理活动以及行为的能力，用 E 表示。它有两种基本表现形式：

1）自由的心理能量 E_η；

2）受约束的心理能量 E_λ。它们满足

$$E_\lambda = \lambda E, E_\eta = \eta E, \eta + \lambda = 1 \tag{10-54}$$

则情感能量可以用式（10-55）表示，即

$$E_p = E_\eta + \gamma E_\lambda = (1-\lambda)E + \gamma\lambda E = (1-\lambda+\gamma\lambda)E \tag{10-55}$$

同时，设 $\boldsymbol{E}_p^t = [E_{p1}^t, E_{p2}^t, \cdots, E_{pN}^t]$ 为 t 时刻实际表现出的情感强度的绝对分布向量。此向量的求解在后面介绍。

根据巴甫洛夫高级神经学说，由于生理的原因，人的大脑神经细胞在兴奋与抑制两种状态之间按一定的生理机制呈周期性的变化，伴随着这种变化，个体的意识状态也将在清醒与不清醒之间进行转化，从而使得情感能量 E_p 在表达时，呈现出周期性的变化。把由

$$E_p^\alpha = \alpha E_p = \alpha(1-\lambda+\gamma\lambda)E \tag{10-56}$$

定义的情感能量称为生理性激活的情感能量，它是实际用于表现情绪的情感能量，称 $\alpha(0 \leqslant \alpha \leqslant 1)$ 为生理性唤醒度。把由式

$$E_p^\beta = \beta E_p = \beta(1-\lambda+\gamma\lambda)E \tag{10-57}$$

定义的情感能量称为生理性抑制的情感能量，它是用于表现心境的情感能量，称 $\beta(0 \leqslant \beta \leqslant 1)$ 为生理性抑制度。且有

$$\alpha + \beta = 1 \tag{10-58}$$

α 和 β 主要由生理机制进行周期性的调节，即“生物钟”的调节。另外，α 和 β 还会受到某些外界刺激的干扰。心理能量以及情感能量的各种形式以及转化关系如图 10-16 所示。

从动力心理学的观点来看，个体产生各种不同情绪的过程，实际上就是激活的情感能量 E_p^α 在不同情绪状态之间的动态分配过程，图 10-16 的左下半部分反映了这样的关系。

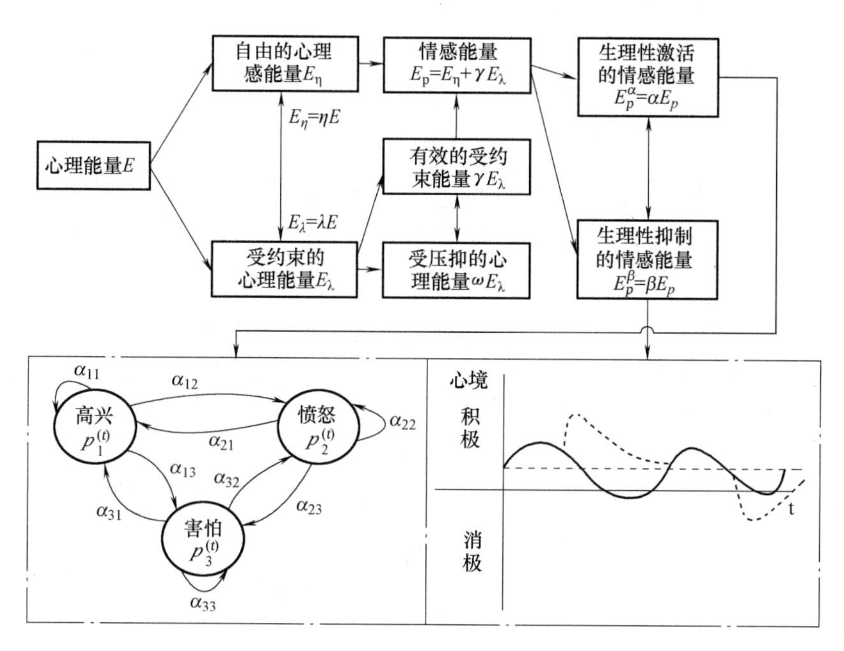

图 10-16　情感能量的各种形式以及转化关系图

$\boldsymbol{E}_p^{\alpha t}=[E_{p1}^{\alpha t},\ E_{p2}^{\alpha t},\ \cdots,\ E_{pN}^{\alpha t}]$ 为 t 时刻实际表现的情绪强度绝对分布向量，$|\boldsymbol{E}_{pi}^{\alpha t}|\in[0,\ 1]$，$i\in\{1,\ 2,\ \cdots,\ N\}$ 是激活的情感能量在各维度的能量值分量。根据情感能量守恒定律，有下式成立：

$$\sum_{i=1}^{N}|\boldsymbol{E}_{pi}^{\alpha t}|=E_p^\alpha \tag{10-59}$$

生理性抑制的情感能量 $\boldsymbol{E}_p^\beta$ 在积极心境与消极心境之间变化，由其引起的心境强度变化如图 10-16 的右下半部分所示。

相应地，称 $\boldsymbol{E}_p^{\beta t}=[E_{p1}^{\beta t},\ E_{p2}^{\beta t},\ \cdots,\ E_{pN}^{\beta t}]$ 为 t 时刻实际表现的心境强度绝对分布向量，并设与积极情绪对应的心境个数是 m，与消极情绪对应的心境个数是 n，则 $m+n=N$。其中，

$$E_{pi}^{\beta t}=\begin{cases}+\dfrac{M_p^{\beta t}}{m}\text{条件 1}\\ -\dfrac{M_p^{\beta t}}{n}\text{条件 2}\end{cases}$$

，条件 1 是指分量 i 属于积极心境；条件 2 是指分量 i 属于消极心境。

$M_p^{\beta t}$ 为 t 时刻的心境强度，其计算方法在后面介绍。

$|E_{pi}^{\beta t}|\in[0,\ 1]$，$i\in\{1,\ 2,\ \cdots,\ N\}$ 是生理性抑制情感能量在各维度上的能量值分量。根据情感能量守恒定律，有下式成立：

$$\sum_{i=1}^{N}|E_{pi}^{\beta t}|=E_p^\beta \tag{10-60}$$

设 $0\leqslant E_{pi}^{\alpha t}\leqslant 1$，$-1\leqslant E_{pi}^{\beta t}\leqslant 1$，并定义了 3 种运算：+，-，Δ。其中，+，-运算和实数域 R 中的加法和减法运算相似，但加法不具有交换律性质。即 $\forall E_{pi}^{\alpha t}\in[0,\ 1]$，$E_{pi}^{\beta t}\in[-1,\ 1]$时，$E_{pi}^{\alpha t}+E_{pi}^{\beta t}\neq E_{pi}^{\beta t}+E_{pi}^{\alpha t}$。Δ 运算定义为

$$\Delta(E_{pi}^{\alpha t},E_{pi}^{\beta t})\begin{cases}1 & E_{pi}^{\alpha t}+E_{pi}^{\beta t}\geqslant 1\\ E_{pi}^{\alpha t}+E_{pi}^{\beta t} & 0<E_{pi}^{\alpha t}+E_{pi}^{\beta t}<1\\ E_{pi}^{\alpha t}-E_{pi}^{\beta t} & 0<E_{pi}^{\alpha t}-E_{pi}^{\beta t}<1\\ 0 & E_{pi}^{\alpha t}-E_{pi}^{\beta t}\leqslant 0\end{cases}$$

由于情感可划分为心境和情绪，则 t 时刻的情感强度定义为

$$\begin{aligned}\boldsymbol{E}_p^t &= [E_{p1}^t,\ E_{p2}^t,\ \cdots,\ E_{pN}^t] = \Delta([E_{p1}^{at},\ E_{p2}^{at},\ \cdots,\ E_{pN}^{at}],\ [E_{p1}^{\beta t},\ E_{p2}^{\beta t},\ \cdots,\ E_{pN}^{\beta t}])\\ &= [\Delta(E_{p1}^{at},\ E_{p1}^{\beta t}),\ \Delta(E_{p2}^{at},\ E_{p2}^{\beta t}),\ \cdots,\ \Delta(E_{pN}^{at},\ E_{pN}^{\beta t})]\end{aligned} \tag{10-61}$$

由式（10-61）可知，t 时刻的情感强度与心境强度和情绪强度有关，根据上述的 4 个转移过程，它们的求解在下面将分别进行介绍。

2. 心境自发转移

Larsen 认为，平均的、稳定的心境特征并没有真实地反映个体的心境特征，心境随着时间的推移，其性质（好或不好）以及强度（弱或极度）是变化的。Parkinson 认为与心境动态性有关的理论有动态平衡理论、社会牵引理论和非线性动态理论。并把影响心境的因素分为三类，其中之一来自个体内源性因素，如人格和生理因素。这里的心境自发转移模型就是从个体内源性角度建立的。

（1）人格对心境的影响

对不同的人而言，所体验到的心境可能不同，换句话说存在着个体差异，这种差异来自于相对稳定的人格。同时，人格特征又决定了心境水平和心境变化性，心境自发地在相对稳定的心境特征水平附近波动，我们用 C 表示由人格决定的心境特征水平，如图 10-16 右下部分的横线描述。由多种因素的影响，C 在积极消极分界线左右一定范围内变动，假设 $C\in[-1,\ +1]$。

（2）生理因素对心境的影响

个体的生理性周期变化会引起心境在积极与消极之间随时间 t 的变化而有所波动。

1）心境的昼夜波动：根据 Watson 的研究，积极心境在一天中的趋势是早上较低，而后在一天中的某个时间上升到最大值；接着逐渐下降，在晚上达到最低。此过程用一余弦函数 $\sigma\cos(\omega_1\cdot t)$ 表示。其中，σ 是心境的昼夜影响因子，$2\pi/\omega_1$ 是心境的昼夜波动周期。

2）心境的周变化：根据 Larsen 与 Kasimatis 的研究发现，具有正弦波的 7 天间隔解释了日常心境的变化。积极心境在周五达到顶峰，在周二处于最低。此过程用一正弦函数 $\zeta\sin(\omega_2\cdot t)$ 表示。其中，ζ 是心境的周变化影响因子，$2\pi/\omega_2$ 是心境的周变化周期。

3）心境的月变化：主要是针对女性的月经周期循环的心境效应，因此，此项对心境的影响是个性化的，具有性别差异。此过程用一正弦函数 $\tau\sin(\omega_3\cdot t)$ 表示。其中，τ 是心境的月变化影响因子，$2\pi/\omega_3$ 是心境的月变化周期。

4）心境的季节变化：Watson 认为在理论上积极情感应该有一个显著的季节模式。春季的积极心境水平较高，接着在夏季和秋季逐渐下降，最终达到冬季的最低点。此过程用一正弦函数 $\upsilon\sin(\omega_4\cdot t)$ 表示。其中，υ 是心境的季节变化影响因子，$2\pi/\omega_4$ 是心境的季节变化周期。

根据以上周期性变化，有 $\sigma,\ \zeta,\ \tau,\ \upsilon\in[0,\ 1]$，$\sigma+\zeta+\tau+\upsilon=1$，$\omega_1=7\omega_2=30\omega_3=365\omega_4$。对于男性用户，取 $\sigma=0.7$，$\zeta=0.2$，$\tau=0$，$\upsilon=0.1$；对于女性用户，取 $\sigma=0.5$，

$\zeta=0.2$，$\tau=0.2$，$\upsilon=0.1$。由于心境的变化缓慢且某一心境常常能持续一段时间，因此，这里每隔1h计算一次心境量值，心境的昼夜波动模型中，周期取24h，则 $\omega_1=2\pi/24$。

人格和生理因素对心境的动态变化共同产生影响，设心境的人格影响因子为 ψ，心境的生理因素影响因子为 ξ，且有

$$\psi\in(0,1),\xi\in(0,1),\psi+\xi=1 \tag{10-62}$$

建立的心境自发转移模型为

$$M_p^{\beta t}=\xi\cdot[\sigma\cos(\omega_1\cdot t)+\zeta\sin(\omega_2\cdot t)+\tau\sin(\omega_3\cdot t)+\upsilon\sin(\omega_4\cdot t)]+\psi\cdot C \tag{10-63}$$

$M_p^{\beta t}$动态变化范围的确定：

因为

$$\begin{cases}\sigma\cos(\omega_1\cdot t)\in[-\sigma,+\sigma]\\ \zeta\sin(\omega_2\cdot t)\in[-\zeta,+\zeta]\\ \tau\sin(\omega_3\cdot t)\in[-\tau,+\tau]\\ \upsilon\sin(\omega_4\cdot t)\in[-\upsilon,+\upsilon]\end{cases}$$

所以

$$\begin{aligned}&[\sigma\cos(\omega_1\cdot t)+\zeta\sin(\omega_2\cdot t)+\tau\sin(\omega_3\cdot t)+\upsilon\sin(\omega_4\cdot t)]\\ &\quad\in[(-\sigma-\zeta-\tau-\upsilon),(+\sigma+\zeta+\tau+\upsilon)]\\ &\quad=[-(\sigma+\zeta+\tau+\upsilon),(\sigma+\zeta+\tau+\upsilon)]\\ &\quad=[-1,1]\end{aligned}$$

因为

$$C\in[-1,+1]$$

所以

$$M_p^{\beta t}\in[(-\xi-\psi),(\xi+\psi)]=[-(\xi+\psi),(\xi+\psi)]=[-1,+1] \tag{10-64}$$

这里取 $\psi=0.5$，$\xi=0.5$。

以上参数中，ω_i，$i\in\{1,2,3,4\}$ 取值较大时，相应的生理性周期变化引起的心境随着时间 t 的波动周期越小，即心境变化性越强。

3. 心境刺激转移

在外部因素事件和情境刺激下，心境和情绪都受到影响，但其变化过程是有差别的：第一，持续时间上的差别；第二，相对强度上的差别；第三，信号功能上的差别。如前所述，对于情绪受到刺激后的变化过程，利用HMM这个双重随机过程来构造情绪状态刺激转移过程的情感模型，用HMM的前向和后向算法来模拟情绪在外界刺激下的变化规律，这一方法在后面将会介绍；对于心境受到刺激后的变化过程，则采用控制论的调整策略进行研究。

Larsen提出应将控制理论应用到心境调节的动态过程中。根据此观点对心境的刺激转移过程建模。

根据已有研究，心境对刺激的反应强度是略微平缓的，一阶惯性环节更适合描述。

定义心境的刺激转移模型为

$$T\dot{M}_p^{\beta t}+M_p^{\beta t}=E_{\mathrm{event}}(t) \tag{10-65}$$

其中，T 称为心境转移时间常数，它是表征心境发生转移惯性的一个重要参数。有研究发现，女性可能比男性更容易受情绪传染或影响，因此，T 参数也是男女性别差异对心境的影响参数之一，是个性化参数。后面将会介绍此参数对心境激发子过程的影响。$E_{\mathrm{event}}(t)$ 是

外源性因素（如工作方式、生活事件、家中变故等）对心境的影响强度。

心境的刺激转移过程分为两个子过程。

（1）心境激发子过程

该子过程与一个零状态响应过程类似。假设心境在 t 时刻受某一外源性因素激发时，心境强度初值为 $M_p^{\beta t_0} \in [-1, +1]$，则事件影响强度为

$$E_{\text{event}}(t) = \begin{cases} 1 - M_p^{\beta t_0} & \text{event 为积极情绪事件} \\ -1 - M_p^{\beta t_0} & \text{event 为消极情绪事件} \end{cases} \tag{10-66}$$

在此条件下，求解式（10-65）表示的心境刺激转移模型。

$$\begin{aligned} & L[T\dot{M}_p^{\beta t} + M_p^{\beta t} = E_{\text{event}}(t)] \\ & \Rightarrow T(sM_p^{\beta s} - M_p^{\beta 0}) + M_p^{\beta s} = E_{\text{event}}(s) \\ & \Rightarrow T(sM_p^{\beta s} - 0) + M_p^{\beta s} = E_{\text{event}}(s) \\ & \Rightarrow (Ts+1)M_p^{\beta s} = \frac{E_{\text{event}}(t)}{s} \\ & \Rightarrow M_p^{\beta s} = \frac{E_{\text{event}}(t)}{s} \cdot \frac{1}{(Ts+1)} \end{aligned} \tag{10-67}$$

所以

$$\begin{aligned} M_p^{\beta t} &= L^{-1}\left[\frac{E_{\text{event}}(t)}{s} \cdot \frac{1}{(Ts+1)}\right] \\ &= E_{\text{event}}(t) \cdot [1 - \mathrm{e}^{-t/T}] \end{aligned}$$

其中，$L[\cdot]$，$L^{-1}[\cdot]$ 分别为拉普拉斯变换和反变换。

根据心理学中情绪反应的时间动力性基本概念，可以定义心境中相应的概念。

称 T_s 为心境反应调节时间，$T_s \approx 4T$。这个参数表达了心境从初始强度 $M_p^{\beta t_0}$ 变化到 -0.98或$+0.98$（-1 或 $+1$ 的 $\pm 2\%$）的最短时间。

称 T_d 为心境反应延迟时间，$T_d \approx 0.69T$。这个参数表达了心境从初始强度 $M_p^{\beta t_0}$第一次达到 $E_{\text{event}}(t) \times 50\%$ 所需的时间。

称 T_r 为心境反应上升时间，$T_r \approx 2.20T$。此参数表达了心境从强度 $M_p^{\beta t_0} + E_{\text{event}}(t) \times 10\%$ 第一次上升达到 $M_p^{\beta t_0} + E_{\text{event}}(t) \times 90\%$ 所需时间（event 是积极情绪事件），或从强度 $M_p^{\beta t_0} + E_{\text{event}}(t) \times 10\%$ 第一次下降达到 $M_p^{\beta t_0} + E_{\text{event}}(t) \times 90\%$ 所需时间（event 是消极情绪事件）。

根据上述的三个定义，可以看到心境反应调节时间的快慢，心境反应延迟时间和心境反应上升时间的长短，包含了重要的个体差异信息。这三个值都与心境转移时间常数 T 有关。因此，T 参数是男女性别差异对心境产生影响的参数之一，是个性化参数，其大小对心境激发子过程是有影响的。

图 10-17a 是当 $T=0.5$ 和 $T=0.9$，$E_{\text{event}}(t)=1$ 时的心境激发子过程。从图中可以看出，心境反应调节时间、心境反应延迟时间和心境反应上升时间均不同，反映了男女性别差异对心境的影响。

心境强度 $M_p^{\beta t}$ 在某一外源性因素的持续激发下不断变大，表现出了事件的影响随时间的积累作用。但其变化率却不断变小，即影响随时间变小，表明了心境在某一特定时间刺激下，越来越不敏感，对此事件的发生变得麻木，如图 10-17b 所示。

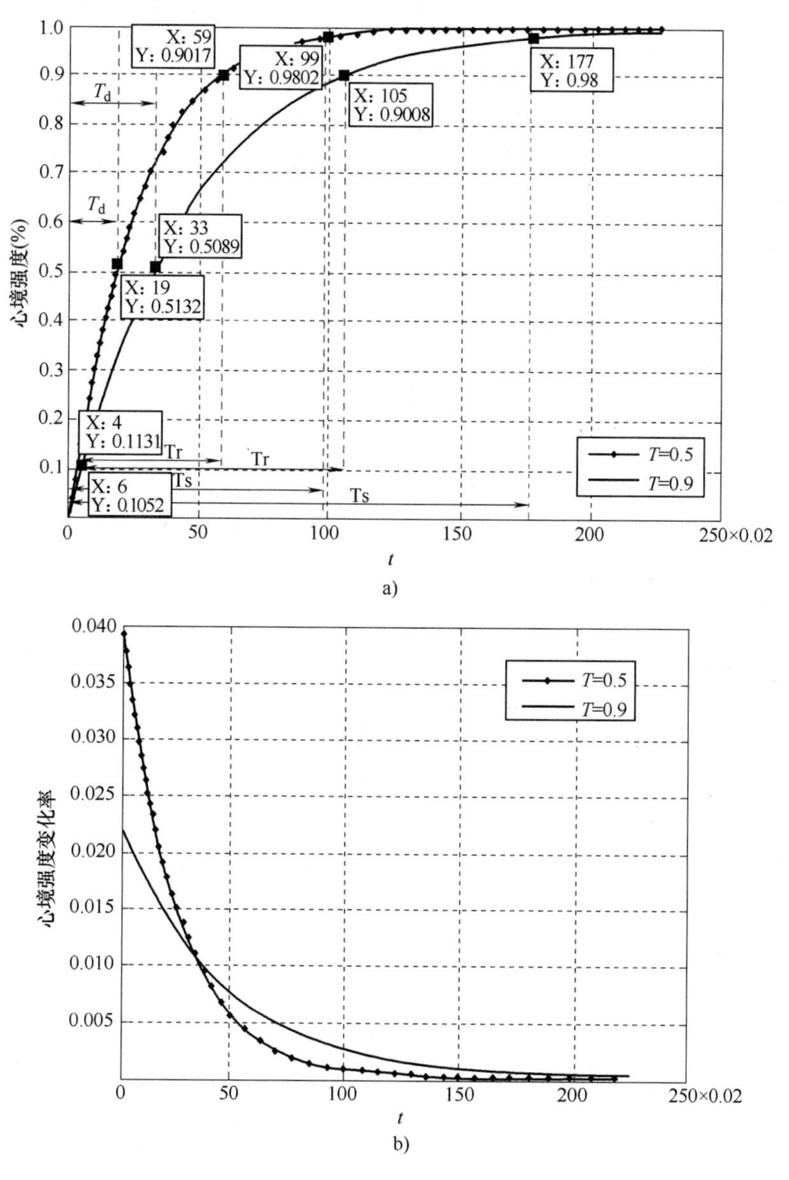

图 10-17　心境激发子过程与强度变化率

a）心境激发子过程　b）强度变化率

（2）心境衰减子过程

该子过程与一个零输入响应过程类似，出现在心境激发子过程之后。假设在 t 时刻外源性因素对心境的影响消失 $E_{\text{event}}(t)=0$，消失时的心境强度初值为 $M_p^{\beta t_0}\in[-1,\ +1]$。

在此条件下，求解式（10-65）表示的心境刺激转移模型。

$$
\begin{aligned}
&L[T\dot{M}_p^{\beta t}+M_p^{\beta t}=E_{\text{event}}(t)]\\
&\Rightarrow T(sM_p^{\beta s}-M_p^{\beta t_0})+M_p^{\beta s}=0\\
&\Rightarrow(Ts+1)M_p^{\beta s}=TM_p^{\beta t_0}\\
&\Rightarrow M_p^{\beta s}=TM_p^{\beta t_0}\cdot\frac{1}{(Ts+1)}
\end{aligned}
\tag{10-68}
$$

所以 $$M_p^{\beta t}=L^{-1}\left[TM_p^{\beta t_0}\cdot\frac{1}{(Ts+1)}\right]=M_p^{\beta t_0}\cdot \mathrm{e}^{-t/T}$$

其中，$L[\cdot]$，$L^{-1}[\cdot]$ 分别是拉普拉斯变换和反变换。

为了便于计算机实现心境刺激转移模型，需要求解微分方程式（10-65）的差分方程形式。

根据式（10-65），有

$$T\frac{\mathrm{d}M_p^{\beta t}}{\mathrm{d}t}+M_p^{\beta t}=E_{\text{event}}(t) \tag{10-69}$$

$$\frac{\mathrm{d}M_p^{\beta t}}{\mathrm{d}t}=\frac{E_{\text{event}}(t)-M_p^{\beta t}}{T} \tag{10-70}$$

根据欧拉法，可得

$$M_p^{\beta(k+1)}=M_p^{\beta k}+h\cdot\frac{E_{\text{event}}(k)-M_p^{\beta k}}{T} \tag{10-71}$$

其中，h 称为步长，是计算心境强度的间隔时间，这里取 $h=0.02$。

这种微分方程差分化，可以为人工心理模型在计算机上的应用带来方便，但也会带来一定误差，见表 10-5 和表 10-6。

表 10-5　差分化后的误差（心境激发子过程）

n	t_n	$M_p^{\beta t}$	$M_p^{\beta k}$	$\varepsilon=M_p^{\beta t}-M_p^{\beta k}$
0	0	0	0	0
1	0.02	0.0392	0.0400	-0.0008
2	0.04	0.0769	0.0784	-0.0015
3	0.06	0.1131	0.1153	-0.0022
4	0.08	0.1479	0.1507	-0.0028
5	0.10	0.1813	0.1846	-0.0033

表 10-6　差分化后的误差（心境衰减子过程）

n	t_n	$M_p^{\beta t}$	$M_p^{\beta k}$	$\varepsilon=M_p^{\beta t}-M_p^{\beta k}$
0	0	0.9817	0.9838	-0.0021
1	0.02	0.9432	0.9445	-0.0013
2	0.04	0.9062	0.9067	-0.0005
3	0.06	0.8707	0.8704	0.0003
4	0.08	0.8365	0.8356	0.0009
5	0.10	0.8037	0.8022	0.0016

从表 10-5 和表 10-6 中可以看出，微分方程差分化后的误差为 10^{-3} 数量级，因此，仍采用差分的方法计算 t 时刻的情感强度，以利于情感计算的计算机实现。

4. 针对特定用户的个性化情感

(1) 完整的情感模型与情感滤波器

如前所述，在概率空间的基础上，可将情绪的变化过程看成一个随机过程，并进一步用马尔可夫链来描述情绪状态自发转移过程，进而给出基本方程以及计算方法。

实验中，以儿童玩伴机器人为实验平台，通过应用来验证模型的有效性。情感的发生通常都是混合的。儿童玩伴机器人在 t 时刻究竟处于哪种情绪状态，可由 $\boldsymbol{E}_p^{\alpha t}$ 中的各个分量的相对大小来确定。这里取情感维度中最大强度值对应的情感状态为需要表达的情感。

以上的情绪状态刺激转移模型、情绪状态自发转移模型、心境状态刺激转移模型、心境状态自发转移模型和情感滤波器，共同组成了一个完整的人工情感模型体系。

（2）个性化人工情感软件

基于上述理论，开发了一个针对特定用户的机器人个性化情感模型软件，如图 10-18 所示。

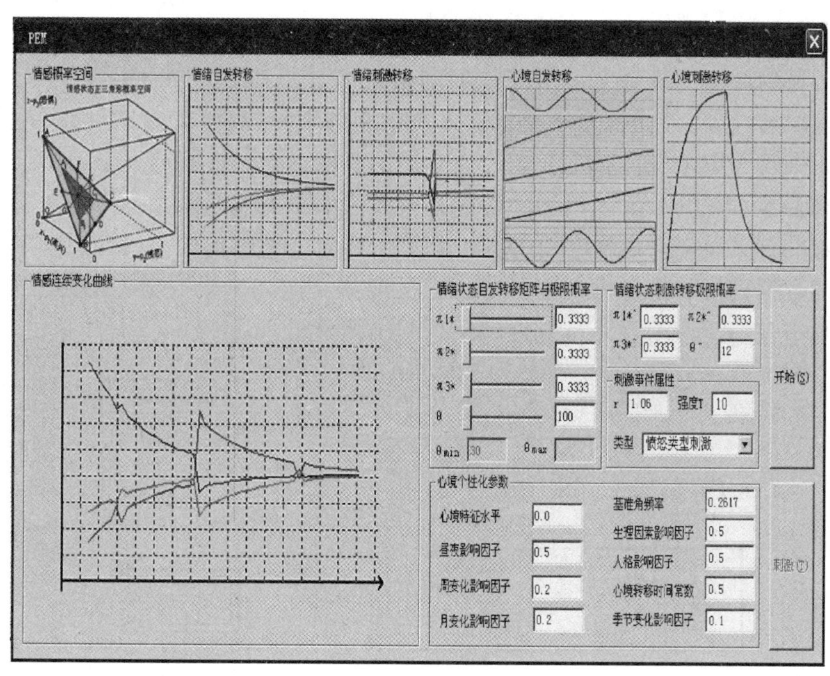

图 10-18　人工情感软件

此软件应用于儿童玩伴机器人中，在用户与其对话、触摸、动作等交互方式的激励信息下，通过情感软件模块，产生个性化的输出，例如，控制机器人产生表情，如图 10-19 所示，实现个性化的交互。

5. 结论

以情感能量为出发点，从个体内源性因素角度建立心境自发转移模型，从控制论的角度建立心境刺激转移模型。由于是从情感能量为出发点进行推演，为所提出的心境模型与情绪模型的结合创造了条件。为此，把心境、情绪四个模型统一到一个框架下，并进行软件化，开发了个性化人工情感软件系统，并将其应用于机器人情感控制方面。

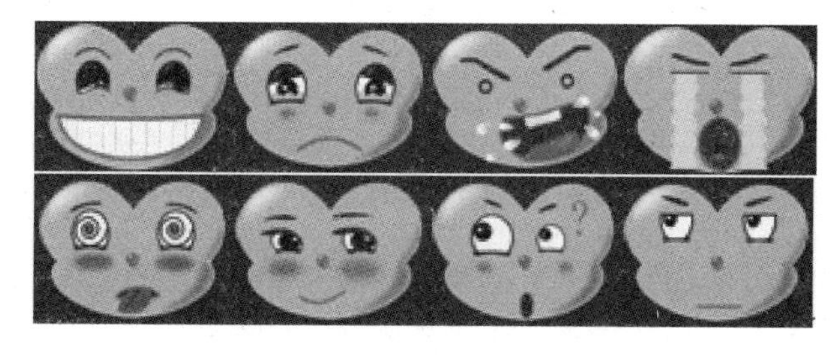

图 10-19　情感控制机器人产生表情

人格和生理因素影响心境的自发转移过程，心境转移时间常数 T 也影响到刺激转移过程。通过调整模型中的参数，可以实现具有个体差异性的情感表达。以儿童玩伴机器人为实验平台，通过应用来验证模型的有效性。

本章所提出的心境模型以及开发的软件系统，可用于服务机器人、家用机器人等需要个性化服务的人机交互领域。其中，模型参数的合理选取与模型应用领域的拓展也有待进一步深入研究。

10.4 基于机器学习的情感模型

Simon 认为学习是能够让系统在执行同一任务或相同数量的另外一个任务时，比前一次执行得更好的任何改变。机器学习所关注的问题是“计算机程序如何随着经验积累自动提高性能”。简而言之，机器学习系统是根据人工智能的学习原理和方法，应用知识表达、知识存储和知识推理等技术设计和构成的，具有知识获取功能，并能通过学习增长知识、改进其性能并提高智能水平的系统。机器学习的基本模型如图 10-20 所示，其作为核心的执行环节对情感学习的意义重大。机器学习的理论和算法可应用到虚拟的人机交互领域中，尤其是在情感信息的数据挖掘和信息识别中可得到广泛应用。例如，机器学习的热点算法 SVM 在人脸表情识别中被广泛使用，并且能达到较高的识别率。

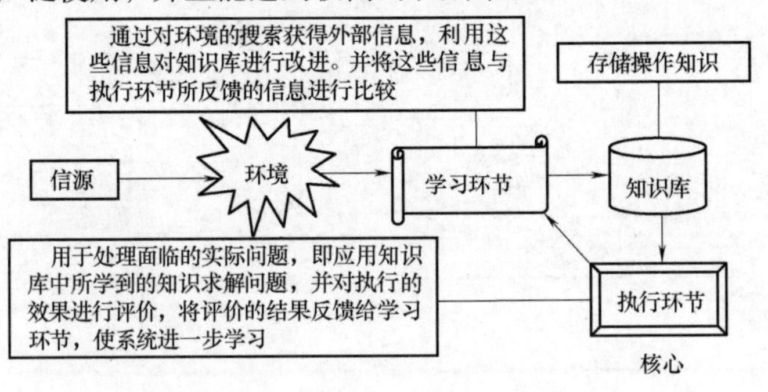

图 10-20　机器学习的基本模型

下面介绍几种常用的机器学习算法，并对它们的适用范围和优缺点进行简单介绍，见表 10-7。

表 10-7　几种常用的机器学习算法简介

名　称	算法简介	适用问题	优　点	局限性	应用举例	性能比较
决策树学习	应用最广的归纳推理算法之一，其中广为应用的决策树算法有 ID3、ASSISTANT 和 C4.5。利用这种方法学习到的函数常被表示为一棵决策树	是一种逼近离散值函数的方法，目标函数具有离散的输出值；训练数据可以有错误；训练数据可以包含缺少属性值的实例；常被应用到分类问题	对噪声数据有很好的健壮性；能够学习析取表达式；可搜索一个完整表示的假设空间，避免了受限假设空间的不足	存在过度拟合训练数据的问题。因为向树增加分支可以提高训练样例的性能，但却降低了在训练实例外的其他实例的性能	最早的著作是 Hunt 的概念学习系统 CLS，此后算法的不断改进被广泛应用到面部表情识别和语音情感识别中，其对情感的分类效率较高	贝尔实验室对美国邮政手写数字库识别进行试验，其中人工识别的平均错误率是 2.5%；用决策树方法识别错误率是 16.2%

（续）

名　称	算法简介	适用问题	优　点	局限性	应用举例	性能比较
人工神经网络（Artificial Neural Networks，ANN）	ANN是以类比于生物神经系统处理信息的方式，是采用大量简单处理单元并行连接而成的一种复杂信息处理系统	对于学复杂的现实世界中的传感数据，ANN是目前最有效的学习方法；当训练集合为含有噪声的复杂传感器数据（如摄像机和传送器的数据），ANN将非常有效	ANN提供了一种普适的方法，可以从样例中学习值为实数、离散值或向量函数；具有高度并行性、快速判决性、容错性等特点	ANN的学习时间相对较长；且神经网络方法学习到的权值经常是人类难以解释的，因此学到的神经网络比学到的个则难以传达给人类	ANN反向传播算法在实际应用中取得了惊人的成功，如学习识别手写字符、学习识别人脸和语音等方面	贝尔实验室对美国邮政手写数字库识别进行试验，两层神经网络中错误率最小的是5.9%，专门针对该识别问题设计的五层神经网络的错误率是5.1%
支持向量机（Support Vector Machine，SVM）	SVM是建立在统计学习理论的VC维理论和结构风险最小原理基础上的，根据有限的样本信息在模型的复杂性和学习能力之间寻求最佳折中，以期获得最好的推广能力	它在解决小样本、非线性及高维模式识别中表现出许多特有的优势，并能够推广应用到函数拟合等其他机器学习问题中	在对同一类数据进行分析时，SVM的精确度较之其他方法有明显的优势；且由支持向量机设计的主管相对神经网络要小一些；具有强大的非线性和高维处理能力	SVM是针对二类别分类问题而提出的，如何将其扩展到多类别分类是一个重要问题；SVM方法在小样本学习上具有优势，但训练速度很慢，样本数量越多速度就越慢	SVM很适合分类规则挖掘，而且成功应用到了人脸表情识别、文本分类、基音分析、手写体识别、语音情感识别等多种领域	贝尔实验室对美国邮政手写数字库识别进行试验，利用核函数分别为多项式、RBF、感知器所形成的三种SVM方法得到的错误率分别是4.0%、4.1%和4.2%

从表中可以看出，机器学习的各种算法在面部表情识别中得到了广泛的应用，并且也取得了不俗的识别率。但是在情感模型中的应用还比较少，目前北京科技大学的王志良教授所带领的团队正对这一领域进行深入研究。在本节中只是介绍简单的理论框架，详细的情感建模理论以及仿真实验是后续工作的重点之一。下面我们以简单的决策树学习算法为例介绍机器学习的内容。

1. *决策树学习的表示法*

在机器学习的各种学习算法中，决策树学习是应用最广的归纳推理算法之一，它是一种逼近离散值函数的方法，在这种方法中学习到的函数被表示为一棵决策树。学习得到的决策树也能再被表示为多个if-then的规则，以提高可读性，并且决策树学习对噪声数据有很好的健壮性且能够学习析取表达式。

决策树通过把实例从根节点排列到某个叶子节点来分类实例，叶子节点即为实例所属的分类。树上的每一个节点指定了对实例中某个属性的测试，并且该节点的每一个后继分支对应于该属性的一个可能值。分类实例的方法是从这棵树的根节点开始，测试这个节点指定的属性，然后按照给定实例的属性值将对应的树枝向下移动。然后这个过程在以新节点为根的子树上重复。

2. 决策树学习的适用范围

通常决策树学习最适合具有以下特征的问题：

1）实例是由“属性—值”对表示的；

2）目标函数具有离散的输出值；

3）可能需要析取地描述；

4）训练数据可以包含错误；

5）训练数据可以包含缺少属性值的实例。

正是由于现实中有很多问题符合这些特征，所以决策树学习已经被应用到众多领域。在机器人情感建模研究中，我们希望在人与机器的交互过程中，通过一系列有效的传感器，得到关于人的面部表情，语气语调，以及机器的肢体接触等情感信息；通过分析这些情感信息，建立起机器人在某种情况下所对应的情感表达模型。

3. 基于决策树学习的情感建模

大多数已开发的决策树学习算法是一种核心算法的变体。该算法采用自顶向下的贪婪搜索遍历可能的决策树空间。这种方法是 ID3 算法和后继的 C4.5 算法的基础。ID3 算法的核心问题是选取在树的每个结点要测试的属性，它在增长树的每一步使用信息增益标准从候选属性中选择属性，也就是说，把哪个节点作为根节点来划分决策树是算法的重点。信息增益的公式如下：

$$\text{Entropy}(S) = -P_{+}\log_2 P_{+} - P_{-}\log_2 P_{-}$$

$$G(S,A) = \text{Entropy}(S) - \sum_{v \in valueA} \frac{|S_V|}{|S|}\text{Entropy}(S_V) \tag{10-72}$$

要想构造好的决策树选择好的属性是关键，那么对于同样一组例子，可以有很多决策树与其相符。人们研究出，一般情况下，树越小则树的预测能力越强。要构造尽可能小的决策树，关键在于选择恰当的逻辑判断或属性。

本小节以 ID3 算法为主，并且以一个简单的例子来说明决策树在机器人情感建模中的应用。

在人与机器人进行交互的过程中，提取人的部分特征，如语气（温柔、凶狠）、动作（触摸、打击）和声音（大、小）。相应地，机器人做出“皱眉”或者“微笑”两种表情。具体数据见表 10-8。

表 10-8 情感建模数据表

序 号	语 气	动 作	音 量	微 笑
1	温柔	触摸	大	YES
2	温柔	触摸	小	YES
3	温柔	打击	大	YES
4	温柔	打击	小	YES
5	凶狠	触摸	大	NO
6	凶狠	触摸	小	NO
7	凶狠	打击	大	NO
8	凶狠	打击	小	NO

此时，我们可以采用 ID3 算法建立起一棵决策树。步骤如下：

首先，计算每一个候选属性（语气、动作和音量）的信息增益，然后选择信息增益最高的一个。三个属性的信息增益为

Value（语气）= 温柔，凶狠；

$$S=[4+,4-];$$
$$S_{温柔}=[4+,0-];$$
$$S_{凶狠}=[0+,4-];$$
$$G(S,语气)=info(4,4)-0.5info(4,0)-0.5info(0,4)$$
$$info(4,4)=-0.5\log_2 0.5-0.5\log_2 0.5=1$$
$$info(4,4)=-0.5\log_2 0.5-0.5\log_2 0.5=1$$
$$info(4,0)=-\log_2 1-0=0=info(0,4)$$
$$G(S,语气)=1$$
$$G(S,语气)=info(4,4)-0.5info(4,0)-0.5info(0,4)$$
$$info(4,0)=-\log_2 1-0=0=info(0,4)$$
$$G(S,语气)=1$$

因为 G 的最大值就是 1，因此，根节点可以选择属性为语气的节点。

然后继续递归下去，计算剩下两个属性的信息增益值，最终建立一棵决策树如图 10-21 所示。

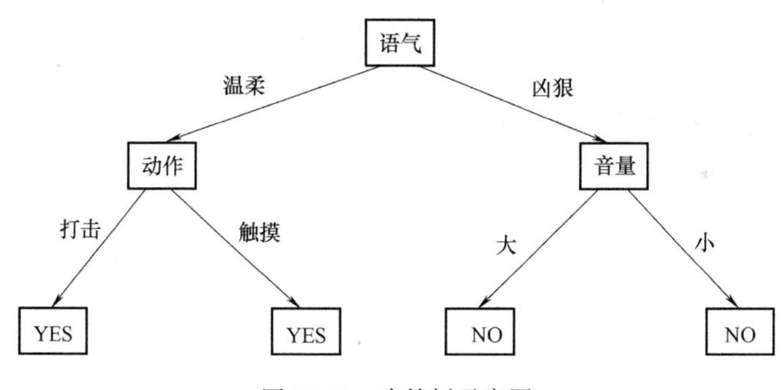

图 10-21　决策树示意图

在实际中，因为数据量庞大，决策树空间并非如此简单。节点的选取原则是，由根到叶子，每一个节点都是选取信息增益最大的属性作为节点。

4. 仿真

在 MATLAB 中进行仿真，假设有 125 组数据（事实上远大于这个数字），分别从悲伤、喜悦、愤怒、惊奇、恐惧五种情绪得来，其中每种情绪的数据范围是限定的。训练数据为 125 组，测试数据为 100 组，最终得到的决策树如图 10-22 所示。图 10-23 所示为前 25 组数据进行决策树分类后的结果。

虽然可以看出数据都得到了完整的分类，但是这种仿真存在几个问题：首先数据是自己创造的没有理论根据。而且对于一种情绪来讲，数据可以通过视觉、听觉、触觉来得到，其具体的情感数据分类要通过大量的实验才能得到准确值。其次，MATLAB 中的决策树函数是二叉树，也就是不能有多叉分支，这在实际中是受限制的，不过可以通过编程实现多叉树。

Regression tree viewer
File Tools Desktop Tree Window Help
Click to display: Identity
Magnification: 100%
Pruning level: 0 of 3
x1 < -995
5
x1 < 550
x1 < 55
x1 < 5500
1
2
3
4

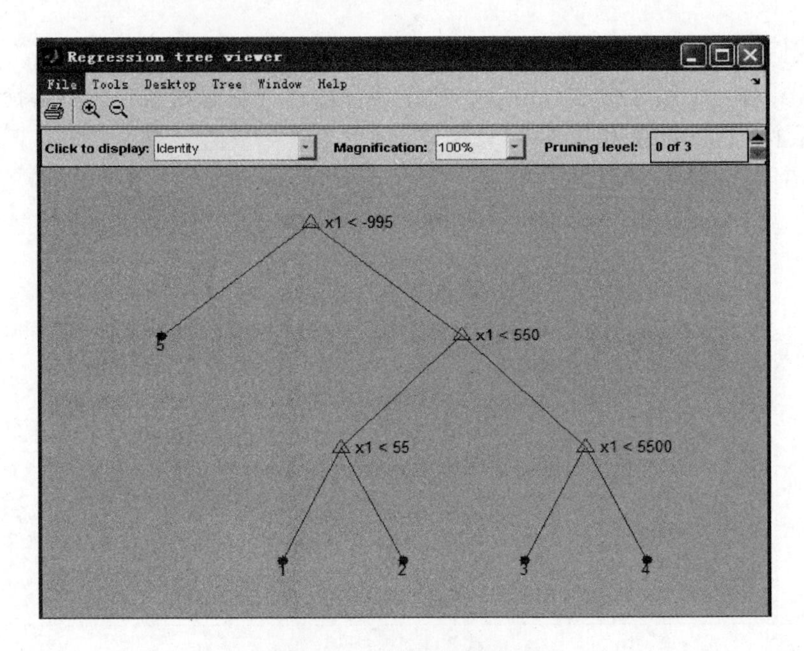

图 10-22　决策树仿真结果

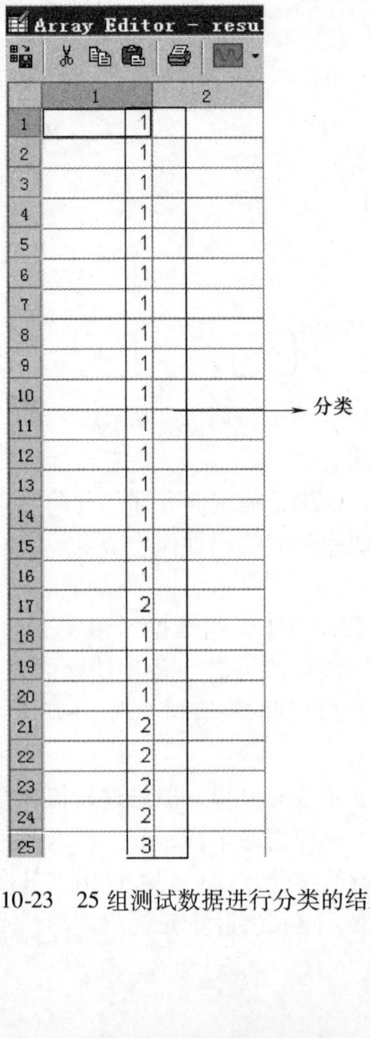

Array Editor - resu
1
2
1 1
2 1
3 1
4 1
5 1
6 1
7 1
8 1
9 1
10 1
11 1
12 1
13 1
14 1
15 1
16 1
17 2
18 1
19 1
20 1
21 2
22 2
23 2
24 2
25 3
分类

图 10-23　25 组测试数据进行分类的结果

5. 总结

决策树学习也有其不足之处，比如对连续性的字段比较难预测；当类别太多时，错误可能会增加得比较快；一般算法分类的时候，只是根据一个属性来分类；不能保证全局最优。但是机器学习中有神经网络、贝叶斯学习等等很多更加优秀的学习算法，都可以针对某一种问题提出解决方案，因此将机器学习应用到机器人的情感建模中是以后的研究重点之一。

参 考 文 献

[1] 王志良. 人工心理学——关于更接近人脑工作模式的科学[J]. 北京科技大学学报，2000，22(5)：478-483.

[2] Ortony A，Clore G L，Collins A. The cognitive structure of emotions [M]. UK：Cambridge University Press，1988.

[3] Breazeal C. Emotion and sociable humanoid robots [J]. International Journal of Human-Computer Studies，2003，59(1-2)：119-155.

[4] 魏哲华. 基于人工心理理论的情感机器人的情感计算研究[D]. 北京：北京科技大学，2002.

[5] 滕少冬. 应用于个人机器人的人工情感模型研究[D]. 北京：北京科技大学，2006.

[6] Breazeal C，Scassellati B. A context-dependent attention system for a social robot [C]//Proceedings of the Sixteenth International Joint Conference on Artificial Intelligence (IJCAI99). Stockholm，Sweden. 1999，1146-1151.

[7] Breazeal C，Scassellati B. Robots that imitate humans [J]. Trends in Cognitive Sciences，2002(6)：481-487.

[8] Breazeal C，Edsinger A，Fitzpatrick P，et al. Active vision systems for sociable robots [J]. IEEE Transactions on Systems，Man，and Cybernetics，Part A，31(5)：443-453.

[9] Botelho L M，HelderCoelho. Machinery for artificial Emotions [J]. Cybernetics and Systems：An International Journal，2001，32(5)：465-506.

[10] Hiroyasu Miwa，Kazuko Itoh，Daisuke Ito，et al. Introduction of the need model for humanoid robots to generate active behavior [C]//. In proceedings of the IEEE/RSJ Int. Conference on Intelligent Robots and Systems，2003，1400-1406.

[11] 王宏，颉斌，解仑. 基于人工心理理论的情感模型建立及其数值仿真[J]. 计算机应用，2004，24(S1)：368-370.

[12] 王飞，王志良，赵积春. 基于随机事件处理的情感建模研究[J]. 微计算机信息，2005，21(3)：101-102.

[13] Hirth J，Schmitz N，Berns K. Emotional architecture for the humanoid robot head roman [C]//Proceedings of IEEE International Conference on Robotics and Automation(ICRA)，2007：2150-2155.

[14] Hirth J，Braun T，Berns K. Emotion based control architecture for robotics applications [C]//Proceedings of 30th Annual German Conference on Artificial Intelligence，2007：464-467.

[15] Berns K，Braun T. Design concept of a human-like robot head [C]//Proceedings of IEEE-RAS/RSJ International Conference on Humanoid Robots，2005：32-37.

[16] 王志良. 人工心理[M]. 北京：机械工业出版社，2007.

[17] Mark L. Davison. Multidimensional Scaling [M]. New York：Wiley，1983.

[18] Wang Zhiliang，Teng Shaodong，Wang Li，et al. The research of affective computing model based on Markov chain [J]. International Journal of Psychology，2004，39(5-6)：72.

[19] Larsen R J. The stability of mood variability：a spectral analytic approach to daily mood assessment [J].

Jounral of Personality and social psychology, 1987, 52(6): 1195-1204.
[20] Parkinson B, Totterdell P, Briner R B, et al. Changing moods: the Psyhcology of mood and mood regulation [M]. New York: Addison Wesley Longman C. Press, 1996.
[21] 李冬梅. 青少年心境动态发展特点及不同调节策略对其心境变化影响的研究[D]. 北京: 首都师范大学, 2005.
[22] Larsen R J. Toward a science of mood regulation[J]. Psychology inquiry, 2000, 11(3): 129-141.
[23] 刘海波. 智能机器人神经心理模型研究[D]. 哈尔滨: 哈尔滨工程大学, 2005.
[24] Quinlan J R. Induction of decision trees[J]. Machine Learning, 1986, 1(1), 81-106.
[25] Quinlan J R. C4.5: Programs for Machine Learning[M]. San Mateo, CA: Morgan Kaufmann, 1993.
[26] 石瑛, 胡学钢, 方磊. 基于决策树的多特征语音情感识别[J]. 计算机技术与发展, 2009, 19(1): 147-149.
[27] 李春贵, 聂永红. 基于面向对象方法的 ID3 算法的设计与实现[J]. 广西工学院学报, 2004, 15(3): 1-5.
[28] 马瑜, 王有刚. ID3 算法应用研究[J]. 信息技术, 2006, 12: 84-86.
[29] 元常松, 孙吉贵, 于海鸿. 基于离散度的决策树构造方法[J]. 控制与决策, 2008, 23(1): 51-55.
[30] Tom M. Mitchell. Machine Learning[M]. New York: McGraw Hill, 1997.
[31] Ke Wang, Ruifeng Li, Lijun Zhao. Real-time Facial Expressions Recognition System for Service Robot based-on ASM and SVMS[J]. Proceedings of the 8th World Congress on Intelligent Control and Automation, Jinan, China. 2010, 7: 6637-6641.
[32] 史忠植. 认知科学[M]. 合肥: 中国科学技术大学出版社, 2008.
[33] H A Simon. Theories of decision-making in economics and behavior science[J]. American Economic Review, 1959, 49(1): 253-283.
[34] H A Simon. Information processing models of cognition[J]. Annual Review of Psychology, 1979, 30: 363-396.
[35] H A Simon. Models of thought[M]. New Haven, CT: Yale University Press, 1979.
[36] H A Simon. 人类的认知: 思维的信息加工理论[M]. 北京: 科学出版社, 1986.
[37] H A Simon. 人工科学[M]. 北京: 商务印书馆, 1987.
[38] Ochsner K N, Phelps E. Emerging perspectives on emotion-cognition interactions[J]. Trends Cognition Science, 2007, 11: 317-318.
[39] Pessoa L. On the relationship between cognition and emotion[J]. Nature Review Neuroscience, 2008, 9: 148-158.
[40] 刘烨, 付秋芳, 傅小兰. 认知与情绪的交互作用[J]. 科学通报. 2009, 54(18): 2783-2796.
[41] Albert C. Cruz, Bir Bhanu, Ninad S. Thakoor. Vision and attention theory based sampling for continuous facial emotion recognition[J]. IEEE Transactions on Affective Computing, 2014.
[42] 服务机器人科技发展"十二五"专项规划[R]. 中华人民共和国科学技术部//http: //www. most. gov. cn/mostinfo/xinxifenlei/fgzc/gfxwj/gfxwj2012/201204/W020120424329165624165. pdf.
[43] 史忠植. 高级人工智能[M]. 北京: 科学出版社, 2006.
[44] 王文峰. 第四次飞跃: 机器人革命改变世界[M]. 北京: 华文出版社, 2012.
[45] M Minsky. The society of mind[M]. New York: Simon & Schuster, 1985.
[46] R W Picard. Affective computing[M]. Massachusetts: MIT Press, 1997.
[47] 胡包钢, 谭铁牛, 王珏. 情感计算—计算机科技发展的新课题[N]. 科学时报, 2000, 3-7.
[48] Norman D A. Emotional design: why we love(or hate) everyday things[M]. New York: Basic Books, 2004.
[49] Kisacanin B, Pavlovic V, Huang T, et al. Real-time vision for human-computer interaction[M]. New

York: Springer-Verlag, 2005.

[50] 王志良，郑思怡，王先梅，等. 心理认知计算的研究现状及发展趋势[J]. 模式识别与人工智能，2011，24(2)：215-225.

[51] 刘烨，陶霖密，傅小兰. 基于情绪图片的 PAD 情感状态模型分析[J]. 中国图像图形学报，2009，14(5)：754-758.

[52] 国家自然科学基金重大研究计划“视听觉信息的认知计算”2009 年度项目指南[R]. 国家自然科学基金委员会//http://www.nsfc.gov.cn/nsfc/cen/yjjhnew/2009/20090121_04.htm.

[53] Kotsia I, Zafeiriou S, Pitas L. Texture and shape information fusion for facial expression and facial action unit recognition[J]. Pattern Recognition, 2008, 41(3): 833-851.

[54] Thagard P. How to collaborate: procedural knowledge in the cooperative development of science[J]. Southern Journal of Philosophym, 2006, 44: 177-196.

[55] Tompkins S S. Affect imagery consciousness: Vol 1. The positive affects[M]. Oxford, England: Springer Publishing Company, 1962.

[56] Izard C. The face of emotion[M]. Vol 23. New York: Appleton-Century-Crofts, 1971.

[57] Gaetano Valenza, Antonio Lanatà, Enzo Pasaquale Scilingo. The role of nonlinear dynamics in affective valence and arousal recognition[J]. IEEE Transactions on affective computing, 2012, 3(2): 237-249.

[58] Lazarus R S. Relational meaning and discrete emotions. Appraisal processes in emotion: theory, methods, research[M]. Oxford University Press, 2001: 37-67.

[59] Ekman P. Lie catching and microexpressions[M]. Oxford Universit Press, 2009: 118-133.

[60] Cañamero L. Modeling motivations and emotions as a basis for intelligent behavior[C]. 1th International symposium autonomous agents, 1997: 148-155.

[61] Gadanho S. Reinforcement learning in autonomous robots: an empirical investigation of the role of emotions [D]. Emotions in Human and Artifacts, MIT Press, 2002.

[62] Velásquez J. An emotion-based approach to robotics[C]. IEEE/RSJ International Conference on Intelligent Robots and Systems, 1999.

[63] Murphy R, Lisetti C, Tardif R, et al. Emotion based control of cooperating heterogeneous mobile robots [J]. IEEE Transactions on Robotics and Automation, 2002, 18(5): 744-757.

[64] Burgstaller W, Lang R, Porscht P, et al. Technical Model for Basicc and Complex Emotions[C]. 5th IEEE International Conference on Industrial Informatics, 2007: 1007-1012.

[65] 王志良. 人工心理 [M]. 北京：机械工业出版社，2007.

[66] Cowie R E, Douglas Cowie N, Tsapatsoulis Y, et al. Emotion recognition in human computer interaction [C]. IEEE Signal Process Mag, 2001(18): 32 -80.

[67] Wundt W. Principles of physiological psychology [M]. New York: Nabu Press, 2010.

[68] Izard C E. Human emotions[M]. New York: Plenum Press, 1982.

[69] Mehrabian A. Pleasure arousal dominance: a general framework for describing and measuring individual differences in temperament [J]. Current Psychology: Developmental, Learning, Personality, Social, 1996, 14(4): 2612-2621.

[70] Qi Wu, Xunbing Shen, Xiaolan Fu. The machine knows what you are hiding: An automatic micro-expression recognition system[J]. Affective Computing and Intelligent Interaction, 2011.

[71] Liu T, Chen W, Liu C H, Fu X L. Benefits and costs of uniqueness in multiple object tracking: The role of object complexity [J]. Vision Research, 2012, 66: 31-38.

[72] Scherer K, Ekam P. Approaches to emotions[M]. Lawrence Erlbaum Associates, 1984.

[73] Andrew Ortony, Gerald L Clore, Allan Collins. The cognitive structure of emotions[M]. London: Cambridge University Press, 1988.

第 11 章　情感机器人实例

本章主要从三个部分介绍情感机器人的应用实例。首先介绍能够实现家庭环境互动的智能家居系统，该系统可以将整个智能数字家居系统的功能综合起来，用户可以方便地控制家庭中各个电器设备。尤其适合无人环境，家中有老人或小孩，以及家中有残疾人的家庭。第二部分介绍了虚拟管家的设计，该设计可以在虚拟环境下实现智能人机交互，除了管理家居生活之外，还可以扩展到虚拟中医等场景。其特殊的老太太形象增加了用户体验的亲切感，具有情感的对话内容也使得交谈过程更加拟人化。最后一部分介绍了物理机器人，具有情感模型的表情头设计，可以表现出多种富有情感的表情，这使得在人机交互中更为和谐。

11.1　智能家居系统

11.1.1　智能家居的设计背景

智能家电控制系统作为数字家庭实验室联网系统（digital home lab）的一个控制设备，主要任务是提供良好的人机交互平台，将整个智能数字家居系统的功能加以综合，以更加友好的智能方式向用户提供服务。使用智能家电系统，用户可以在家庭环境中方便地控制各种电器设备，实现设备的互通互联。

图 11-1 所示为智能管家系统与整个家居环境的物理关系。可以看出，此系统运行在一台嵌入式 PC 上，通过触摸屏幕与人进行交互。系统的启动界面如图 11-2 所示。

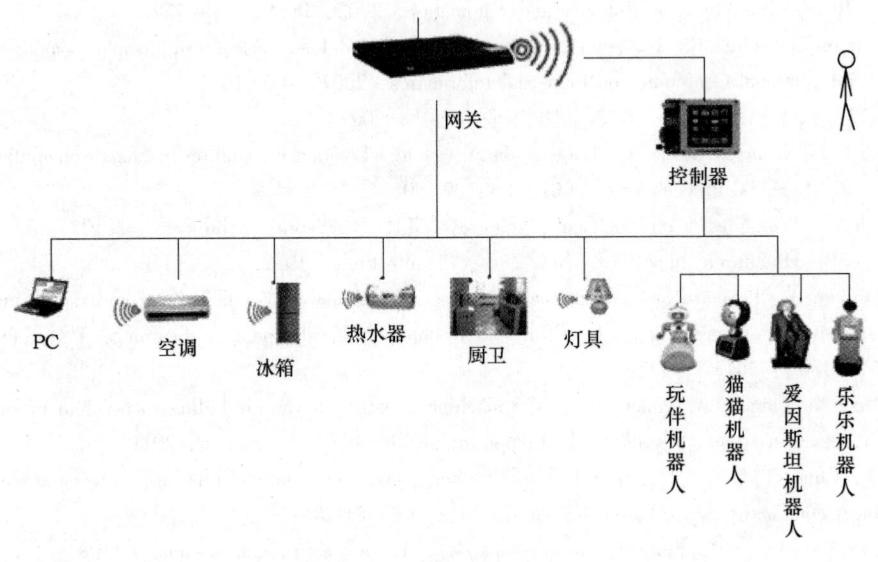

图 11-1　系统物理关系图

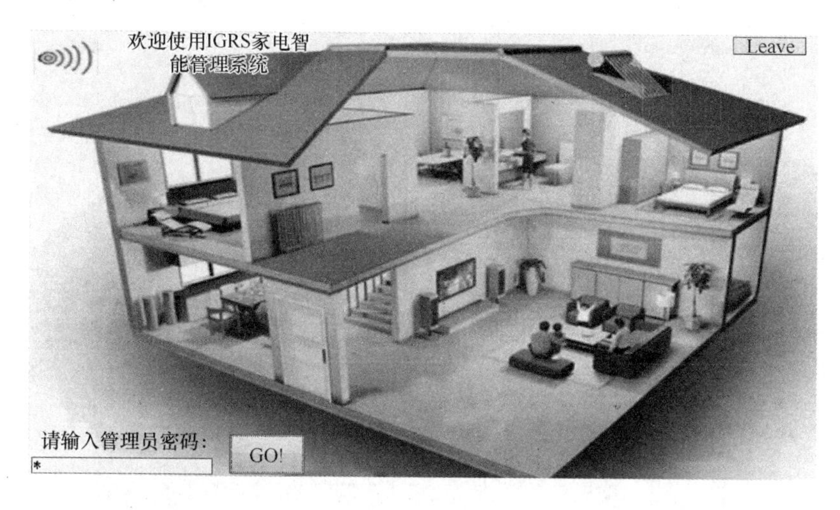

图 11-2 智能家电管理系统示意图

11.1.2 智能家居的整体设计

由图 11-1 所示的功能结构可以看出，智能家电管理系统作为 HCI 的平台，使用触摸屏与用户交互。由于各个设备在家庭中分布较为分散，因此通信平台必不可少，我们使用 ZigBee 无线网络作为其通信平台，ZigBee 技术是一种短距离、低功耗、低数据速率、低成本、低复杂度的无线网络技术。由于在家庭环境下，通信的距离相对较小，所以 ZigBee 网络使用星形网络拓扑结构。其星形网络拓扑结构示意图如图 11-3 所示。

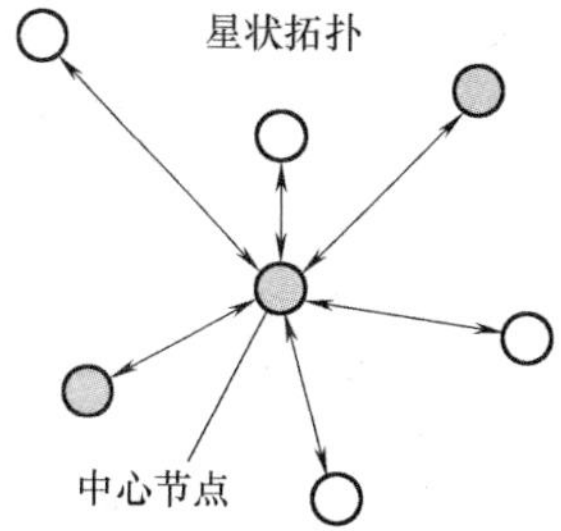

图 11-3 ZigBee 网络的星形网络拓扑结构示意图

家电设备之间的通信协议包括两个部分，应用层协议和底层传输协议。本设计使用 ZigBee 网络，底层传输协议使用 ZigBee 协议。应用层协议则使用通用智能控制协议（GICP）和信息设备资源共享协同服务协议（IGRS）。

11.1.3 智能家居的工作过程

打开家电智能管理系统应用程序后，将呈现如图 11-4 所示的画面。在界面中有网络信息、场景模式、智能环境监控、串口配置、串口监视等几项功能。用户可以通过点击“登录设置”来设定软件登录时的密码。

首先，需要设置软件与下位机通信的串口号。切换到串口配置标签页，如图 11-5 所示，在此标签页里，用户可以设置通信串口的串口号、波特率、奇偶校验、数据位和停止位。

智能家电管理系统在使用前需要将设备加入到网络列表中，即为设备分配网络地址。切换到“网络信息”标签页后，点击“开始配置设备 ID”按钮，系统会自动发送网络配置信息，收到此消息后，设备会向系统发送相应配置消息，该消息中带有八位随机码，以区别于其他设备。收到设备发来的相应配置消息后，系统会为相应的设备发送 ID 配置消息，即为该设备分配网络 ID。网络设备退出配置状态，此后，每隔 1min 向系统发送在线消息，以告知系统，该设备处于在线可控状态。整个配置过程如下：

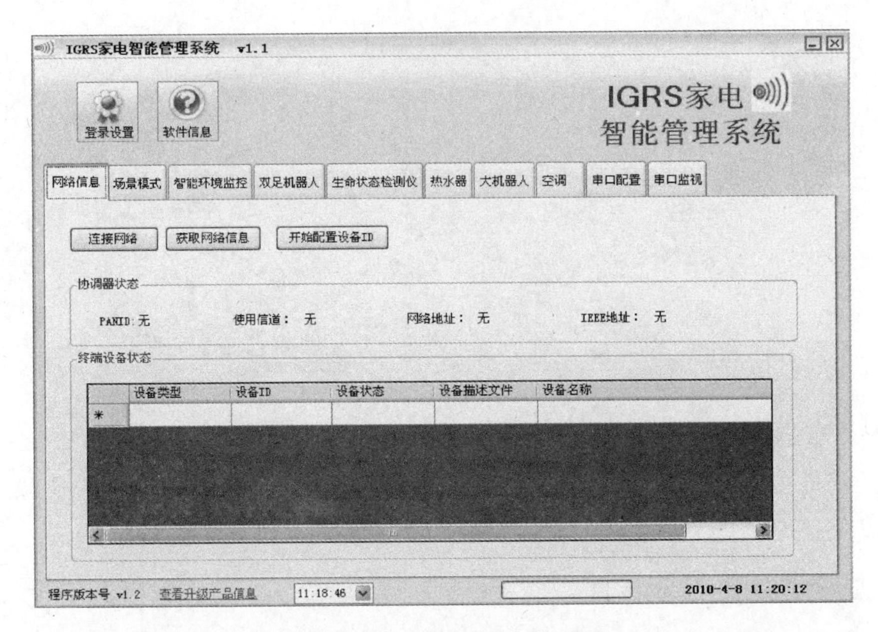

图 11-4　家电智能管理系统界面

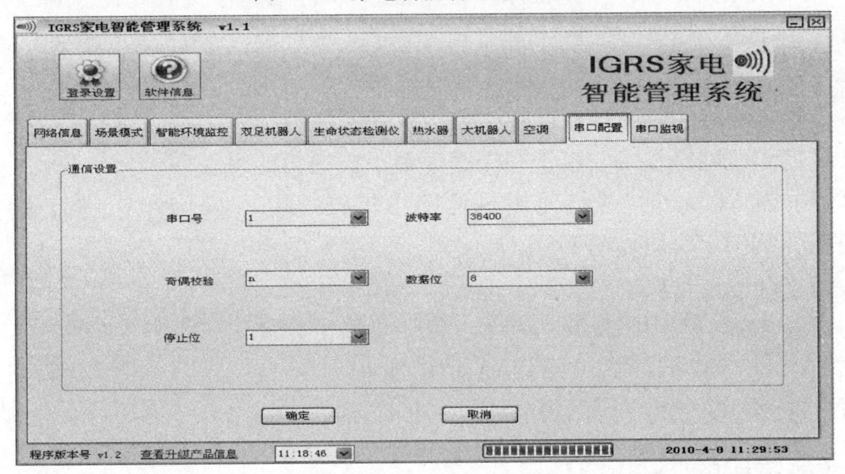

图 11-5　设置串口配置

配置器和设备处于配置状态时，可进行设备配置。

1）配置器、设备通过相关操作，进入配置状态。

2）配置器在管辖的子网内，定时广播包含网络 ID 的配置准备消息。

3）设备接收配置准备消息，随机生成 8 字节的设备请求标识数据，发送配置请求消息。

4）配置器接收配置请求消息，分配相应设备 ID，发送配置响应消息。

5）设备接收配置响应消息，检查配置响应消息是否属于本设备（根据返回的设备请求识别码是否由本设备提交的进行判断），验证成功后，记录网络 ID 并获得设备 ID，设备配置成功，退出配置状态。如果配置响应消息不是给本设备的，或是一直没收到配置响应消息，则再次等待配置器发送配置准备消息，重新请求配置。

6）配置器在配置状态下持续定时广播配置准备消息，直到通过相关操作退出配置状态。

对于普通设备，上电 1min 内每隔 10s 宣告一次，之后每隔 5min 宣告一次，如果接收到设备查找消息，且符合查找条件，则在第 n 毫秒（n 为小于 10000 的随机数）开始第 1min 内每隔 10s 宣告一次，然后每隔 5min 宣告一次。如果一个设备在长时间内没有发送任何消息，则其他设备认为该设备离线。

图 11-6 模拟的空调设备，在完成网络配置后的状态。

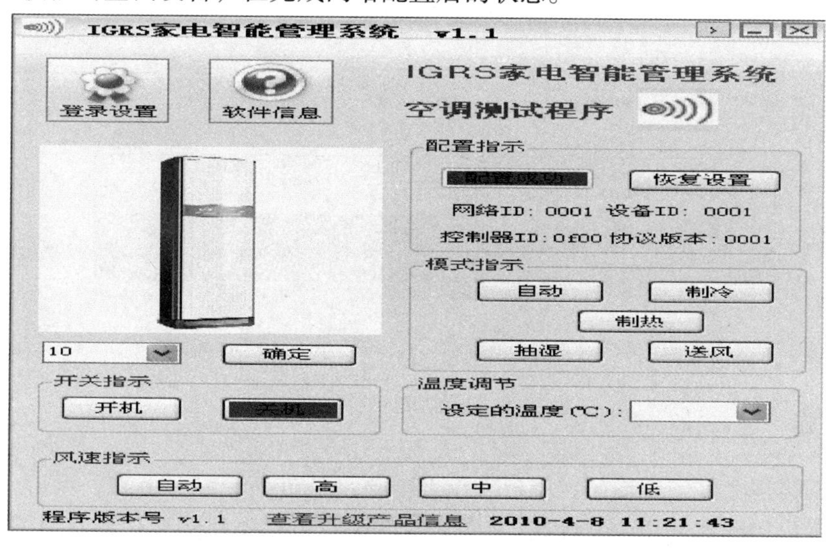

图 11-6　实现网络配置后的状态示意图

当系统与设备完成网络配置后，系统的界面上会呈现出已上线设备，并指出该设备的网络地址和在线状态。通过点击该设备所在位置，会弹出对话框，指示是否传输设备描述文件，点击“确定”按钮后，系统会向相应的设备发送请求传输的命令。系统作为文件传输的请求端，设备作为文件的持有端。

文件传输由文件请求端发起请求，文件持有端对请求进行回应。请求端可根据实际情况启动、暂停或中止传输。传输可以从文件头或某个断点开始。文件请求端可通过文件总长和已经获得的文件数据来判断一个文件是否已经传输完毕。如果一个文件没有传输完毕，则请求端可以适时地请求继续传输。一个完整的文件传输过程如图 11-7 所示。系统界面的下方会显示文件传输的进度。

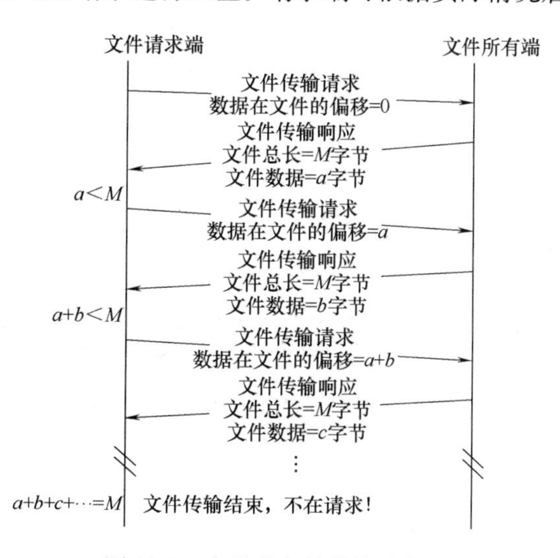

图 11-7　完整的文件传输示意图

设备描述文件一般固化在设备中，记录通用控制设备的基本信息、所具备的功能、执行相关功能所涉及的参数，以及各参数取值定义，描述通用控制设备的资源，详细记录设备在互联网中的表现形式，以及设备所能提供的服务。

完成设备描述文件的传输后，系统会自

动对文件进行解析，在系统界面上会显示该设备的名称，如图 11-8 所示。

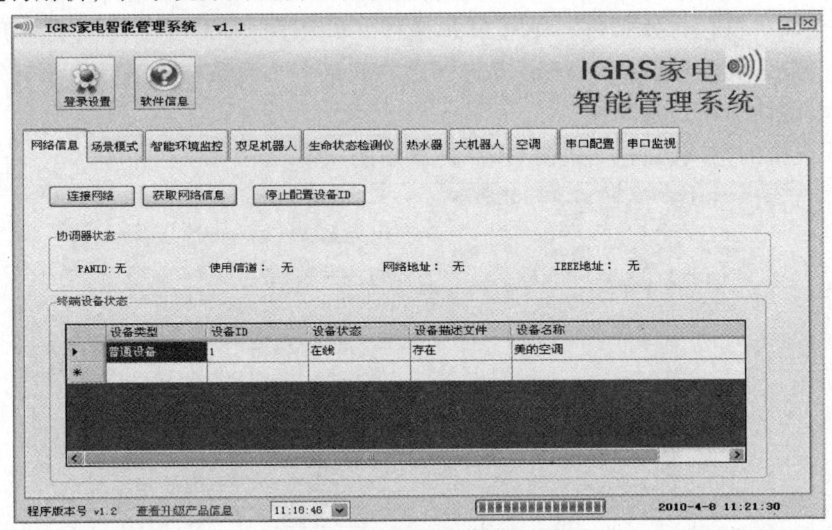

图 11-8　文件解析的系统界面

完成设备描述文件的传输后，用户可以点击该设备进行控制。例如，点击“美的空调”后，系统会弹出如图 11-9 所示对话框。系统会自动解析设备描述文件，在电器信息对话框中显示设备名称、生产商、产品型号、序列号、生产日期，并将电器功能列在与设备对应的功能对话框中。

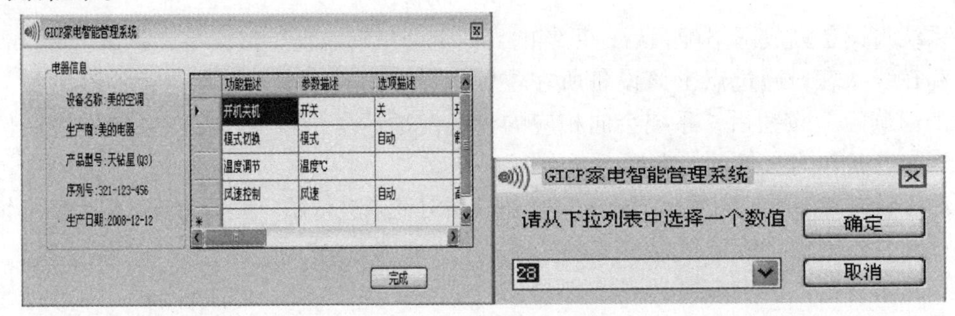

图 11-9　美的空调的控制界面

点击相应的功能，系统回想该设备发送控制命令，并会返回执行的效果，如果未能得到执行，会显示未成功的原因，如图 11-10 所示。

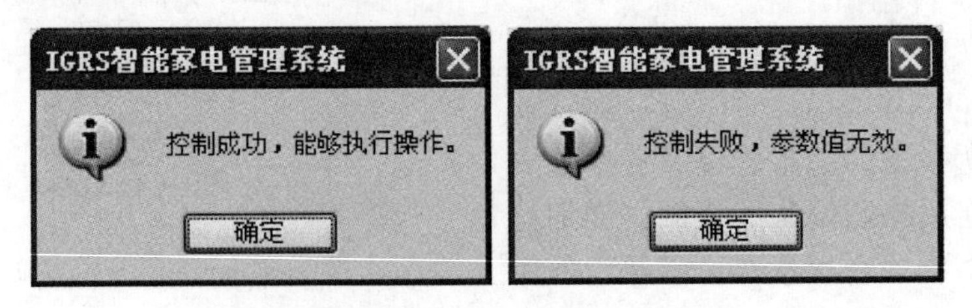

图 11-10　成功与失败的界面显示

为方便用户对家电的自动控制，使家电能按照用户的意愿在某一时刻自动执行功能，系统提供了五种情景模式，分别为“起床场景”“上班场景”“回家场景”“睡觉场景”和“普通场景”。用户可自行设定每种场景的内容，如图 11-11 所示。用户通过系统亦可了解到家庭中的环境信息，如光照，温度和湿度等，如图 11-12 所示。

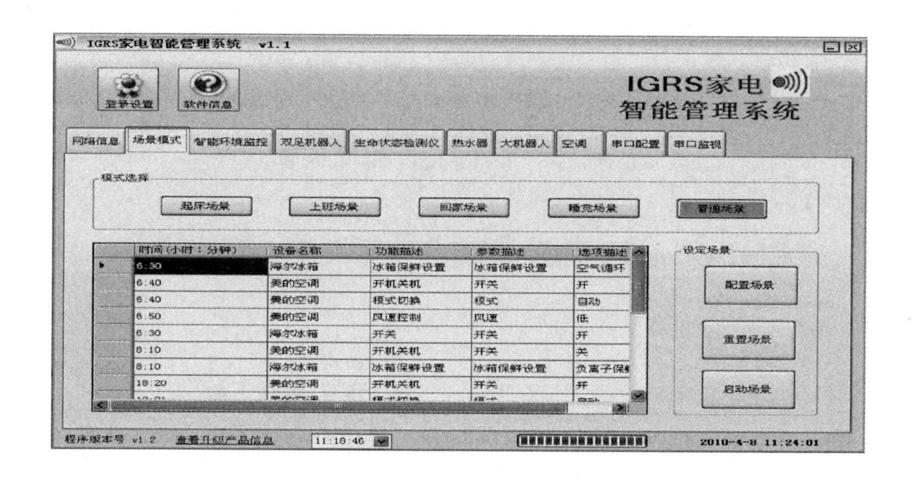

图 11-11　智能家居的场景模式设计

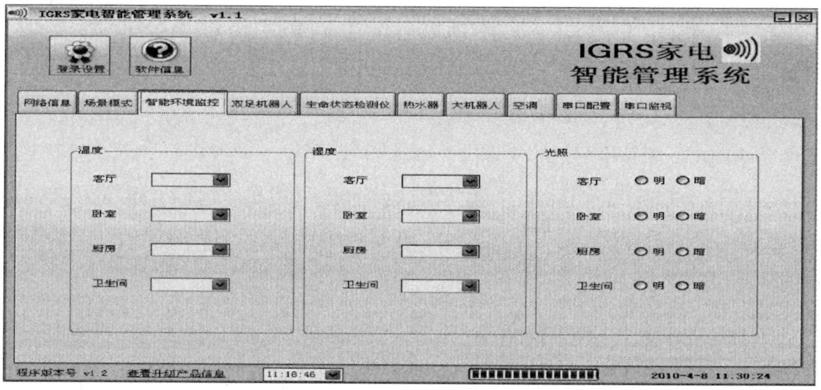

图 11-12　智能家居的职能环境监控模式

系统发送和接收数据的情况可通过切换标签页“串口监视”来查看，如图 11-13 所示。

通过上述各种操作，可以实现对各个环境模式下各房间的电器设备控制，达到绿色节能、低碳的和谐生活目标。

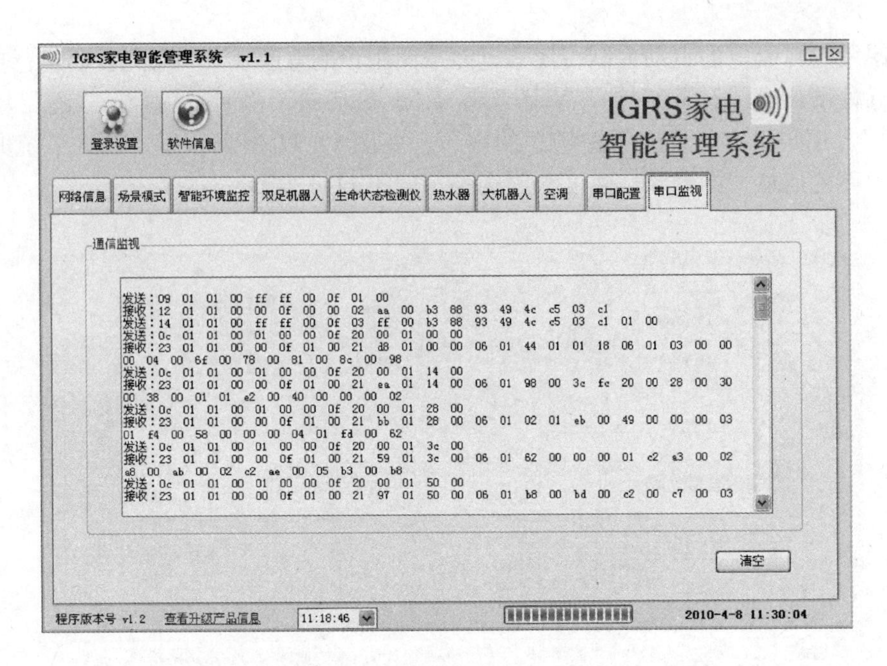

图 11-13 智能家居的串口监视

11.2 虚拟管家系统

11.2.1 虚拟管家系统的开发背景

作为数字家庭的一个重要终端——计算机自诞生以来，经过半个多世纪的发展，已应用到社会生活的各个领域，可以代替人做大量重复性的工作，且在这方面的能力，有的已远远超过人类。在此背景下，人与计算机间的通信——人机交互，不断受到重视，人机接口技术得到飞速发展，人机交互界面已从过去的“人适应计算机”发展为“计算机适应人的习惯”和“以用户为中心”的新阶段。同时，数字家庭的提出与发展，使得人机交互在家居环境中的应用提升到了一个更高的层面。在数字家庭环境中，我们提出了“虚拟管家”的概念，即面向数字家庭的虚拟管家。

面向数字家庭的虚拟管家（又称智能管家）系统作为数字家庭联网系统的一个终端设备，定位于数字家庭系统中的家庭层，以人或者说是家庭成员作为交互对象。主要的任务是提供良好的人机交互平台，将整个数字家庭环境中智能数字家居系统的功能加以综合，以更加友好智能的方式向家庭成员提供服务。换句话说，就是要以“虚拟机器管家”的形式，结合人脸识别、语音交互、有线/无线网络、视线追踪、红外遥控/遥感等多种技术来实现对数字家居设备的管理、控制，以实现和谐的人机交互，提高人们在数字家庭环境中的生活舒适度，从而极大地提升人们的生活水准和满意度。

11.2.2 虚拟管家系统的整体设计

根据软件工程中面向对象的系统设计思想，虚拟管家系统结构采用模块化的方法，将系统分为面向用户模块和后台程序模块。系统模块如图 11-14 所示。

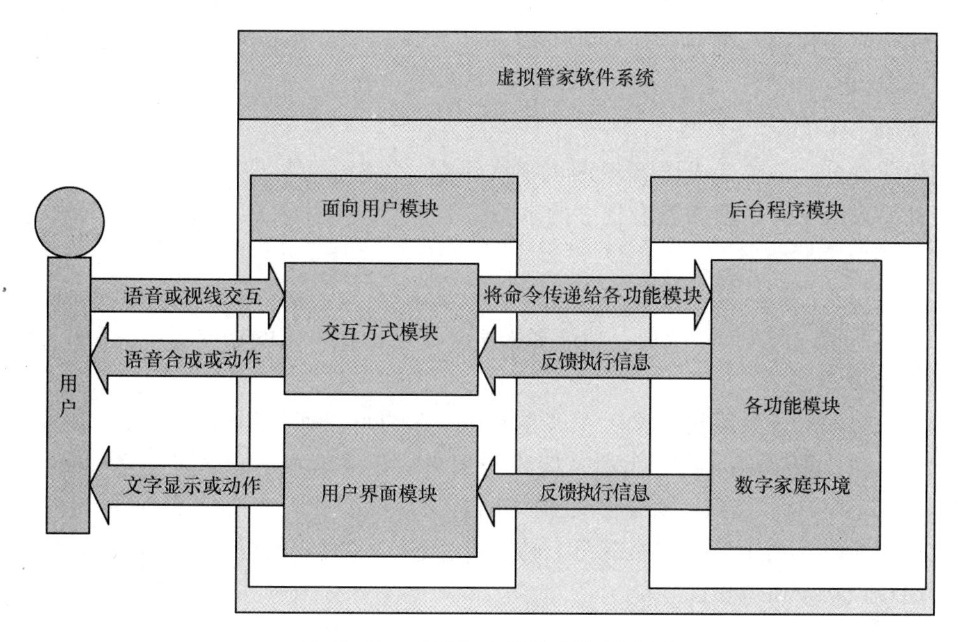

图 11-14　虚拟管家软件系统模块图

面向用户模块分为用户界面模块和交互手段模块两部分，主要负责与用户之间进行交互，包括提供人机交互的界面和手段，而后台程序模块主要针对数字家庭环境。

虚拟管家系统的各个功能均采用事件驱动模式，可独立实现其模块功能，且各功能之间没有相互依赖的关系，所以系统运行流程呈现树形结构，系统流程如图 11-15 所示。

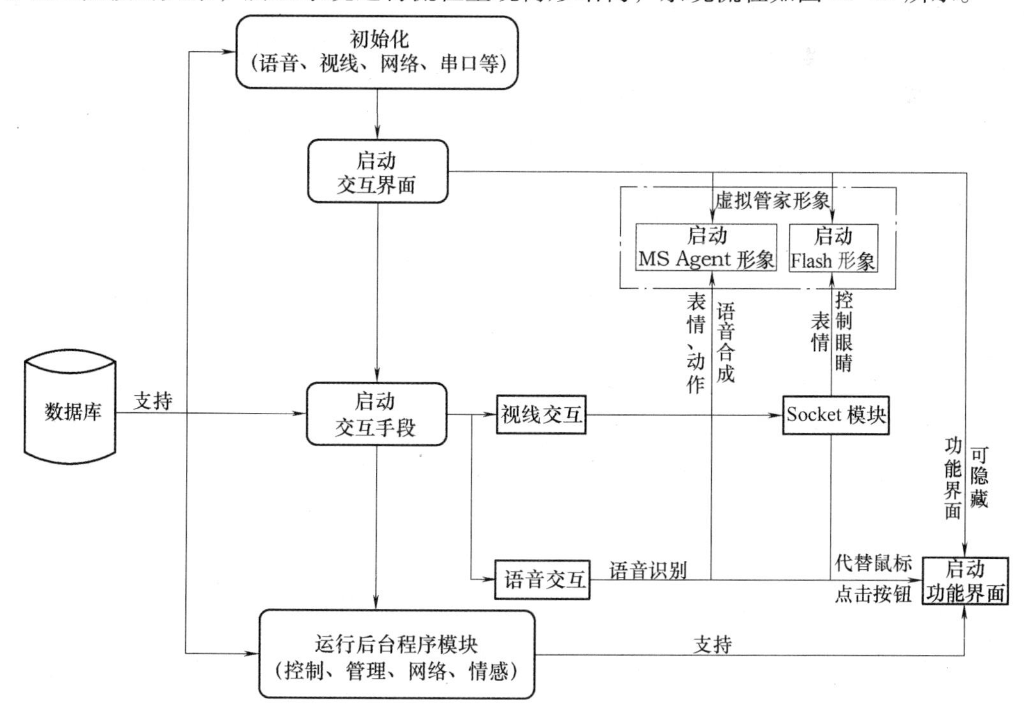

图 11-15　虚拟管家系统运行流程图

流程图主要包括四个部分，初始化、启动交互界面、启动交互手段和运行后台程序模块。

1. 初始化

在初始化部分，主要完成语音识别、视线跟踪、IGRS 网络、串口等的初始化工作，为后续的交互界面、交互手段和后台程序的运行做准备。

2. 启动交互界面

交互界面包括虚拟管家的形象和功能界面，其中管家形象既有调用的 MS Agent 形象，又有用 Flash CS 开发的 Flash 形象；功能界面主要是将虚拟管家的功能可视化。

3. 启动交互手段

在语音、视线交互手段初始化后，现在启动。用户可以通过语音与虚拟管家进行对话，调用其功能。视线跟踪启动后，能实时检测到用户视线停留在屏幕上的位置坐标，并通过 socket 模块发送给 Flash 形象，让她的眼睛也随着坐标的变化看向屏幕的不同方向，模拟跟踪用户视线；同时，当用户在功能按钮上的盯视超过 5s（时间值可变），系统将响应按钮消息，执行用户点击按钮调用此功能。

4. 运行后台程序模块

程序的后台运行模块包括虚拟管家按照用户设定的模式运行表，自动调节家电设备的运行状态，还包括通过 IGRS 网络协议获取数字家庭中温度、湿度、烟雾浓度、燃气浓度、红外和门磁等传感器信息，对数据进行分析，对家电设备的运行状态进行调整和对紧急情况进行警报、处理。当用户与虚拟管家进行语音聊天对话时，语音情感分析也同时实现。

11.2.3 虚拟管家系统功能模块说明

虚拟管家系统的功能模块包括身份识别模块、常用功能模块、休闲娱乐功能模块和数字家庭控制模块，系统模块拓扑图如图 11-16 所示。

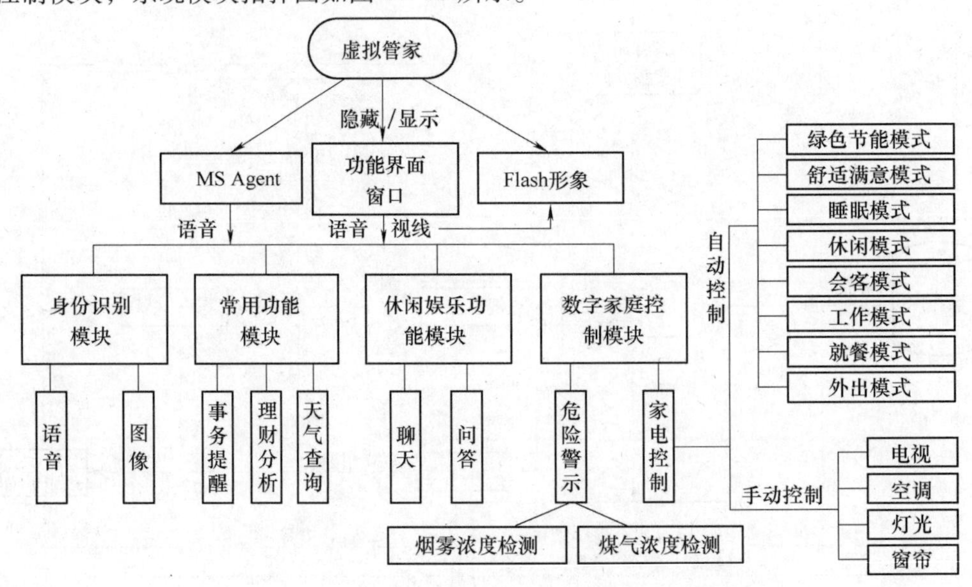

图 11-16　虚拟管家系统模块拓扑图

1. 身份识别模块

身份识别包括语音识别和图像识别两种识别方式，经过训练或注册后，能够通过语音或人脸来判断家庭成员的身份。

2. 常用功能模块

此模块包括事务提醒、理财分析、天气查询等常用的功能。它不仅能够对数据库中的重要事务进行定时提醒，对家庭的收支情况按天、按月和按年进行统计分析，并给出合理的建议，还能够实时提供详细的天气情况。

3. 休闲娱乐功能模块

语音交互是虚拟管家的一大特色，此模块主要通过语音交互来实现。用户可以与虚拟管家进行简单的聊天，并且虚拟管家可通过完全匹配问句查找数据库和对语音情感的分析给出答案，同时还能做出相应的表情动作；在问答部分，主要针对家庭成员中的儿童成员进行有关《十万个为什么》的问句文本分析，理解提问的主体，最后在数据库中查找答案，这优于聊天功能的问句完全匹配方式。

4. 数字家庭控制模块

在此模块中，危险警示功能是根据由控制中心通过 IGRS 协议发送的烟雾、煤气浓度检测传感器实时检测数据，进行是否超标的判断，如果超标，虚拟管家会进行语音提醒、报警，并发送开窗指令等。家电控制功能主要是对数字家庭环境中的家用电器，如电视、灯光和空调等通过串口发送指令进行手动控制，或根据用户按照时间顺序设定的运行模式表进行自动控制；也可以通过 IGRS 协议将家电运行状态的指令发送给控制中心，由控制中心去执行。

图 11-17 所示为虚拟管家系统的软件平台，用鼠标点击对应的文字框，就可以进行相应的控制。其具体的控制操作示意图可以参见本书第 6 章的详细内容。

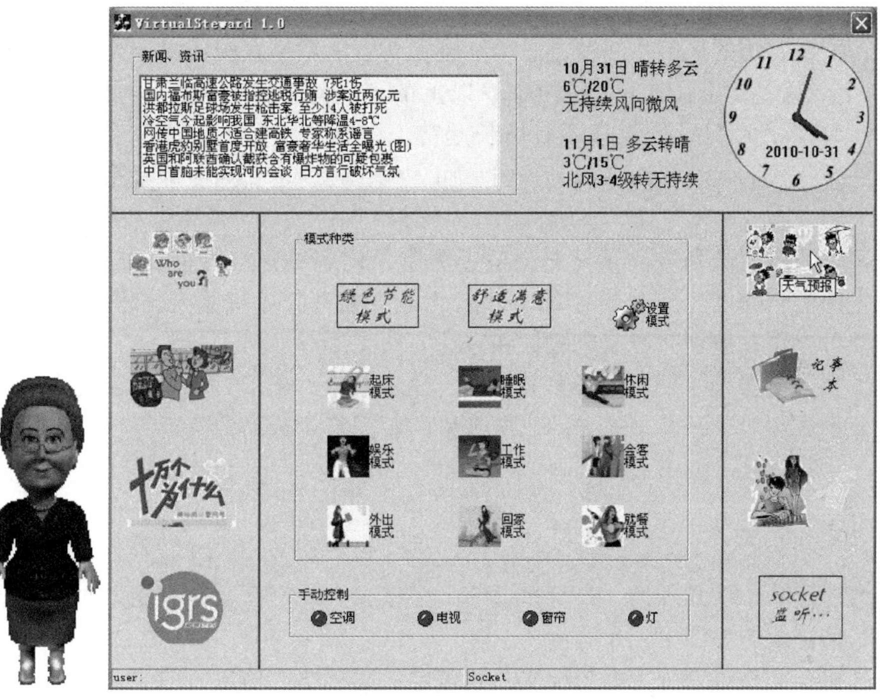

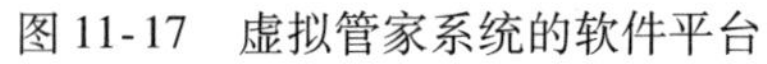
图 11-17 虚拟管家系统的软件平台

11.3 服务机器人

11.3.1 服务机器人的开发背景

家庭服务机器人是机器人的发展方向，是我国进一步加强机器人技术研究的突破口，是我国机器人技术发展的重点。

个人电脑普及革命的领军人物比尔·盖茨预言，机器人即将重复个人电脑崛起的道路，“未来家家都有机器人”。点燃机器人普及的“导火索”，这场革命必将与个人电脑一样，彻底改变这个时代的生活方式。韩国科学家预测，到2015年，每个家庭将至少拥有一个机器人。在2008年中国科协举办的“五个10”系列评选活动中，“未来家庭机器人”入选“10项引领未来的科学技术”，这表明家用机器人技术所具有的前沿学科性与重要实用意义。

这些家用机器人的功能高度专业化，作为计算技术的一个延伸，能够提供语音交互、数据传输、多媒体服务、家电控制和管理等功能，也是智能网络家电中的一个重要的组成部分。这些装置的价格不断降低，逐步达到普通消费者能够承受的水平，机器人极有可能使人类社会生活的方方面面——包括工作、交流、学习及娱乐等发生重大变革，影响之深远丝毫不逊于过去30年间个人电脑给我们带来的变化。

随着智能机器人技术的迅速发展，智能机器人的应用领域正在不断扩大，已经逐步进入了家庭服务行业，由智能型家庭服务机器人代替人来完成清洁卫生、物品搬运、家电控制、家庭娱乐、病况监视、儿童教育、报时催醒、电话接听等各种家务劳动，这种服务机器人是一种能够自主或者半自主地提供服务而不是提供生产的机器人，它的使用能够提高人们的生活质量。

同时，世界各国的老龄化问题进一步加剧了对智能型家庭服务机器人的需求。如，加拿大65岁以上老人达380万人；德国60岁以上的老人超过8200万人，分别占该国人口的12.43%和22%，而且，近年来还有增长趋势。中国独生子女和老龄化问题将更加严重。因此，家庭服务机器人将在许多以老、弱、病、残、独生子女为主的家庭中有很好的应用前景。

此外，以防盗监测和电及煤气安全检查为主要内容的家居智能安防系统在我国发展迅速。近几年的增长速度达到15%~20%。因此，将家庭服务机器人与家居智能安防系统结合在一起，可以更有效地完成家庭服务和家居安防工作。

因此，服务机器人主要应用于家务劳动、娱乐教育、老年人及残疾人康复、护理、安防等社会服务领域，对于缓解全球老龄化所带来的服务行业劳动力匮乏等社会问题具有重大意义。

11.3.2 服务机器人的整体设计

基于情感计算、认知理论，具有多通道、多模态人机交互与合作能力的物理型服务机器人系统，其信息流图如图11-18所示。

将服务机器人系统划分为七个层次：物理层、驱动层、信息处理层、行为规划层、传输层、应用层和系统监控层。

物理层：这一层作为交互逻辑的最底层，直接与环境、交互者和网络中的其他在线设备发生联系。它包括物理型服务机器人的各种硬件传感器、网络接口和有信息采集及处理功能的软件 agent。对于物理型服务机器人，此层还包括舵机、步进电动机等执行机构。

驱动层：驱动层位于软件系统和物理硬件层之间，完成服务机器人软件对硬件设备的驱动。通过对传感器采集信号的变换，转换成软件能够处理的信息。实现软件到硬件命令协议的转换，完成上位机软件平台对物理层硬件设备的控制。

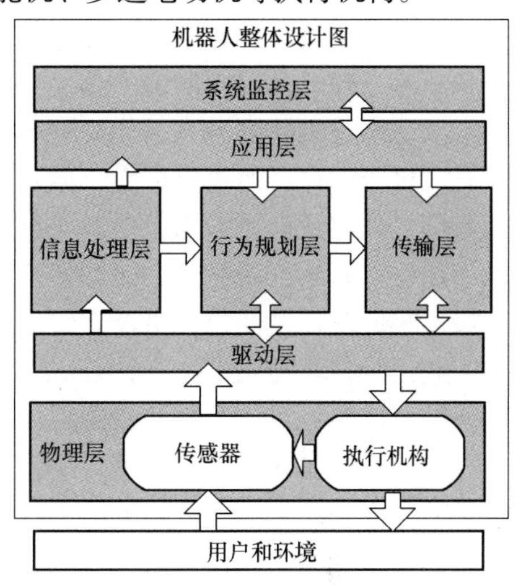

图 11-18　服务机器人系统信息流图

信息处理层：传感器信息经过驱动层的转换后，在此层得到后期处理。通过细粒度模式识别，感知用户和环境的详细信息。粗粒度模式识别可以实现用户目的、意图等综合信息的判别。情感信息识别则可以从多种传感信息中获取用户的情感。此后，对交互信息和环境信息进行融合，去除其中包含的噪声和冗余信息，得到推理系统可以处理的标准信息格式。最后，利用机器学习、决策树或其他算法，实现推理系统对多种信息的综合推理。

在细粒度模式识别中，各识别模块功能可以分散在硬件上实现。从人类自身处理信息的流程来分析，会发现在完成多通道传感信息识别时，实现的功能基本上不需要人类太多的逻辑思维，由于人类频繁地使用，这些能力已经接近于人类的本能，比如当听一个人说话时，将听到的声音信号转化为能理解的语音信号的过程，可以说基本没有运用大脑的逻辑分析功能。由于拟开发的服务机器人最重要的特点是交互的实时性，所以需要将信息的处理过程尽可能分散，以减轻智能决策层处理信息的压力，提高处理速度。

推理系统模拟人类大脑的逻辑推理和智能决策能力，同时受到情感产生系统和需求模型的影响。一个决策的生成，不但与我们获得的信息及掌握的知识有关，还与我们当时的心理状态以及要达到的交互目标有关系。基于确定性或不确定性推理理论以及智能决策算法，实现从标准的交互输入信息到行为输出信息之间的映射。

行为规划层：除了根据外界输入信息做出相应的反射行为外，还要根据应用层中用户的设计行为，综合知识库、行为库规划下一步服务机器人的行为。

反射行为的产生需要一个本能反射规则库支持。规则库包含一些基本的“感应-行动”规则，这些规则应该是“一对一”的形式，不允许有复合推理的形式出现。人体神经系统的调节方式是反射，天生具有的反射叫简单反射，又称为非条件反射，例如，缩手反射、眨眼反射等都属于简单反射，这是一种比较低级的动作调节方式。此过程不需要经过大脑皮层，只要有脊髓或脑干的神经中枢参与就可以完成，因此这种动作中没有逻辑成分。人类还有一种动作叫做无意识动作，比如，当一个人无聊时会做一些抖脚，搓手，玩头发等小动作，这些动作是没有经过大脑逻辑思维就可完成的，我们将服务机器人的无意识动作也在此考虑。服务机器人接收各种传感智能体经过初步处理的较原始的交互信息，此信息流可能会有冗余或冲突性质的信息体存在。简单反射的主要目标是机器人具有时效地完成简单反射动作，因此，在制定简单反射规则时，可以利用优先级规则来对各种交互信息体进行融合，以便决定当前要执行的交互动作。

传输层：此层包括多种模型，如，关注模型、情感产生系统、需求模型以及学习模型等。在获取用户注意力信息的基础上，关注模型能够计算出用户关注焦点，进而可以使机器人本身与用户保持对同一事物的关注。基于情感模型，服务机器人的情感产生系统可以产生自身的情感。同时，以马斯洛的需求层次理论为基础，建立需求模型，以反映服务机器人自身的需求。结合情感模型与关注模型的输出，进而影响到机器人的输出行为。学习模型则不断地获取机器人自身的输出行为，以及用户信息、环境信息的输入，学习其中的映射关系，来不断调整知识库和行为库，使服务机器人表现出动态的学习能力。

应用层：开放给研究者。他们可以利用开放的接口在这个层面上进行多方面的研究。在这一层，我们现在主要进行机器人的情感模型和服务交互与合作的研究，建立机器人的服务模式，并进行仿真与调试。

系统监控层：目前，服务机器人还不能完全自主，因此，用户对系统整体的运行情况进行监控是必要的。该层不参与具体的任务和行为规划。除了为用户提供服务机器人运行状态的信息外，当系统发生不可预见的困难情况时，由系统监控层通知用户处理这种异常、冲突和死锁。用户能够改变任务的执行状态（挂起、终止或执行）或改变机器人的运行模式等。在某些情况下用户还可以通过监控层直接控制机器人来完成期望的任务。此外，机器人还可以利用运行环境和状态信息，以不得伤害人和保护自身的安全为目的，在一定程度上实现模块的自组织和自诊断功能。

11.3.3 服务机器人的功能模块说明

开发的物理型服务机器人包括：表情机器人以及仿人机器人。如图11-19所示。下面介绍一下各个模块的主要功能。

1. 语音交互模块

语音交互技术包括语音识别和语音合成两方面，语音识别是通过软件提取用户的语音信息，并将之转化为软件可识别的二进制机器语言。目前设计中使用的是Pattek ASR提供的识别引擎和科大讯飞的XF-S4240。语音合成使软件向用户反馈的字符信息通过TTS（Text To Speech）转化为用户可以听懂的语音信息。语音识别和语音合成都在语音交互模块中实现。

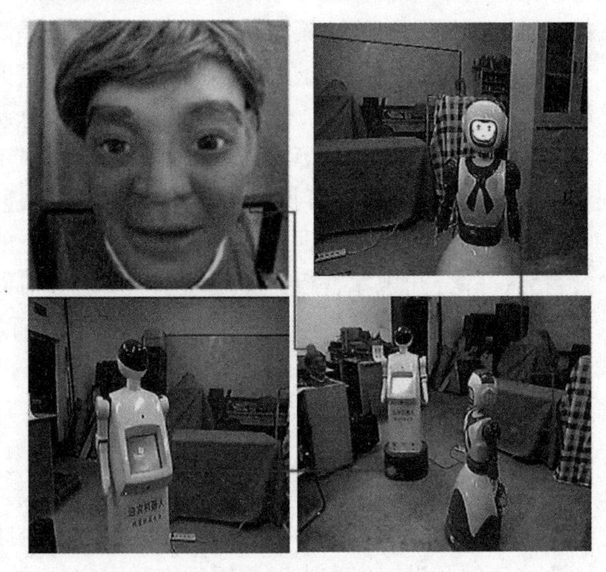

图11-19 物理型服务机器人

2. 机器视觉模块

对由视觉传感器得来的数字图像按一定的算法进行处理，使计算机能理解图像的意义。对于服务机器人而言来说，就是需要使其能把人和其他景物区分开来，能识别人脸和表情。人脸自动识别系统包括两个主要技术环节，具体的实现过程包括以下两个主要部分：1）人脸检测与定位；2）特征提取与人脸识别。

3. 人工情感模块

在情绪心理学理论的基础之上，定义描述情感的数学空间，在此空间里，采用数学理论方法，构造适于机器实现的情感计算理论方法，使之能够模拟人类的情感产生、变化、转移，并使之符合人类情感变化的规律，满足家庭环境里人类情感的需求。目前采用的是Markov Chain & HMM 情感引擎。

4. 传感器模块

通过普通摄像头、三维摄像头、红外传感器、超声传感器、传声器等多个模块感知外部环境信息。普通摄像头采集到用户图像，通过上位机处理后具有人脸识别的功能。三维摄像头采集用户人眼信息，为获得用户注意力做准备。传声器将语音传递给上位机，上位机对语音信号进行语音的情感特征提取和语义分析，得到输入语音的情感和语义。红外和超声传感器具有感应机器人周围是否有障碍或者是否有人员靠近的功能，将探测到的信号传输给下位机系统，下位机系统经过处理后通过 RS232 传递给上位机系统。上位机系统将图像信息、语音信息和下位机信息进行综合处理，得到与机器人交互的人的信息或者机器人的外部环境信息，然后通过机器人的情感输出模块向下位机系统和语音合成模块发送指令。下位机系统通过 PWM 控制电动机运动产生身体语音和面部表情。上位机经过语音合成后通过音响向人类表达机器人的语言。情感机器人的语音，身体语言和表情三者共同构成了情感机器人的情感表达。人类可以通过上位机系统的调试界面对机器人的各个功能模块进行调试。

5. 控制与执行机构模块

拟选择体积小、重量轻、非常经济实用的舵机作为物理型服务机器人平台使用的主要电动机元件。准备选用了两种型号的舵机，HG14-M 和 GWS MICRO 2BBMG。整个电控系统采用了上、下位机结构，上位机采用 PC，主要优点是速度快，各种外部接口设备多，存储空间大。上位机主要负责运算量大、计算复杂的图像处理、语音识别和语音合成工作。下位机采用性价比高的 PIC16F877 单片机，上位机和下位机通过 RS232 串口或者无线模块进行连接通信。下位机主要负责传感器信息接收、信息初级处理、电动机驱动和运动控制等工作。

6. 网络功能模块

该模块负责初始化物理性服务机器人的网络连接和智能家居网络中的其他设备通信。